人生哲理书：

经典 老人言

刘江川 编著

中国华侨出版社

图书在版编目 (CIP) 数据

人生哲理书 : 经典老人言 / 刘江川编著 . — 北京 : 中国华侨出版社 ,2017.8

ISBN 978-7-5113-6963-5

Ⅰ . ①人… Ⅱ . ①刘… Ⅲ . ①人生哲学—通俗读物 Ⅳ . ① B821-49

中国版本图书馆 CIP 数据核字 (2017) 第 171094 号

人生哲理书 : 经典老人言

编　　著：刘江川
出 版 人：方　鸣
责任编辑：笑　年
封面设计：冬　凡
文字编辑：于海娣
美术编辑：盛小云
图片提供：东方 IC
经　　销：新华书店
开　　本：720mm × 1020mm　1/16　印张：19.5　字数：292 千字
印　　刷：三河市泰丰印刷装订有限公司
版　　次：2017 年 8 月第 1 版　2021 年 1 月第 5 次印刷
书　　号：ISBN 978-7-5113-6963-5
定　　价：55.00 元

中国华侨出版社　北京市朝阳区西坝河东里 77 号楼底商 5 号　邮编：100028
法律顾问：陈鹰律师事务所
发 行 部：（010）88893001　　传　　真：（010）62707370

前言

中国有句老话叫“不听老人言，吃亏在眼前”。为什么要听老人言？因为老人的“老”，不光体现在年龄，更体现在智慧的古老、经验的老道、洞察世事的深刻。很多时候，时间本身就是一种财富。经过的事多，走过的路多，也就相当于在这个世界上接受过的历练多，对这个世界的认识就深刻，看人就能看到骨子里去。这些老人言都是来自于生活的经验，是我们的祖辈吃过亏、受过苦、交过学费后一点点积攒下来的。

翻开历史，每一个胜败兴衰的故事背后，都有中华民族的老人之言曾作出预测、总结。一些成功的人身上，我们总能够看到他们遵循老人言的特质；而失败者的身上，我们则可以清晰地察觉他违背老人言的行为。“忍得一时，风光一世”，韩信遵之而忍胯下之辱，终成一代名将；项羽背之而自刎于乌江，终令天下英雄扼腕叹息。“得意之时不可忘形”，曾国藩遵之自裁其军，终于得保天年；年羹尧居功自傲，落得被赐自尽的下场。“身轻失天下，自重方存身”，朱元璋遵之而广积粮、缓称王，终于雄踞天下；袁术背之而夺玉玺、僭君位，终为天下所不容……可见，对于老人言中所包含的简单而朴素的生活智慧，我们不能不重视。

老人言不仅教我们“取敌之长，补己之短”“吃水不忘掘井人”这些立足于社会的处世箴言，还教我们要注重细节，“针尖大的窟窿斗大的风”“大船只怕钉眼漏，粒火能烧万重山”；教我们要善于学习，“井淘三遍吃甜水，人从三师武艺高”“刀不磨要生锈，人不学要落后”；

教我们知足常乐，“知足不辱，知止不殆”“世事本无完美，人生当有不足”等。

《人生哲理书：经典老人言》隽永有味，字字珠玑。智慧的盛宴在这里展开——这些经验是思想的火花，是智慧的浓缩，是立身处世的法则，是生活求索的启迪。这些老人言涉及人生的各个方面，包括命运成败、品行修养、交际处世、家庭生活、职场生存、健康养生等。书中的内容内涵丰富、实用性强、饱含生活智慧，可以为我们的人生指引航向。

老人言不同于名人之言、圣人之言，不会让人感觉高高在上，而是更通俗易懂、平易近人。如果多听些老人言，那么在面临选择时我们将会知道如何取舍，少走一些弯路；如果多听些老人言，一帆风顺时我们不会洋洋自得、忘记风险；如果多听些老人言，困顿无助时我们不会顾影自怜、一味消沉。只要你能深明其中的道理，必然会让你受益终生。听了老人言，幸福在眼前。衷心希望本书能对您的人生有所帮助。

目录

第十一章 造房要余地，做人要余情

第十二章 一等二靠三落空，一想二干三成功

第十三章 岁寒知松柏，患难见真情

第十四章 活着一分钟，战斗六十秒

第十九章 人逢喜事精神爽，闷上心来瞌睡多

经典

老人言

第一章

求学无笨者，努力就成功

读书百遍，其义自见

晋陈寿曾在《三国志·魏志·王肃传》中说：“人有从学者，遇不肯教，而云：‘必当先读百遍’，言‘读书百遍，其义自见。’”从字面意义看就是，要把一本书读到一百遍，其中的含义自然就心领神会了。这里的“读百遍”只是概数，是一种强调的语气，有多次重复之意。意在告诉我们，“重复”乃学习之母。关于这点，古人还说过，“锲而不舍，金石可镂”，我们读书，要的正是这锲而不舍的精神，只要静心研读，反复思考，定能悟出书中的“真谛”，如果每次都能从书本中悟出一些为人处世的哲学，日积月累，必将开阔自己的胸怀和视野，不仅可以在人生道路上少走弯路，而且也可以指导以后的人生。

东汉末年，有一个名叫董遇的人，少时家境贫寒，只能靠去田间卖苦力或走街串巷做些贩夫走卒的活计来养活自己。但无论做什么，走到哪里，环境多么恶劣，他总是随身携带着一些书，只要一有空就会孜孜不倦地读起来。后来，他做了官吏，仍坚持博览群书，不断丰富自己的学识，最终成了远近闻名的大学问家。

董遇成名之后，很多俊杰才子慕名而来，想要拜他为师。这其中有一个叫李尧的书生，李尧是董遇的同乡，少年时就研读了很多书籍，待年龄稍大些，渐渐喜欢上了历史典藏。初见面，一番寒暄之后，董遇问：“年轻人，给你一本书，你会读几遍？”

李尧恭敬地作了个揖，谦卑地答道：“三遍。”

董遇说："此话不假？"

答曰："是真的读三遍。"

董遇很失望，摆摆手对他说："年轻人，你还是回去吧。"

李尧不解："先生，此话何意？我是诚心诚意地来向您拜师学习的，您为什么不肯收下我呢？"

董遇回答道："不是我不想留你，也不是你资质不够，我觉得你没有悟出治学的精髓所在。在你来此之前，早已有很多人来向我请教学习的方法，其实，也谈不上什么高深方法，我只是读书读的遍数多罢了。"

李尧满脸困惑地问："先生会读多少遍呢？"

董遇笑了笑说："文章至少要一口气先读上百遍。我觉得一篇文章如果不读很多遍的话，是很难理解文章的真正含义的。"

古人所谓"书读百遍，其义自见"，说的就是这个道理。人们常说的"熟读唐诗三百首，不会作诗也会吟"也强调了精读和多读在学习中的重要性。孔子读《易经》至"韦编三绝"，不知翻阅了多少遍。宋代大才子苏东坡满腹经纶，读《阿房宫赋》，夜不能寐，秉烛夜读，直到四鼓时分仍不肯休。

鲁迅先生少时在课桌上刻"早"字，勉励自己勤奋，早已为我们所熟知。青年时，鲁迅在江南水师学堂读书，经常会准备几本书和一串红辣椒。每当晚上读书寒冷难耐的时候，又或者是夜深人静读书犯困的时候，就放一颗红辣椒进嘴里，慢慢嚼着，直到辣得唇齿发麻、四肢冒汗、困意全无，然后继续挑灯读书。鲁迅先生的这个小故事，可以看出，"读书百遍"并不仅仅指

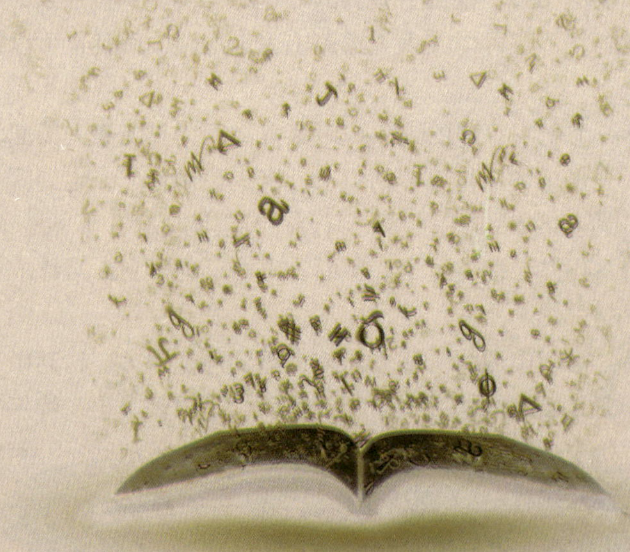

读书的次数，还要有一种锲而不舍的刻苦精神，“其义才能自见”。鲁迅正是凭着这种驱寒读书的精神，成为了中国现当代文学的一面旗帜。

我国著名的数学家张广厚，有次看到了一篇论文，觉得很适合自己的研究领域，于是就多次反复研读。这篇共十多页的论文，他反反复复地读了半年之久。因为多次翻阅，纸张泛黄，页面也已卷曲，他的妻子对他开玩笑说：“这哪叫读书啊，这简直就是‘吃书’啊。”

古往今来，读书对做学问的重要性是不容置疑的，但我们也会疑惑：人生短暂，日常琐事繁多，能用在读书上的时间更是少之又少；加之，在当今这个信息爆炸的年代，生活节奏加快，书读百遍，更是不可能，哪能挤出那么多时间在一本书或一篇文章上？这确实是一个很难回答的问题。

在前面董遇与李尧的故事中，李尧也问了董遇同样的问题。董遇答曰：“读书时间就是挤出来的。冬天，大雪纷飞，无处劳作，人们都躲在屋子里取暖休息，这是读书时间；晚上，万籁俱寂，这也是读书时间；雨天，道路泥泞，人们不能出门劳作，这也是读书时间。你可以把这些时间利用起来读书呀！可以把它归结为‘三余’，即冬者岁之余，夜者日之余，阴雨者晴之余也。”

董遇的“三余”，用我们今天的话来概括就是：冬天是空闲的时间，夜晚是空闲的时间，阴雨天是空闲的时间。如果我们能抓住生活中的这些相对空闲的时间，何愁没有时间读书呢？

清朝一代名臣曾国藩是一个治学严谨、博览群书的理论家和古文学家。他一生以“勤”“恒”两字勉励自己，教育家里的子侄。他说：“百种弊病皆从懒生，懒则事事松弛。”他抓住日常生活中一切能读书的机会，甚至死前一日仍手不释卷。曾国藩曾经说过读书时要有“耐”字与“专”字诀，专穷一经，不可泛骛，今日不通，明日再读；今年不精，明年再读。

世间万象，皆为身外之物，唯有多读书、读好书能够启迪人的灵魂，让人耳聪目明、志存高远。一本好书，就如夏日午后的清茶，淡淡的，让人沉醉，它可以在夏日里读出雪意，于山间闻到泉鸣。书在某种程度上是社会文明的载体，也是人类进步的标志。

一本好书，可以改变人们看待事物的方式，改变人们的思维习惯，影响人们处事的行为方式，进而影响人们每天的生活，甚至可能会改变人一生的命运。古人所说：“书中自有颜如玉，书中自有黄金屋”。书只有反复阅读，才能体会到其中的妙处，才能够从懵懂无知走向睿智豁达。爱迪生说：“要让书成为自己的注解，而不要做一颗绕书本旋转的卫星，不要做思想的鹦鹉。”那就让我们先从熟读开始吧，做到每一本书都“书读百遍，其义自见”。

好记性比不上烂笔头

民间有句谚语叫：“好记性比不上烂笔头。”说的是不管一个人记忆力多好，都会有忘事的时候，如果能养成在纸上多写几遍，或遇事记下来的习惯，就会好很多。其实，这句话出自我国明朝著名文学家张溥的故事。

张溥年少的时候，记忆力很差，在学堂读书的时候，老师说过的话，张溥经常是这个耳朵进那个耳朵出，一转眼就忘个干净。但张溥并没有为此气馁，反而读书愈加刻苦认真，心想：“别人读一遍就能记住，那么我就读两遍。”一段时间之后，张溥发现这个方法虽然有效，但是效果并不是很理想。有一次，张溥又把老师教过的文章，忘了个干净，一个字也想不起来，老师气极了，罚他把文章抄写十遍。张溥心中十分不情愿，觉得抄写十遍也没什么意义而且浪费时间，但是最终他还是认真按照老师的要求做了。没有想到的是，到了第二天，张溥竟然能流利地背诵出自己抄写的文章。张溥非常高兴，发现原来把文章抄多遍对加强记忆有这么好的效果。从此以后，凡是重要的文章或是自己认为很优美的段落，他都会主动抄写几遍，这样很快就能背出来，而且以后写文章时，一些语段也能信手拈来。

无论对于学习还是对于日常工作而言，勤动笔做记录都是一个良好的习惯，做笔记有利于整理自己的思维，帮助我们学习和记忆。在日常的学习过程中，及时做笔记，可以使注意力更加集中到学习的内容上，而且做笔记的过程也是一个积极思考的过程，可以充分调动眼、脑、手，促进对所学知识的理解，同时做笔记还有防止遗忘、方便查询等功能。

美国著名心理学家巴纳特为了研究在听课学习的过程中，做笔记的学生与不做笔记的学生学习效果究竟有多大的区别，曾经以大学生为对象做了一个实验。他提供给大学生们一份大约有 1800 个单词的介绍美国公路发展史的学习材料，并且以每分钟大约 120 个词的中等语速读给他们听。实验过程中，他把参加实验的大学生平均分成 3 组，要求每组学生以不同的方式进行学习。第一组为做摘要组，即要求他们一边听课，一边摘出要点；第二组为看摘要组，即首先给他们提供已经做好的学习要点，他们在听课的同时就可以参考这些学习要点，而自己不用动手做笔记；第三组为无摘要组，只是要求他们听讲，不给他们提供学习要点，也不要求他们自己动手做笔记。当三组学生完成学习之后，统一对所有的学生进行回忆测验，检查对文章的记忆效果。

实验结果表明：第一组学生在听课的同时，自己动手写摘要做笔记，考试成绩最好；在学习的同时有学习要点可以参考，但是自己不用亲自动手做笔记的第二组学生考试成绩次之；而单纯听讲不做笔记，也没有学习要点的第三组学生考试成绩最差。

通过这样一个实验可以充分表明做笔记对学习的重要作用。也许有人会说“我的记忆力好用不着这么做”，但是在学习的过程中亲自动手去做笔记会起到事半功倍的作用。因为在学习过程中，当一个人拿起纸和笔思考问题时，注意力很自然地高度集中，这样有助于更全面地考虑问题，不但可以把学习的要点条理清楚地罗列出来，而且，还可以引出许多细节，帮助对所学内容更加深入地理解。相反，如果一个人只是呆呆地坐那儿想问题，思维就会很容易发散，不由自主就走神了，那就难以深入、全面地思考问题。

有这样一个视频，飞机正在机场跑道上滑行，做起飞前的加速，副驾驶员手中捧着飞行手册，依照手册上的顺序逐条朗读飞行指令，旁边的驾驶员则依照顺序，一边复述听到的飞行指令一边按照自己复述的指令执行动作，操纵飞机。其实每个驾驶员都可以说是身经百战，经历了无数次的起飞和降落。对于操作指令绝对是熟悉得不能再熟悉。可是他们为什么还要这样一边朗读，一边复述，然后才去执行动作呢？这就是我们俗话说的“好记性比不上烂笔头”，这样可以集中注意力，避免失误。

“好记性比不上烂笔头”这个道理已经说得很清楚，在日常的工作、学习中，做笔记不但可以加深你的记忆，提高你的学习效果，而且，还可以帮助你成为一个工作高效、办事有条理的人。所以从现在开始，让你的双手变得勤快些，不要再吝惜你的纸和笔，随手记下生活中的点点滴滴，这些点点滴滴汇集起来必将成为你人生最宝贵的一笔财富。

不怕学问浅，就怕志气短

汉朝时有个大学问家叫孙敬，他年少时就特别爱学习，记忆力也非常好，立志做一个有学问的人，故而经常晚上读书到深夜。但是读书的时间长了，不免打起瞌睡，醒来后孙敬常常因为自己贪睡而懊悔不已。有一天，孙敬在书房里读书，抬头思考的时候，目光停在房梁上，顿时眼睛一亮，想出一个克服困意的办法。他随即找来一根绳子，把绳子的一端系在房梁上，另一端系在自己的头发上。这样，一旦他累了困了想要睡觉时，只要一低头，绳子就会猛地拽一下他的头发，所产生的疼痛就会使他惊醒并且困意全无。从这以后，孙敬每天晚上读书时，都用这种办法发奋苦读，刻苦学习，终于成为了一名通晓古今、博学多才的大学问家。

战国时期，有一个大谋略家叫苏秦，他还是非常有名的政治家。苏秦年轻的时候，由于学问不深，虽然到过许多地方做事，但是都不被重视。回家后，就连家人也对他很冷淡，看不起他。这使苏秦深受打击，所以，他立志要发奋读书。他常常读书到深夜，每当困意来袭想睡觉时，就拿出一把锥子，一打瞌睡，就用锥子在自己的大腿上刺一下。这样，就会突然感到疼痛，使自己清醒过来，坚持读书。

这就是历史上“头悬梁、锥刺股”的故事。这两个故事虽然是说刻苦学习的，但我们也能从其中看出其他方面的道理。两个人之所以要如此刻苦，就是因为觉得自己的学问浅，而且还有一番成大业、做大事的志气。正是有这样一种志气，他们才会有这样的行为。由此可见要想达到一定的学问、成就一番事业需要从小就立下远大的志向，培养自己坚强的意志并付出艰苦的努力。而这其中，立志是取得成功的关键因素，没有志气的人会随波逐流，也不可能会磨炼出坚强的意志，最终只能是碌碌无为一生。老人们常说“学在苦中求，艺在勤中练。不怕学问浅，就怕志气短”，说的就是这个道理。

古代大思想家墨子有这么一句话：“志不强者智不达。”就是说没有远大志向、意志不坚强的人，学问也不会做得很好。一个有高远志向的人，为了达到一个坚定的信念，可以不顾一切，勇敢面对各种各样的挫折和困难，排除前进道路上的所有障碍，义无反顾，大步前进。

司马光是我国北宋时代的大学问家。他小时候可是一个贪玩贪睡的孩子，和哥哥弟弟们一起学习，因为记忆力比较差，为此他没少受先生的责罚和同伴的嘲笑，在先生的谆谆教诲下，他立志要改掉这些坏毛病。为了提高记忆力，每当老师讲完书，哥哥弟弟们读上一会儿，勉强背得出来，便一个接一个丢开书本，跑到院子里玩。只有他不肯走，轻轻地关上门窗，集中注意力高声朗读，读了一遍又一遍，直到读得滚瓜烂熟，合上书，能够不错一字地背诵，才肯休息。

为了克服睡懒觉的坏习惯，他就在睡觉前刻意喝满满一肚子水，结果早上没有被憋醒，却尿了床。后来聪明的司马光把圆木枕头放到硬邦邦的木板床上，因为圆木枕头放到木板床上极容易滚动。只要稍微动一下，它就滚走了。头跌在木板床上，“咚”的一声，他惊醒了就会立刻爬起来读书。司马光给这个圆木枕头起了个名字叫“警枕”。

司马光即使做了官之后还是刻苦学习，一直坚持不懈，终于成为了一个学识渊博的大学问家，并写出了《资治通鉴》这样的惊世之作。而这些，都是因为他有一个伟大的志向。

“有志者事竟成，破釜沉舟，百二秦关终属楚；苦心人天不负，卧薪尝胆，三千越甲可吞吴”。无论现在的学问是深是浅，只要有志气，就一定能够成就大事。相反，就算现在学问很高，但是没有远大的志向，也只会是原地踏步，最终会被其他人超越，因为“学如逆水行舟，不进则退”。因此我们说“不怕学问浅，就怕志气短”。

若得惊人艺，须下苦功夫

一朵娇羞的花儿，开在春风中，引来踏青游人的不断赞美，但要知道，花儿如果没有经历种子最初的黑暗、破土而出的艰难，以及成长中所经受的风吹雨打，是不能开得如此娇美的。只有经历过地狱般的磨炼，才能练就创造天堂的力量；只有磨出茧的手指，才能弹出凄婉的绝唱。要知道“若得惊人艺，须下苦功夫”。著名科学家霍金就是很好的例子。

史蒂芬·霍金，1942年出生于英国。不幸的是，在他青春年少时，就身患绝症，然而他并没有被病魔击垮，反而坚强不屈，战胜了病痛的折磨，成为一位举世瞩目的科学家。

霍金从牛津大学毕业之后，就立即进入剑桥大学攻读研究生学位，这时他却被诊断出患了罕见的“卢伽雷病”。不久之后，霍金就完全瘫痪了，失去了行动的能力。1985年，不幸再次降临，霍金因感染肺炎进行了穿气管手术，从那之后，他就完全不能说话，只能依靠安装在轮椅上的对话机以及语言合成器进行对话；但他仍然坚持学习，虽然看书要依赖一种机器翻动书页，读文献时需要请人将每一页都一一摊开在书桌上，然后他自己驱动轮椅挪动着逐页去阅读，但即使这样，他也没气馁，坚持不懈。

霍金用我们常人无法比拟的毅力，不断地探索，不断地前进，最终成为世界公认的科学巨人。霍金在剑桥大学曾担任过卢卡逊数学讲座教授一职，他的黑洞蒸发理论和量子宇宙论不仅在自然科学界引起强烈的反响，并且对哲学和宗教也有深远的影响力。

勤奋出才能，勤奋出成果，成功必然要刻苦，刻苦是成功的敲门砖。正如爱因斯坦所说：“人们把我的成功，归因于我的天才；其实我的天才只是刻苦罢了。”所有这些伟大人物的言谈和行动，都在告诉我们，“若得惊人艺，须下苦功夫。”我们也要认识到，付出不一定能有回报，但想要回报，就一定要付出。因为只有付出了，你才有机会，才有成功的可能。如果不思进取，害怕困难而不去付出，失掉的不仅是过程中所收获的乐趣，更是成功的机会。

黑发不知勤学早，白首方悔读书迟

“燕子去了，有再来的时候；杨柳枯了，有再青的时候；桃花谢了，有再开的时候；时间逝了，却永远不能挽回。”是啊！时间飞逝，不可再来。我们要明白，珍惜时间，就是珍惜生命。因为“燕子”“杨柳”“桃花”我们可以明年再见到，唯独时间，逝去了，就不会再来。

颜真卿《劝学》中有这样一句话：“三更灯火五更鸡，正是男儿读书时。黑发不知勤学早，白首方悔读书迟。”年轻的时候不努力奋斗，学到一身本领，成就一番事业。到老了，一头白发的时候再去努力，再去学习，纵是悲伤难过，也是徒劳无益。这告诫我们应该珍惜现在的大好光阴。

古往今来，许许多多人，到了白发苍苍的年纪，都会感叹自己蹉跎了岁月。如果时光可以倒流，他们肯定会珍惜时间。“黑发”所概括的是一个人人生最得意的时候，也就是从少年时代到成年时代，这个时期是每个人一生中最宝贵的时期。在这个时期，我们思维敏捷、激情澎湃、体力充沛、想象力丰富、勇于冒险，正是“敢想敢做敢为”的大好时期。遍观历史上有大作为的人，他们不管是在学业上的追求还是在事业上的成功，大抵都是在“黑发”时期实现的。一个人如果没有好好地利用这段宝贵的时间，实现自己的“理想壮志”，或者为实现自己的“理想壮志”打下坚实的基础，那他这一辈子很难有所作为了。因为到了“白发”时期，即使你还有少年时的激情、勇气和信心，但可能会有力不从心之感了。珍惜时间莫浪费，人生能有几度青春可以任我们虚度？古代贤哲孔子说过：“四十、五十而无闻焉，斯亦不足畏也已。”他的意思是说，如果人到了40岁，最多50岁，还没有作出一番事业，他一辈子也不可能再有什么突破了。宋代名将岳飞在他的名作《满江红》里表达了他对人生的态度：“三十功名尘

与土，八千里路云和月。莫等闲白了少年头，空悲切。”他更以自己短暂而荣耀的一生，给予后人鼓舞和鞭策。

再看这首《明日歌》：“明日复明日，明日何其多？我生待明日，万事成蹉跎！世人若被明日累，春去秋来老将至。朝看水东流，暮看日西坠。百年明日能几何？请君听我《明日歌》。”这首诗歌让我们明白：不要逃避今日，把万事都推到明日去做，而让无数个今日白白浪费。耳边似乎传来“寒号鸟”在寒冷的冬夜微弱的叫声：“寒风冻死我，明日就垒窝。”

茂密的大森林里住着一群无忧无虑的鸟儿，它们晨起歌唱，一天勤劳劳作。传说有一种鸟儿，名叫寒号鸟。寒号鸟全身长满了光滑绚丽的羽毛，十分美丽。寒号鸟为此骄傲极了，它整天摇晃着羽毛，飞到这棵树上闲逛一下，飞到那棵树炫耀一番，觉得自己是森林里最漂亮的鸟儿了，连凤凰也不能与它相媲美。

美好的季节过去了，秋风萧瑟，森林里的鸟儿们都开始各自忙开：候鸟们不畏艰难险阻，不远千里结伴飞到南方去了，准备在那里度过温暖潮湿的冬天；选择留在森林里度过冬天的鸟儿，整天辛勤忙碌，囤积过冬的粮食，搭建温暖的巢，为过冬做好积极的准备。唯独寒号鸟还在闲着晒太阳，既没有飞到南方去，也不愿辛勤劳动，搭建温暖的巢。它反而嘲笑其他的鸟儿，不及时享受现在温暖的阳光，去做那些无用的事情。它仍然是整日东游西荡的，炫耀自己身上漂亮的羽毛。

很快，树叶落光了，寒冷的冬天到来了，鸟儿们都躲到自己温暖的巢里，安逸地睡着。懒惰的寒号鸟没有巢。在寒冷的冬夜，它只好躲在石缝里，冻

得浑身直哆嗦，不停地叫着：“寒风冻死我，明日就垒窝……”天亮了，太阳出来了，温暖的阳光照耀着大地，寒号鸟又忘记了夜晚的寒冷，心想：先享受阳光吧，明天再开始垒窝也不迟。等到了晚上，寒号鸟又开始叫了：“寒风冻死我，明日就垒窝。”但是第二天它又把垒窝的事推到明日，明日复明日……日子一天天流逝，寒号鸟始终没有履行自己的诺言，建造自己的巢。夜晚仍旧扑打着翅膀在寒风中哆嗦着“寒风冻死我，明日就垒窝”。春天还没来，寒号鸟已被冻得奄奄一息了，但嘴里还在微弱地喊着：“寒……风……冻……死我，明日……”

时间对于每个人来说都很重要。要接受寒号鸟的教训，不要把什么事，都推到明日。今日的事情今日做，珍惜眼前时间。不要“白头”再嫌时间少。

鲁迅先生曾说过：“节约时间就等于延长一个人的生命”，鲁迅非常珍惜宝贵的时间。他的身体状况一直不是很好，加之，在那个年代，他的工作、生活条件都很恶劣，但他每天都要坚持写作到深夜，白天也很少有闲暇时间休息，实在困了，就和衣躺到床上打个盹，醒后泡一杯浓茶，抽一支烟，又继续写作。

让我们不要再感叹逝去的昨天了，因为不会再来；也不要把事情拖到明天，明天可能还有更重要的事等着你去做。我们最应该珍惜的是“现今”，一个我们能抓得住的美好时间。正如文嘉先生所说：“今日复今日，今日何其少！今日又不为，此事何时了？人生百年几今日，今日不为真可惜。若言姑待明朝至，明朝又有明朝事，为君聊赋《今日诗》，努力请从今日始”。把握现在，不要到老了才有“黑发不知勤学早，白首方悔读书迟”的感叹。

天才出于勤奋

所谓天才，就是勤奋。没有加倍的勤奋，就没有天才。

只要你付出了努力，你的一生就一定会向积极的方向转变。相信"工夫不负有心人"的真理，不投机不取巧，踏踏实实做人做事，你就一定能够成功。这个世界上，很多人都有天分，但如果只依靠天分，就会越来越怠惰，直至天分耗尽，最终一事无成。而勤奋却能够将天分变为天才，只有勤奋，才能让人永远追求进步，永不停息。

从某种意义上讲，推动世界前进的人并不是那些所谓的天才，而是那些非常勤奋、埋头苦干的人，是那些不论在哪一个行业都勤勤恳恳、劳作不息的人。

人的一生是短暂的。一个人在短暂的一生中真正要成就一番事业，那就一定要勤奋。大凡事业有成者，都是勤奋、执着的人。

勤奋出才能，勤奋出成果。勤奋是成功的支点。我们应该看到，

“勤”和“苦”总是紧密相连，如影随形。一切天才的机遇和灵感，大都是以勤奋为前提的。勤奋不仅意味着吃苦与实干，而且必须持之以恒，百折不挠，才有可能叩开成功的大门。我国国画大师齐白石，年轻时就坚持每日作画，除身体不适和心情不好的几日外，无一日不动笔。正是这锲而不舍的勤奋，最终使他誉满世界。著名数学家陈景润，在六平方米的住处终日辛劳，奋战十年，在数学王国里为摘取哥德巴赫猜想这颗明珠作出了杰出贡献。勤奋是他们成功最大的秘诀。实际上，“业精于勤”“勤能补拙”，这其中的道理对任何人都适用。

有一分劳动就有一分收获，“天才出于勤奋”是一条永恒的真理。

莫道君行早，更有早行人

相信很多人都了解奋斗对于人生的意义，我们自己也每天都在奋斗着。但是，一般我们都更多地关注自身，而少去关注别人。所以，我们总是能看到自己的付出，却看不到别人的努力。当发现别人比我们强的时候，就会抱怨，就会不平，就会觉得人生失去了趣味；更有甚者，还会因此失去斗志，觉得自己无论多么努力，都得不到公平。

可是，仔细想想，真的是这样吗？我们真的比别人付出得更多吗？我们有没有真的去观察过别人的日常行事和付出的努力？恐怕，很多人都会说，没有。那么，这时候，我们就要仔细思考一下了。我们要静下心来想一想，自己是否真的像想象中的那么努力。

关于这点，我们可以先来看一个故事，看看别人是怎么去努力奋斗的。

欧阳修是我国著名的大文学家，唐宋八大家之一。著名文学家苏轼是他的学生，可见他的学问有多么精深。你知道欧阳修的这些学问是怎么来的吗？靠天赋？靠领悟力？当然，这些都会有，但主要的还是靠他自己的努力。

欧阳修四岁时父亲就去世了，家里失去了依靠，变得异常贫寒，自然也就没有钱供他读书。可是，他们家是一个重视知识的家庭，他母亲觉得，人可以贫穷，但是不能没有知识。于是，就用芦苇秆在沙地上写字，教给小欧阳修。还教他诵读古人的篇章。小欧阳修也很争气，他学习非常刻苦，虽然条件不好，但从不抱怨，而是认认真真地写字、背书，知识也积累得越来越多了。

到欧阳修年龄大些的时候，家里的书都早已经被他读完了，他便就近到读书人家去借书来读。当发现一本好书的时候，他还会把整本书抄下来，然后收藏。就这样，欧阳修凭借着夜以继日、废寝忘食的努力，一心致力于读书，才取得了后来的成就。

如今，很多学生都在抱怨自己的课业太重，抱怨没有时间去做些别的事情，还有的总是觉得自己已经很努力读书了，但成绩还是不好。他们不知道，其实原因不是出在别人身上，正是出在他们自己的身上。试想，如果他们能够做到像欧阳修那样，即使没有笔，在沙子上写字也要认真读书，还会有这样那样的抱怨吗？肯定不会了。所以，我们应该向刻苦奋斗的人学习，不要总自以为很努力了，要看到还有比自己更努力的人。就像那句老话说的，“莫道君行早，更有早行人”。

其实人生就是如此，我们总是会高看自己一眼，会从自己的感受出发，得出一些结论，然后就把它们当作是真理。可是，我们的这些“真理”很多时候都是有很大的局限性。

相信还是有人会不以为然，他们会觉得，欧阳修不过是个别的现象罢了。还会认为，时代不同，我们所处的环境不同，采取的应对方法也就应该不同。我们如今已经不需要像欧阳修那样了。可是，这里要说的是，虽然时代变了，环境变了，但是道理是不会变的。不管到什么时候，想要成功，想要有所成，就必须努力，而且还要比其他人更加辛勤地努力。下面，我们再举另一个例子。

孙康是晋朝人，从小就喜欢读书，可他家里很穷，父母没有钱供他读书，也没有钱给他买书。不仅如此，为了维持生计，孙康还不得不很小就跟着家人去干活。这样，孙康白天就没有读书的时间，由于家里太穷了，晚上没有灯，所以孙康晚上虽然有时间，也不能读书。

于是，小孙康就去问父亲：“爸爸，为什么别人家里有油灯，可以照亮夜晚，而我们没有呢？”父亲看了看年幼的儿子，回答说：“灯油很贵，我们买不起，咱们要是买灯油的话，全家就都要饿肚子了。”小孙康听了后，若有所思地点了点头，从此再没提此事。

可是，环境的恶劣并没有阻挡住孙康求知的欲望，家里没书，就去借书读，屋里无光，就借着月光看书。

有一年的冬天，雪很大。夜晚的时候，月光皎洁，与地上的白雪交相辉映。孙康忽然发现，书上的字在雪地里变得很清楚。于是，他非常高兴，赶忙坐在雪地里看书，坐累了就躺在雪地里，借着雪的反射光线读书。此后，每当遇到下雪后天空出月亮，孙康都会不顾严寒，躺在雪地里读书，一读就是大半夜。时间长了，孙康的手脚都长满了冻疮，但是他通过这种方法读了很多的书，学到了很多的知识。最后，孙康终于学有所成，官拜御史大夫。许多人知道这个故事之后，感动得泪流满面，而孙康的故事，也被流传了下来。

看过这个故事后，是不是也会产生同样的感觉，那就是成功是来之不易的？是啊，任何东西都不会凭空从天上掉下来的，那些获得成功的人，都是靠自己的努力去争取、去拼搏的。

如果你细心观察，就会发现，失败者们往往都有很大差异，他们的失败原因各有不同，但是，成功者们则不然，他们大都有很多相似的地方。而勤奋，就是其中一个。并且，他们都比一般人更能吃苦。就像欧阳修和孙康一样，虽然时代不同，方式不同，但他们的那股子奋斗的劲头是一样的。

如果你把自己跟这些人比较一下，就会发现，那句老话“莫道君行早，更有早行人”，实在是太经典了。我们每个人都会觉得自己是足够努力的，都是行得早的，但是翻开那些成功者的履历，就会发现，他们比我们还要早。而他们，也正是靠着这种更早的精神，才有了后来的成就。从今天开始，努力奋斗吧，学习欧阳修的精神，学习孙康的精神，让自己做一个真正的“早行人”。

笨鸟先飞早入林

世界上的人是有聪明和普遍区别的，有的人生来就智力超群，做事的能力也胜过众人。而有的人却是很普通，做事情也很一般。这个世界是残酷的，竞争随着社会的发展而变得越来越激烈。面对这种情况，智力超群的人做事情当然会轻而易举的，普通人甚至是有缺陷的人就会落后别人一步了，为了在激烈的竞争中不被淘汰，这些人要付出比别人更多的努力，正所谓“笨鸟先飞早入林”。

一个人的条件如果比其他人差的话，那么他就应该付出比别人多数倍的努力，勤能补拙，只有靠着不懈的努力才不会被落下，才能让自己成功。

伟大的科学家爱因斯坦曾说过：“成功等于艰苦劳动、正确的方法及少说空话的和。”这也正是他成功的秘诀。在这三个条件中，“勤”是首要的条件。因为勤能补拙。爱因斯坦小时候也不是超人的天才，甚至有人说他笨。但是爱因斯坦深信天才出于勤奋，他用勤奋来弥补自己的“笨拙”。为了彻底弄清一个问题，他比别人要多花几倍的时间，终于用汗水浇开了成功之花，对科学技术的发展作出了巨大的贡献，自己也走上了成功。“笨鸟先飞早入林”的意思就是如果自己能力不够，害怕落后的话，就应该比别人先行动，以此来弥补自身的不足。

现在的社会上，有许多人总是抱怨自己的条件不好，干不好事情，而不去努力。如果他们能学习“笨鸟”，在自己的弱点上努力改进，克服困难，勤来补拙，也能成功。其实世界上并没有完美的人，许多人是靠自己的辛勤努力才走上了成功的道路。当然了，如果一个人有很多的优点但是却不好好地利用，也会变为“拙”的。最好的例子就是方仲永，他小时候可谓是一个天才，只要指一样物品让他作诗，他很快就可以完成。可是，后来他父亲不让他学习，方仲永也就重新变成了普通的人，最后也没有什么成就。因此，当我们发现身上的缺点时，千万不用懊恼，要记住，勤能补拙，只要肯努力就没有什么困难是不能被征服的，最终一定会成功。

爱因斯坦小时候，大家都认为他不聪明。可是，爱因斯坦具有常人所没有的意志力，那就是“勤奋”！有一次在手工课上，别的小朋友都交了非常精美的手工作品，可是他却交了一个工艺粗糙的小木凳子，看了他的作品大家都大声地笑话他。老师也讽刺他：“我看没有比这个更糟糕的东西了！”

可是爱因斯坦却拿出了两个比这个更加糟糕的小凳子。这时，老师和同学们全部都惊呆了，也由此改变了对他的看法。

这是爱因斯坦成长过程中一次小小的勤奋，他的收获是得到了同学和老师对他新的看法。当爱因斯坦长大了以后，他变得更加勤奋了，他的成就也就更大了——他得到了诺贝尔奖以及许多数都数不清的奖项。最终成为了一位让世人夸赞的大科学家。

笨鸟先飞早入林，勤能补拙，只有努力才会获得别人无法获得的成就。

第二章

生活是知识的源泉，知识是生活的明灯

要知山下路，须问过来人

据载，唐代长安城外有一位富甲一方的隐士，名叫张方之，字云游，他熟读古籍典史，精通音律，在当时深受风雅之士的尊敬，前来拜谒的各方人士也络绎不绝，可谓“盛极一时”。然而他丝毫没有表现出傲慢无礼的态度，相反，遇到疑难问题时，他会谦卑地向别人请教。

一日，门下的学生告诉他，远在千里之外的深山中，有一位知识渊博的老人，据传能倒背“四书五经”，深知天下之事。于是张方之不远千里，跋山涉水，用了大半年的时间，终于到了这位老人那里，取得一句“要知山下路，

须问过来人”的真经。张方之听完了这句话，觉得很受启发，回去以后，更加虚心，不时向别人请教学问，终其一生都受到人们的尊敬。

故事中这位老人的“要知山下路，须问过来人”，从字面理解不难：“一个人要想知道山下蜿蜒曲折的路到底通向何方，就应问问那些从山下过来的人，他们走过，熟悉路径。”深究一下，老人的这句话是要我们明白：“世间的很多事，不是凭着自己一个人的力量，就能完全处理好的，我们遇到疑惑的事情或难解决的困难，一定要记得去向‘过来人’请教，这样的话，我们在成功的道路上才会不走弯路。”

那么所谓的“过来人”是怎样的人呢？

他可能是一位智者，熟读中外典籍，识得天下之事。他也可能是一位拥有实践经验的人，踏遍五湖四海，尝尽人间冷暖。我们在此强调的是后者，一个有着丰富实践经验的人，他深知人生道路上哪条路是坦途，哪条路是险途，这是最为宝贵的经验，因为他走过，他知道其中的艰辛。他们是我们的良师益友，我们要懂得多与他们交流。这样我们在做事的时候，可以通过吸取他们的经验或教训，少走不必要的弯路。

做事确实有简单的方法，就看你找不找。一些事情，我们不需要劳神费力地去调查钻研，也能做好，秘诀就是“要知山下路，须问过来人”。很多时候，我们可能因为学识、阅历、生存环境等一些原因，限制了我们对一些事情的理解，遇到这种情况，最好的办法就是去向那些知道此事的人请教。只要我们懂得了这个道理，事情也就成功了一大半。要知道学会了一种办事的方法，那么很多事情就会迎刃而解了。

古语说，“问则得之，不问则不得”，要想完全了解某种情况，就必须要向懂行的人请教。

孔子是春秋时期人，是我国古代伟大的思想家、教育家，也是儒家学派的创始人。然而孔子一点都不倨傲，他认为，无论什么样的人，也包括他自己，都不是一生下来就有满腹学问的。

一日，孔子前往鲁国国君的祖庙去参加祭祖大典，其间，他逐一向人询问所见到的不明白的事情。有人不解，“孔子也要请教别人？”孔子回答说：“对于不懂的事，问个明白，这正是我知礼的表现啊。”

孔子尚且如此，更何况平凡的我们呢？与其故步自封，不如多向人请教。

由古论今，现今社会中，我们也要养成乐于向有经验的人请教的习惯，不输于古人。我们经常看到，那些多问多看多学的人永远都是跑在时代前面的人。而那些故步自封的人，大都没有什么成就。有些人可能为此自怨自艾："我是这么努力，我觉得我这么优秀，可为什么不能取得成功？到底输在了哪里？"其实，那些成功了的人，是因为能够赶上时代，他们也许并不比普通人聪明睿智多少，但他们善于抓住机会，有一种乐于请教的态度，懂得向别人学习，当新挑战出现的时候，不知多少人把宝贵的精力白白地耗在故步自封的自我探索中，那些成功的人，则是低下身段，谦虚地向过来人讨教，在起点上，一出发就已经迈出了一大步。

这不仅是那些正在成功路上打拼的人要懂得的道理，同样的，那些已经取得了一定成就的人，也应该识得其中的奥秘，不要以为自己取得了一点成绩了，而盲目自大，要知道天外有天，人外有人，人活在世上不可能仅仅凭着"一己之力"闯天下，总得有几个人生导师，否则人生的路是很艰难的。

一遭生，二遭熟

老人们常说：“做人只要能勤快点，无论什么事情都不会被落下，做任何事情都能做得非常好，无论是工作上还是生活上。”古人亦云：“一遭生，二遭熟。”说的也是这个道理。当然，也有老人进一步把这句话说成“一回生，两回熟，三回变高手”，更好地阐释了其中的含义。不过，无论有多少种说法，都表明如果要想成才都要“勤”字当头，勤才能补拙，熟才能生巧。

北宋时期，有一个射箭能手叫陈尧咨，他的射箭本领在当时几乎无人能比，陈尧咨也经常在朋友面前吹嘘自己射箭技术了得。有一天，陈尧咨在自家的后花园里表演射箭，不时博得观众一阵阵喝彩。这时有个卖油的老翁放下挑着的担子，站在一旁静静观看，并不在意地斜着眼看着陈尧咨。陈尧咨果真是名不虚传，射箭技术可以说是百步穿杨，箭箭射中靶心，观众们都情不自禁地大声喝彩，而卖油老翁不过是微微地点点头表示些许的赞许。慢慢地，陈尧咨注意到了这位老翁及他对自己射箭技术的态度，心中很是不满，于是就跑到卖油老翁的面前，问道：“这位老先生，您也懂射箭吗？看您那表情，难道说我的射箭技术不够精湛吗？”老翁说：“这位壮士的射箭技术确实很好，但是我认为其实这也没有什么别的奥秘，只不过是熟能生巧罢了，有什么值得炫耀的呢？”陈尧咨听后愤愤地说：“您怎么敢轻视我射箭的技术！”卖油老翁说：“年轻人，你先别生气，我说的是经验之谈。我卖油已经大半辈子了，凭着我多年倒油的经验就可知道这个道理。其实你射箭和我倒油的道理都是一样的。”于是老翁取过一个葫芦立放在地上，又取出一枚铜钱盖在葫芦的口上，然后舀了一勺油，小心翼翼地把油勺一歪，只见那油像一条细细的黄线一样从铜钱的孔中直接流进了葫芦里去，丝毫没有沾到铜钱。卖油老翁说：“我这点手艺也没有什么别的奥秘，只是熟能生巧罢了。”陈尧咨见此，尴尬地笑了，从此更加努力地练习射箭技术，再也不在众人面前炫耀自己的箭术了。

无论是陈尧咨高超的射箭技术还是卖油老翁熟练的倒油技术，都经过了长期的锻炼，可以说是“台上十分钟，台下十年功”。任何过硬的本领都是练出来的，要想掌握一门技术，就要肯下功夫，只有勤学苦练，反复实践，才能做到“熟能生巧”。

“勤能补拙是良训，一分辛苦一分才。”自古以来任何伟大的成功和辛勤的劳动都是成正比的，有一分劳动才会有一分收获。日积月累，从少到多，才能做到“一遭生，两遭熟”。

中国科学院院士童第周先生是我国著名的生物学家、教育家，也是国际知名的科学家。他一直坚持实验胚胎学的研究达50余年，是我国实验胚胎学的主要创始人之一。童第周先生出生在浙江省鄞县的一个偏僻的小山村里。小时候因为家里比较贫困，童第周一直跟随父亲学习文化知识，直到17岁才进入学校接受正规的教育。刚读中学的时候，童第周因为没有接受过正规的学校教育，学习十分吃力，结果在第一学期期末考试成绩下来的时候，平均成绩只有45分，当时学校甚至勒令他退学或留级。在家人的再三恳求下，校方同意他跟班试读一学期。此后，童第周“笨鸟先飞”，常与“路灯”相伴：天刚蒙蒙亮，他就已经在路灯下读外语了；晚上熄灯以后，他还去路灯下自修复习。果然功夫不负有心人，再次期末考试时，他的平均成绩达到 70 多分，其中几何成绩还达到了 100 分。这件事让童第周悟出了一个道理："别人能办到的事，我经过努力也能办到，世上没有天才，天才是用劳动换来的。"之后，这也就成了他的座右铭。

对于陈尧咨和卖油老翁而言，他们高超、娴熟的技术都是通过多年如一日的练习得来的，都是经过了"一遭生，二遭熟"的过程。其实学习任何技术、任何本领都必然要经过这样一个过程，就像一个婴儿在学习走路的过程中，刚开始的时候需要大人的搀扶，然后不断练习，而且经常会摔倒，但是只要坚持练习，每个人都能学会走路、跑步。一个人如果想要成才，也和婴儿学步一样，必须要经过努力学习，而学习是一个日积月累的事情，唯有不断学习，才能使人知识渊博、富有智慧。

很多人之所以成功，并非因为他们天生聪明，而是因为他们善于使用"一遭生，二遭熟""勤能补拙""熟能生巧"等这些方法。比如我国数学家陈景润小的时候比较木讷，甚至连自己都照顾不好；发明家爱迪生小时候也不善言辞，但是他们都通过努力成为了伟大的人。

无论一个人天生是否聪颖，只要努力都是可以成功的。要想成才，要想成功，就需要有点精神，有了精神才会有动力。有了动力，有了目标，坚持奋斗，就会赢得事业的成功，追求自己想要的生活。

头回上当，二回心亮

老人们经常会说："头回上当，二回心亮。"意指如果一个人被别人骗了，就要吸取教训，再次遇见此类事情时，不再会犯相同的错误。人活在这个纷繁芜杂的世界上，难免磕磕碰碰，这是谁也不可避免的事。不要为了一时的错误，就自怨自艾。其实，这些坏事有时候也是好事。经历了一些坏事，从中吸取教训，从而一步步成长起来。所以，从某种意义上说，坏事也是好事。但是有些坏事，经受了一次，却不接受教训，相反地还要一而再、再而三地经受，那样的话，就是愚钝了。所以我们一定要谨遵老人们的教诲："头回上当，二回心亮。"

在小学的课本上讲到过一篇乌鸦和狐狸的故事。狐狸想尽了各种办法骗走了乌鸦叼在嘴里的肉。时隔多年以后，乌鸦的智商也是今非昔比了。自从被狐狸骗走了到嘴的一块肉以后，乌鸦一直很后悔。有一天，乌鸦又得到一块肉。当它在一棵大树上歇脚的时候，碰巧又被出来寻找食物的狐狸看见了。

乌鸦想："真是冤家路窄，这次可不能再把好不容易得来的肉给了它了。"狐狸心想："真是踏破铁鞋无觅处，得来全不费工夫呀！好香的一块肉，乌鸦，这肉就你就准备'送'给我吧！"

狐狸眼睛骨碌一转，便想了一个主意，用同情的眼光看着乌鸦说："乌鸦大姐，您母亲得了重病，正在动物医院抢救呢！您快去看看吧，不然以后可能都见不着了，我帮您拿着肉在这儿等您回来，您看好吗？"

乌鸦想："说谎连个草稿都不打，我妈三年前就去世了，我哪来的母亲！肯定是想骗我的肉，我才不上当呢！"

乌鸦假装没听见，狐狸又想出了一个主意说："哎呀，乌鸦大姐，您家那边天气转冷了，您回去搬家，我帮您拿着肉在这等您回来，您看好吗？"

乌鸦想："不可能的，出门前我看了今天到明天的森林天气预报，我那儿不冷不热。狐狸一定是黄鼠狼给鸡拜年——没安好心。"

狐狸见乌鸦没有反应，又想："不理我，哼，我用三十六计的苦肉计来对付你。"狐狸立刻装作可怜的样子，泪眼汪汪地说："乌鸦大姐，上次我偷你的肉是因为林子里的'巨无霸'来我家了，他打了我一顿不说，还要我给他拿一块肉，不然就杀了我老母亲和刚生的一对儿女呀！呜——呜——这次我妈得了重病，医生说，要吃肉来补身子，不然就要死了！我儿子女儿也饿呀！”说完狐狸的眼泪“哗”地一下就流了下来。

乌鸦有些被感动了，心想：“哎，狐狸还挺可怜的，自己妈得了重病，儿女又饿得慌。”可乌鸦又一想：“狐狸大妈不是早死了吗？还是和我们借钱办的葬礼呢，那钱到现在都还没还呢！他的儿女不是被送去孤儿院了吗？想骗我的肉，才没这么容易呢！你用三十六计的苦肉计，哼，那么我就用三十六计走为上计了。”

想好了之后，乌鸦拍拍翅膀飞走了，而狐狸呢，因为没有东西吃，饿得两眼冒金星连家都找不到了！

这个故事换成一句话，就是：“头回上当，二回心亮。”生活中，如果我们被人骗了，吃了亏，但是没有因此清醒过来，这对我们来说肯定不是一件好事，还可能再次被别人骗，吃同样的亏。一次上当，情有可原，毕竟我们不可能把什么事情都看得很清楚，但是二次上当，甚至三次、四次上当，那就是我们的不对了，为什么我们不能从中吸取教训，以防下次上当呢？如果我们能从中吸取教训，那就是一件好事了。

一个人在成长的道路上，也不是光靠自己的亲身经历，才能总结出一定的智慧。我们也要学会从前人或者其他人的经历中总结自己的教训。

教训是对挫折与失败的理性思考，它告诉我们的是“不该”。吸取教训，更加理性地分析产生问题的原因，从中寻找出带有普遍性的规律和特点，可以使我们对客观事物的认识更加准确深刻。教训既可以给遭受挫折的人留下避免再次失败的路标，同时又可以为他人留下前车之鉴。

从失败中吸取教训，善待教训，无疑是智者的选择。对一个能够正确面对成败的人来说，教训一样可以催人奋进，激励自己去不断拼搏进取，使事业更有成就。相反，不会从失败中吸取教训的人，迎接他的可能是再一次的失败。

一个人的人生之路不可能永远都是平坦的，被骗不要紧，要从被骗的过程中吸取教训，以免下次再犯类似的错误，做到“头回上当，二回心亮”才是重中之重。记住，只有在失败中吸取教训，将教训转化为自己的经验，才能在事业上走得更远。

吃一堑，长一智

人生不是一盘棋，不至于因为走错一步而痛失全局；人生更像足球赛，即使最强的球队也有失手的时候，即使最差的球队也有扬眉吐气的一天。

人的一生就是这样，充满着成功与失败、顺境和逆境、幸福与不幸。挫折是一个人迈向成功需要面对的一个基本课题。

俗话说："吃一堑，长一智。"一面回视过去，吸取教训；一面展望未来，充满希望。勇敢面对挫折，在挫折中增长人生智慧。绝处尚有逢生的机会，风雨过后就是灿烂的彩虹。没有迈不过去的坎儿，只有过不去的人。在哪里跌倒就应该在哪里站起来。

在美国，有一个渔夫的儿子，叫作麦西，15岁出海跑船，后来厌倦了海上的生活，带着500美金的积蓄，独自来到波士顿，开了一家卖针线和纽扣的小店。由于这些东西利润薄、销量也小，小店没开多久就被迫关门。等把货物全部顶出去，本钱也损失了一大半。这是麦西生意上的第一次失败。

尽管是失败，但麦西很乐观："至少我明白了一个教训，做日用品生意，一定要卖热门货。"

没多久，麦西积攒了些钱，又开了一家布店。这次开店，麦西自认为已经驾轻就熟了，该万无一失了吧，结果，他错了。

布店生意以妇女为对象，她们一般是喜欢光顾老店，因为跟店里的人熟悉了，有安全感，用不着担心受骗。而麦西不仅是外乡人，又是新开的店，而且货色不全，所以光顾者很少。生意清淡，货物卖不出去，资金周转不开；没有钱进新货，没有钱做广告，顾客自然更少。如此恶性循环，小布店不得不关门。这是麦西第二次失败。

生意失败的麦西来到旧金山，几番思量，麦西再次重操旧业。这次，他吸取了前两次的教训。当时有一种淘金用的平底锅很畅销，麦西就以低于别人一成的价格出售，并告诉买锅的人，请他们转告其他的人来买他的锅。这种廉价多销的创意，让麦西赚了一笔钱。

一年后，麦西带着赚到的钱盘回了当年兑出去的布店。这次，麦西是有备而来，准备了一系列的销售策略：第一，每天都在当地的各种报刊轮流刊登广告；第二，每个季节都会挑出几样热门货，低价促销，让每位顾客都能买到真正的便宜货；第三，增加货品种类，除了经营布，同时还销售肥皂、拖把、衣服、袜子之类的日用品；第四，明码标价，这算是麦西最成功的创意。一来省去讨价还价的麻烦，二来也消除消费者怕上当的心理。不管什么商品，顾客认为价格合适货色满意了就买，毫不勉强。

可是，出人意料的是，麦西的廉价商店还是倒闭了。而且这次垮得很惨，几乎把老本全部赔光。当他陷入绝望的时候，他的大舅子荷顿找到他，并主动提出与他合作，表示愿意出资入股。麦西百思不解时，荷顿说："你这次失败原因在于这地方太小，水浅养不住大鱼。但你学会了经营，这比什么都重要。"

就这样，麦西再次开始创业，这次他决定到美国最大城市纽约开创自己的事业。到了纽约之后，麦西如鱼得水。起初，他在十四街买下一个店面，开设了他的第一家百货店。10年之后，麦西百货公司的规模几乎占了半条街。在这10年当中，麦西在百货业界所向披靡，处处领先，经营的货品从吃的、穿的到用的，几乎无所不有。很多人想超越他，最终也只能望其项背。

这就是"吃一堑，长一智"的麦西。麦西成功了，几经挫折、沉浮，最终取得巨大的成功。

仅就麦西的才能而言，他对经营企业并没有多少天才，但他能接受失败的教训，终于成为美国百货业创始人之一。

跌倒，爬起，再跌倒，再爬起。这是麦西百货商场经久不衰的秘诀所在。而这一宝贵财富却来之不易，是麦西一生积累的结果。

智慧的增长，不但可以从成功的经验，也可以从失败的教训里来，它们的价值都是绝对的。成功太容易让人得意忘形，而失败却总是刻骨铭心。

面对挫折和失败，应该保持乐观积极的心态；积极向上的心态，能让人头脑清醒；只有头脑清醒，才能找出问题症结；发现问题的症结，才会有解决问题的办法。

挫折和失败像一块磨刀石，磨刀石能让刀剑锋利，挫折能帮助人们提升发现问题、解决问题的能力。

失败是学习的机会。失败一次就有了一次经验和教训，就有了处理相似问题的能力。如果不能从一次又一次的失败中总结出可以指导下一次实践的经验，同样的错误，还会照样再犯，也就根本谈不上什么成功。

戴高乐曾经说过："困难，特别吸引坚强的人，因为他只有在拥抱困难时，才会真正认识自己。困难越多，危险越大，我们通过战胜困难和危险获得的成功也就越大。""锲而舍之，朽木不折，锲而不舍，金石可镂。"人生有成败，恰如硬币有两面，正面是成功，反面是失败。苦难和挫折能培养我们坚忍不拔的意志。

我们渴望成功，但是没有人能保证硬币落下来时都是正面，因此，遭遇失败，要懂得成功不远；获得成功，要记住失败在旁边。

不要羡慕别人的成功，更不要鄙夷别人的失败。而是应该学会分析和总结现象背后的本质，找出别人失败或者成功的全部原因。取其长，补其短，做你自己该做的事情。

听君一席话，胜读十年书

日常生活中，我们经常听到人们说，“听君一席话，胜读十年书”。其实，这句话的原文是“同君一夜话，胜读十年书”。而且，这里面还有一个很有意思的传说。

深山古寺之中，忽然不知从哪儿传出悠远嘹亮的笛声，声声惊起沉睡的鹧鸪，三两只拍打着翅膀，一路鸣叫着渐渐远去，这夜更显得幽静。

月下纸窗内，一僧人、一书生伴着孤灯。

书生是进京赴考的，他只顾着赶路，眼看着天已经黑了，错过了客栈，没有地方投宿，只得到山中古寺中留宿。僧人告诉他，因为寺内近来香火冷清，只能款待书生一些粗茶淡饭，虽然这样，书生也很感激，前去僧人住处答谢，寒暄之后，二人闲聊几句，僧人与书生聊得很投机。

僧人问书生说：“先生，万物都有公母，那么，大海里的水怎么分公母？高山上的树木怎么分公母？”

书生一下被问住了，寒窗苦读了十年，从没有看到哪本书籍记载此事。于是，书生虚心向僧人请教。

僧人说：“海水中有波浪，一般认为波为母，浪为公，因为波小浪高，公的总是强大些。”

书生觉得有道理，连连点头，又问：“那树，怎么辨别是公树、母树呢？”

僧人说：“公树就是松树，‘松’字里不是有个‘公’字吗？梅花树是母树，因为‘梅’字里有个‘母’字。”

书生闻言，恍然大悟，觉得很有道理。

话说这事也巧了，秀才到了京城，进了考场坐定，内心忐忑地把卷纸打开一看，惊讶地发现，皇上出的题目，正是僧人那夜说的“万物公母”之说。书生很高兴，不假思索，一挥而就。

不久，皇榜之上，书生金科第一名。皇上特赐他衣锦还乡，路上他特地绕道去那日留宿的寺庙之中，答谢僧人，奉上丰厚的香火钱，还亲笔写了一块匾额送给僧人，只见上面题的是“同君一夜话，胜读十年书”。

从此，“听君一席话，胜读十年书”便传开了。

从这个传说的本身内容来讲，就是一个仅供娱乐的小故事，不能当真的。且不说这个传说的真假，仅仅“听君一席话，胜读十年书”这句话，就大有学问。学知识，并不就是埋头苦读，还要善于与人交流沟通，并且要与学识渊博的“良师”沟通，听他们一席教导，可能抵得过读很多本书。人生路上，如果想取得一番成就，与人沟通，得到“良师”的帮助，可能比什么都重要。

被誉为“短篇小说之王”的莫泊桑在文学上能取得如此大的成就，就与自己的“良师”是分不开的。莫泊桑的母亲对儿子期望很高，希望他在文学上能有好的成就。母亲算是他第一个“良师”，她亲自教莫泊桑读拉丁文，以此启发、鼓励他写诗。但是，她也认识到自己的力量是有限的。儿子要想成才，必须有一位德高望重的好老师来指导。经过母亲的多方努力，最终，大文学家福楼拜答应指导莫泊桑的文学创作，莫泊桑经常把自己的作品拿去给福楼拜阅读，福楼拜也提出自己的指导意见。后来，在福楼拜的严格教导和精心培育之下，莫泊桑成功地走上了文学之路。

福楼拜和莫泊桑师生之间的情谊，是世界文坛上流传已久的一段佳话。纵观古今中外，有所作为的人大多都有交心的朋友以及一两个“良师”。他们通过自己的努力，再加上高人的指点，终于取得了巨大的成就。

但我们也要注意，与人沟通，并不是每次都会遇到“良师”，也并不是每听一席话，都能胜过“十年书”。很多时候，我们可能会遇到对自己思想发展不利的人，这也是在所难免的。这时，我们就要注意，在选择交流对象的时候，一定要注重其内在素养、品格涵养

以及学识思想是否达到一定的水平，交流起来才能学到对方的长处，从而提高自己。《论语·学而》说："主忠信，无友不如己者"，告诫世人交友择师要选择各方面能力比自己强的，才能有所长益。

姜老辣味大，人老经验多

不要嗟叹岁月的无情，带走了我们的青春，却留下苍老的皮囊。你可曾想过，在我们的脑中，记录下了多少人生的历程，这就是财富，是岁月赐予给我们的。

年轻人，虽然拥有青春，但是缺少了丰富的人生阅历。老话说："姜老辣味大，人老经验多"。作为年轻人，何不行动起来，多多向年老有智慧的人学习。这岂不是也是一种智慧：这样我们既能拥有青春的美好，也能享受岁月留下的恩赐。

有这样一个故事，可能我们也听过，但是老生常谈一下，更有助于我们处事。

有一个人，博士毕业分到一家研究所，成了这个所里学历最高的一个人。

有一天，他一时兴起，就到研究所里的一个小池塘边去钓鱼，其实他不

怎么擅长钓鱼。到了那里，正好看见所里的两位老先生也在那里钓鱼。这个博士心里很自傲，想："只是两个上了年纪的本科生，接受知识的层次不一样，估计没什么共同的话题。"于是他只是微微点了点头，算是打了招呼，就坐了下来。

不一会儿，其中一位老先生放下手中的钓竿，伸了伸懒腰，"噌噌噌"几下，就从水面上如飞般地走到对面去了。博士见到这种情形，嘴巴大张得下巴都快掉下来了。他会"水上漂"？

这可是一个池塘啊，不会的话，是不可能那样"飘"过去的。那位老先生上完厕所回来的时候，同样也是从水上奔了回来。怎么回事呢？博士生又不好去问，自己是博士哪！怎么可以那么丢人现眼的，这点儿事情都不知道。

过了一阵儿，另一位老先生也站起来，紧走几步，"噌噌噌"地"飘"过池塘水面上厕所去了。这下子博士更是诧异了："不会吧，到了一个江湖高手集中的地方？真是人不可貌相啊！"但是，博士还是碍于情面，没好意思问两位老先生。

又过了一会儿，博士生也内急了。但是，这个池塘的两边有围墙，要去对面的厕所，必须绕十分钟的远路不可，而回所里如厕，又太远，怎么办？博士生也不愿意去问两位老先生，憋了半天后，实在憋不住了，就起身往水里迈："我就不信本科生能过的水面，我博士生却过不去。"

只听扑通一声，博士生栽到了水里。两位老先生赶紧将他拉了出来，问他其中缘由，他问："为什么你们可以走过去呢？难道真的会水上漂？"

两位老先生听完，相视一笑："这池塘里有一条水泥做的小路，由于这两天下雨，水涨了，小路就被稍微漫过了。我们都知道这小路的位置，所以可以踩着快步跑过去。你怎么不问问我们呢？"

博士听完，感觉很羞愧，从此也改变了想法，但凡遇事都虚心向别的老同志请教。

学历只代表过去，只有不断学习才能代表自己的将来。尊重有经验的人，才能少走弯路，多干实事。一个好的企业，应该有学习型的团队，才能取得成功。一个人，也应该时刻学习，多请教，才能赶上时代的步伐。

古时，一位书生和一位老樵夫做了邻居，但是这位书生一向瞧不起这位老樵夫：一辈子只会砍柴，还能会什么呢？

一天，书生家里没有柴烧了，又没有钱买柴，于是决定自己上山砍柴。家里的人都劝说，你请教一下隔壁的老樵夫吧，让他指点一下，砍柴需要带些什么工具。书生觉得没必要问他，自己读了这么多书，难道还不如一个老樵夫知道得多。

到了山下，书生就开始攀爬山道，但是脚下的草鞋已经腐朽，一使劲就扯破了。书生很是沮丧，只好蹲下来，开始用一些新的麻绳织补草鞋。

等草鞋弄好之后，好容易爬到山上，找到一个可以做柴草的矮树枝，这时，发现斧子太钝了，根本砍不动。于是匆匆忙忙赶回家，重新研磨了斧子和锯子。等他返回山上的时候，天已经黑了，他夜间害怕豺狼，就沮丧地回到了家里。他付出的代价是：有米下锅，无柴烧火，饿了一夜的肚皮，又遭到家人的埋怨。

书生得了这个教训，以后每遇到疑难问题，都虚心地向邻里请教。不久之后，他科举成功，做了一个县的县令，在任上也是不忘向县里有经验的长者请教。

愚者做事，只知道苦干、蛮干，不知道向别人请教的重要性。因此愚者做事时就做不到心中有数，只能眉毛胡子一把抓地乱干一气，虽然做了很多事情，不但效果不佳，反而非常忙碌，感觉到压力太大；事情即使干成，也因为精疲力竭，没有很大的成就感。再以后，对做事情就感到力不从心，因而就渐渐地害怕做事情，这样长此以往，就失去了做事情的能力。如此一来，成功对于愚者来说，是难上加难的事了。

所以，我们在职场中，要像智者那样，有了自己的目标以后，多向前人、有经验的人取经，做到心中有数，这样达到目标的概率就会提高，成功对于智者来说，何难？

在此还要说一点，值得注意的是：我们在向别人请教的时候，并不是要求一味听从别人。而是要在保留自己本色的基础上，吸取别人的经验，并加以甄别。毕竟，时代在变，环境也在变，老一辈的某些经验可能在当时的社会条件下是正确的，拿到现代，可能就不是很合适。所以我们干什么事，都要用发展的眼光来对待，相信不久以后，你的经验也会为他人所用。

第三章

挨金似金，挨玉似玉

挨金似金，挨玉似玉

一个人有什么样的前途，或者说要走什么样的路，过怎样的人生，某种程度上取决于他交什么样的朋友。古话说得好“挨金似金，挨玉似玉”，通俗来讲，就是“近朱者赤，近墨者黑”。人是有感情的，互相接触久了，很容易在不知不觉之中潜移默化地受到对方的影响。倘若与品行不端的人为友，那就有可能会沾染不良的习气；倘若是高朋诤友，那就可以相互扶持、共同进步。所以，择友一定要慎重，不可盲目。

孔子说：“益者三友，损者三友。”意思是说，使人受益的朋友有三种类型，使人受损的朋友也有三种类型。哪三种朋友可以使我们受益呢？按孔子的说法是：“友直，友谅，友多闻，益矣。”也就是说，品性正直的朋友，互相体谅的朋友，博学而见多识广的朋友，这三种类型的朋友可以让我们受益良多，可与之交友。同时他认为：“友便辟，友善柔，友便佞，损矣。”意思是，品性不正直的朋友，善于奉承别人的朋友，善于信口开河却没有真才实学的朋友，这三种类型的朋友，只会让人受到伤害，不可交往。

古人交友注重“心”交，更在乎那种“琴瑟和鸣，心领神会”的意境，在这方面达到极致的是“俞伯牙摔琴谢知音”。钟子期虽为山中樵夫，但俞伯牙与之相见倾心，二人因音乐而相交，又因音乐而相知。

春秋时期，俞伯牙擅长弹奏古琴，技艺美妙绝伦，堪称千古绝响，只是恨没有知音赏识。一次，他乘船郊游，夜泊在汉阳江口。那天恰好是中秋月圆之夜，只见皓月当空，万籁俱静，俞伯牙见此美景，取出古琴对月弹奏起来。

一曲未终，琴弦却"啪"地断了一根，伯牙感觉有异常的事情发生。心想，这琴识得人心，定是有人在附近干扰，否则，琴弦不会轻易断掉。于是，伯牙命令身边的随从上岸看看。这时，岸上树林中走出一个樵夫，近前作揖说："夜间突然下起雨来，我只好在这里避雨，听到琴声铿锵悦耳，不觉听得入神，谁知惊扰了您的雅兴，多有得罪。"伯牙暗自诧异，心想，一个山野樵夫也懂音律，定不能小看了他，便请那位樵夫上船一叙。

樵夫名叫钟子期，家有老父，平日里靠打柴度日。钟子期虽家境贫寒，但却博学多才。二人在船上谈古论今，互通音律。伯牙每弹一首曲子，子期都能通晓曲子被赋予的情感，讲出曲子的曲风和音律。当俞伯牙弹奏知名的"高山流水"时，钟子期感叹俞伯牙的琴音"巍巍乎若高山，荡荡乎若流水"。天亮的时候，伯牙和子期依依惜别，相约一年后在此相会，弹琴论诗。

在第二年的中秋之夜，俞伯牙如约而至，但是迟迟不见钟子期，于是，取出琴来弹奏，琴音低沉幽怨，如泣如诉。后来，伯牙派人遍寻钟子期，并亲自登岸拜访。他被告知，钟子期已经亡故了，埋葬在与俞伯牙相会的岸上。

伯牙很沮丧，来到坟前，取出古琴，独自弹奏。弹罢，俞伯牙仰天长叹："子期不在了，我的琴音没有人能够懂得了，不弹也罢。"说完，他扯断了琴弦，把古琴摔了个粉碎，返身而去。要知道："摔碎瑶琴凤尾寒，子期不在对谁弹？春风满面皆朋友，欲觅知音难上难。"

是啊！人的一生交如钟子期这样的知音，已经足以，何必再强求？

孔子说："三人行，必有我师焉。择其善者而从之，其不善者而改之。"朋友是与我们经常相处的人，我们可以从他们身上的优缺点来体察自己，有长处就继续发扬，有了短处就改进，这样才能完善自己，使自己进步。

如果交上了品行端正的朋友，将终身受益，他可以在恰当的时候给你一些提醒或建议，能够让你避免误入歧途，也能够让你得以在逆境中重新奋起，走向人生的坦途。反之，如果交上品性不端的朋友，则会贻害无穷，他可能会使你丧失对事情的判断力，会使你失去前进的动力，更有甚者会使你失去人生航行的方向。

我们应该牢记古人的训诫，牢记“势利之友，难以经远；以财交者，财尽则交绝；以色交者，华落而爱渝”之忠告。时时刻刻不要被名和利所惑，时时刻刻谨慎交友，使自己永远在健康的人生路上行走。

白沙在涅，不染自黑

人的一生要面临很多选择，选择学校、专业、朋友、环境、工作……当你每作出一次选择，必将对你的人生造成这样或那样的影响。人毕竟是社会群体性的动物，任何人都不能脱离社会而独立地存在，人总是会受到环境等外在因素的影响。《孔子家语》说："与善人居，如入芝兰之室，不闻其香，即与之化矣。与不善人居，如入鲍鱼之肆，久而不闻其臭，亦与之化矣。"意思是：与品格高尚的人居住在一起，就像处在芝兰花飘香的室内一样，时间长了可能闻不到芝兰的花香，其实本身已经充满香气了；与品性低劣的人居住在一起，就像到了卖鲍鱼的场所，时间长了倒也闻不到臭味，也是融入到环境里了。所以说人们必须谨慎地选择自己所处的环境。

荀子说："白沙在涅，与之俱黑。"这句话是围绕"环境与人"的关系说的：白色的沙子混在黑土中，时间久了，就同黑土一样黑了。这用来比喻好人处在恶劣的环境中也会随着变坏。对一个普通人来说，与其希望自己能意志坚定，能够洁身自好，还不如尽量少接触不良的周围环境。毕竟，一个人要去改变环境很难，但可以选择良好的环境。

欧阳修是北宋著名的文学家。他在颍州上任的时候，手下有一个名叫吕公著的人。某日，欧阳修的好友范仲淹巡游路过颍州，便到他家中拜访，欧阳修看吕公著谦逊有礼，就邀请他一同待客。席间，范仲淹对吕公著说："年轻人，你能有机会待在欧阳修身边做事，要珍惜啊！日后，你应该多向他请教写文章或作诗的技法，这样会对你大有好处的。"此后，在欧阳修的言传身教下，吕公著在北宋文坛也小有名气。在某种意义上说，良好的环境有利于成功。"孟母三迁"的故事，便很好地说明了这个道理。

孟子是战国时期伟大的思想家。孟子自小丧父，家里全靠孟母倪氏一人支撑，她日夜纺纱织布，挑起生活重担。倪氏是一个对生活颇有见识的人，她希望儿子能读书上进，早日成才。

于是孟母对儿子的教育非常重视，也很注重环境对孩子的影响。

起先，孟子随母亲住在一个村落里，住的地方离墓地很近。孟子常常和邻居的孩子一起去墓地玩耍，有时还学着大人跪拜、哭嚎的样子，玩起葬礼的游戏。这被孟母看到了，心里非常着急，跟着这些孩子学，会学坏的，就皱着眉头说:“不行！不能让我的孩子住在这里了！”于是,他们搬走了。

孟母不惜搬迁的劳苦，带着孟子搬到市集旁边去住。到了市集，孟子又和邻居的小孩，学起商人经商的样子。孟母发现这种状况，内心焦虑起来，又皱着眉头：“这个地方也不适合我的孩子居住！”于是，他们又搬家了。

这一次，孟母带着孟子搬到了一所私塾附近。每月夏历初一时，文武官员到文庙，行礼跪拜，互相之间以礼相待，孟子见了，把这些礼节一一记在心里，并效仿着他们做着礼节。孟母见了，非常高兴，点着头说:“这才是我儿子应该住的地方呀！”于是他们就在这个地方定居下来。“孟母三迁”的故事就流传下来，后来，这个典故用来表示人应该要接近好的环境，才能学习到好的习惯，才能有大的作为。

《晏子春秋》有言：“婴闻之：橘生淮南则为橘，生于淮北则为枳，叶徒相似，其实味不同。所以然者何？水土异也。”淮河以南的橘子树，移植到淮河以北就变为枳树，只能结又苦又涩的果子。这用来比喻环境一旦改变，事物的性质也随之发生改变。这说明不同的环境对同一事物的发展起着重要的作用。

如果一个人生活的周围都是高尚的人，那么在他们潜移默化的作用下，这个人也会通过自身的努力，去赶超他们，与他们看齐。同样的，如果一个人总是与一些道德素质低下的人交往，久而久之他的品性也会变得低下粗俗。

百人百姓，各人各性

17 世纪末，在普鲁士王宫里，哲学家莱布尼茨向王室贵族提出他的宇宙观：“天地之间没有两个完全相同的东西。”在场的人都哗然，很多人摇头表示不理解，也有的人表示出很不屑。于是，有人请侍女到后宫花园里去找两片完全相同的树叶，想以此推翻这位哲学家的妄断。结果，令他们大失所望，因为任凭他们怎么找，也没找到完全相同的树叶。因为从外观粗略地看，树上的叶子似乎都是一个样子，但仔细比对，却发现每片树叶都是大小不一、厚薄不等、色调不均、形态各异。其实何止是树叶，世界上的一切东西都没有绝对相同的，人的性格更是“各人各性”。

在我们日常生活中，由于每个人的成长环境和所接触的事物是不一样的，所以造就了人与人之间的性格差异。要知道“百人百姓，各人各性”，我们要互相尊重，既不用自己的标准来衡量别人，也不用别人的标准衡量自己。

错误观点一：别拿自己的标准衡量别人

麦斯太太一辈子住在一所外墙斑驳的老房子里，她是一位寡妇，丈夫多年前去世之后，就没有再结婚。自己一个人孤孤单单地生活了大半辈子，她平时性格有点孤僻，处事敏感，有时候，邻居无意中的一句话都会伤害到她。她尤其不喜欢街对面住着的那位太太，多年来老是愤愤不平：“在路上见了面，老是不搭理我，有时候甚至不看我一眼就走过了。这个女人怎么这么不懂礼貌……”就这样，麦斯太太在抱怨中，和街对面房子的太太做了 25 年的邻居，但没有说一句话。

直到有一天，对面的太太竟然主动来麦斯太太家里拜访，麦斯太太虽然对她不满，但也客气地出来搭话，不想这位太太羞涩地说：“其实，这么多年来，我没有什么朋友，一直想和你说说话，但是，我眼睛看不见，性格也内向，一直没好意思开口，希望你能原谅，现在我要搬走了，想来跟你说一声。”

麦斯太太听完后热泪盈眶，紧紧抓住这位太太的手，久久不肯松开。她知道，是自己的偏见，失去了 25 年来本应该有的友情，要是以前自己主动跟对面太太打招呼，可能她的日子不会这么枯燥寂寞，至少有个朋友可以谈心。正是因为拿自己的眼光衡量别人，才伤害自己，也伤害了别人。

生活中，有些人总喜欢拿自己的标准衡量别人，如觉得好就一好百好；

觉得人坏，就认为事事坏。如果我们转变心态，就会发现，人人都有自己的长处和优点。要懂得克制自己，善待他人，才是做人的根本。

错误观点二：别拿别人的标准衡量自己

世界上既然没有两片完全相同的叶子，也不可能有完全相同的人，尽管你现在可能很渺小，甚至是微不足道的，但请相信，你是独一无二的，这就是你存在的价值。拿别人的标准去衡量自己，盲目地改变自己，要求自己，并不能让自己像别人一样能有一番成就，反而有“东施效颦”之嫌。

麦克斯·威尔医师在罗斯福执政期间，曾为总统夫人的朋友做了很成功的手术。事后，总统夫人邀请麦克斯医师到白宫做客，他为此感到无比的荣幸。他在白宫留宿了一夜，恰好他住的房间的隔壁就是林肯曾经住过的寝室，他感到很兴奋和自豪。

第二天早上，他来到餐厅用早餐，总统夫人早就等在那里，他吃着盘中的早饭，心里别提多高兴了。

但是，问题出现了，因为侍者端来了一托盘的鲑鱼，他为此内心很挣扎，因为他吃鲑鱼有过不良的反应。

总统夫人看着麦克斯医师在发愣，就指着总统先生说：“他很爱吃鲑鱼。”

麦克斯医师略微迟疑了一下，心想：“总统都喜欢的东西，我还畏惧什么呢？”于是，就切下一块鲑鱼，吃了起来。

结果，在那天下午，麦克斯医师就出现了预料之中的不良反应，十分痛苦。

后来，麦克斯在其著作《心灵的慧剑》中写下了这么一段话：“这件事的意义在于：我不想吃鲑鱼，但鉴于总统先生喜欢，我于是屈就自己迎合了总统先生的口味，从而背叛了自己。虽然，这仅仅是人生中的一件小事，很快就会淡忘，可换个角度想，这不正是很多人为了成功最常碰见的陷阱？”

所以，每个人都不要拿别人的眼光去衡量自己，更不要去违背自己的意愿，强制去做跟别人一样的人，做好自己才是最重要的。否则只会适得其反。因为“百人百姓，各人各性”，每个人都是独一无二的，要敢于保持自己的本色，不必执着于同别人比高低。你只需要按照自己生活的轨迹，坚定走下去，才能真正活出自己的精彩。

习惯成自然

拿破仑·希尔曾经说了这样一句话：“习惯能成就一个人，也能摧毁一个人。”在我们日常生活中，“习惯”不再仅仅是一个普通的名词，它实际上已经成为我们存在于这个世界的生存法则：良好的习惯可以使我们拒绝平庸，站在社会的巅峰，俯视芸芸众生；坏的习惯却能将我们淹没在平庸的洪流中，再也找寻不见。

也许，我们许多人还没充分认识到习惯所带来的巨大能量，实际上，习惯影响我们一生。习惯，如三月的春雨，润物细无声，一个人可以在不知不觉中被习惯潜移默化。从这点来看，习惯的确是一种可怕的力量。但我们也不能被习惯所掌握，我们必须保持一个高度警惕：作为好的习惯，我们应该继续保持；对人生没有任何帮助的不良习惯，我们要坚决抛弃。

老师和学生一起郊游，走到一片树林里的时候，老师停下脚步，仔细观察四周的树木：

第一棵树，刚刚长出新芽，只能算一颗幼苗，算不得树。

第二棵树，已经有了细细的树干，是一棵挺拔的小树苗，它的根须已经牢牢地盘踞在肥沃的土壤中。

第三棵树，苍劲挺拔，枝繁叶茂，已经有手腕那么粗。

第四棵树，是一棵高大的万年松，它有着粗壮的树干和枝丫，那旺盛的生命活力，似要冲破云天。

老师指着第一棵树对学生说：“把它拔起来。”学生不费吹灰之力就拔出了那棵娇嫩的幼苗。

老师又说：“拔出第二棵。”学生稍微费了点力气，拔出了第二棵小树。

老师接着说："拔出那边的第三棵树。"学生略微迟疑了一下，还是试着拔出第三棵树，但是毕竟树高根深，很是费力，待学生终于拔出那棵树的时候，已经是满头大汗，气喘吁吁的了。

老师又让他尝试着去拔出那棵遒劲的松树，学生踌躇了一下，拒绝了老师的要求，他是不可能完成这个任务的，甚至没有去作任何尝试。

老师看了学生一眼，语重心长地说："你看到了吧，你刚才的举动已经告诉你，习惯对我们的生活是有多么大的影响啊！"

其实，我们的习惯就像故事中的树一样，幼苗的时候，我们是很容易拔除，而随着岁月的流逝，树渐渐地长大，根也深入地下，就很难再把它拔除掉了。如果我们的习惯变成了一棵万年松，那么我们任凭怎样努力，那棵松树仍然在那里屹立，风雨不倒，雷打不动。

习惯一旦养成就很难改变，好的习惯是这样，不好的习惯也不例外。我们一定要养成好的习惯，如同故事中说的万年松一样，茁壮而牢固，有了这样的习惯，何愁平庸，成功是早晚的事。但是坏的习惯，一旦养成也如万年松那般，不容易轻易改变，所以在我们日常生活中，要注意不染上一些不良的习惯，以免日后生悲。

一个年轻渔夫住在海边破旧的小木屋里，虽然日子过得清苦，但面朝大海，心里常是"春暖花开"。有一天，他出海捕鱼遇到了一个老渔夫，老渔夫年事已高，一生去过很多的地方，他告诉了年轻的渔夫好多海那边的奇闻逸事，最后，还告诉了他一个"龙珠"的秘密。

据传说，谁要是得到这颗龙珠，就能拥有呼风唤雨的力量，以后出海捕鱼定是满载而归。可是，这个宝贵的东西，并不是轻易就能得到的。据老渔夫说，在黑海岸边，有不计其数的珍珠铺在沙滩上，这颗龙珠就混在这些珍珠之中。据说，从外观上看，它的样子和普通的珍珠没多大的区别，唯一的不同在于，它的表面有龙鳞状的暗纹，其他的普通珍珠是很光滑的。于是，年轻的渔夫思虑再三，回到小木屋收拾了行囊，驾着自己的小船，不远万里，来到了黑海岸边。

这里，正如老渔夫所说，到处铺满了明晃晃的珍珠。年轻的渔夫也没想太多，就开始了自己的寻宝计划，开始到处寻找龙珠。在这期间，他饿了就找些野果、小鱼充饥；困了，就蜷在岩石旁小睡一会儿。他捡起一个珍珠，看一下没有龙纹，就顺手扔到海里。就这样他日复一日地重复着这个动作，转眼 3 年过去了，他还没找到那颗龙珠。但他坚信，他一定能找到那颗龙珠的。于是，他按部就班操作自己的动作，捡起一颗珍珠，看一下就扔到海里，接着再捡再扔，如此循环往复……

终于有一天，他捡起一颗较大的珠子，上面有很深的龙纹，他看了一眼，不假思索地就把这颗珠子扔到了大海里。

在以后的日子里，他还是一如既往地寻找那颗龙珠，殊不知，那颗龙珠已经在自己的习惯动作下，被扔到了海里。他已经形成了把珍珠扔进海里的"习惯"，习惯的力量很是可怕，它甚至让人忘记自己的使命是什么，只按照习惯养成的法则行事，这样活着是非常可悲的，人处在习惯意识的支配下，机械地活着，这跟行尸走肉有什么区别？这是习惯给人带来的苦果，我们一定要警惕这样的不良影响。

在现实生活中，习惯无处不在，它影响我们的思维方式和行为模式，习惯可以成就未来，习惯也可以摧毁未来，习惯成自然，每个人都多多少少有自己的习惯，在我们众多的习惯中，我们要拣出那些不良的习惯，扔进大海，留下那些好的习惯，这些好的习惯定会领你走向成功。正如著名教育家乌申斯基说的那样："好的习惯是人在自己的神经系统中存放的道德资本，这个资本可以不断增值，而人在一生中可能都会享受这个资本的利息。"

今日事，今日毕

在很多情况下，一些人能够取得成功，就是因为形成了立即行动的好习惯，因此才会始终站在前列；而另一些人的习惯是一直拖延，直到无法应付的最后一刻，结果他们就被甩到后面去了。

当天的事情当天不做，那就成了拖延。拖延不仅出不了成果，精神也不会轻松，要做的事堆积在心，既不动手做，又忘不掉，就会像欠债似的感到沉重。

周杰必须在下周一的公司例会上提交一份非常重要的市场分析报告。他很清楚这份报告对公司和他个人的重要性，这会关系到他个人年底的绩效考核。但是，如果要做到尽善尽美，让报告无可挑剔，他就必须在接下来的三个工作日内搜集大量的资料，也许还不得不牺牲自己的业余时间。一想到那些烦琐的表格、数据，他就觉得透不过气来。他对自己说，还是先放一放，现在没心情，等状态好点再开工好了。

就这样，周杰随手打开电脑，看看新闻、聊聊天，一天很快过去，他的状态还是没有“调整”好。星期四、星期五依然如此。

星期六，他痛快地睡了一个懒觉，踢了一会儿球……

星期天的下午，周杰不得不坐下来，面对那份令人讨厌的报告。他连续工作了十多个小时，总算勉强完成了，可是，他自己很清楚，这份粗糙的报告绝对无法让任何人满意。

星期一，当周杰把报告交给上司时，他已经从上司脸上不悦的神情中看到了自己年底的绩效考核分数。他再一次品尝了拖延的苦果。

在日常生活中，有许多应该做的事，不是我们没有想到，而是因为我们没有立刻去做。时间一过，就把它给忘了。其原因，有时是因为忙，有时是因为懒惰。一个事务繁忙的人想到一件事应该做，但他当时没有时间，于是想等一下再说。但是等一下之后，为其他事务分神，就把这件事情给忘了。

有些人虽然不忙，可是喜欢拖延。该做的事虽然想到了，却懒得立刻着手去做，心里想着："等一下再做吧！"可是，等一下之后，他就忘了，或者已经时过境迁，失去做的意义了。

如果想要做事有效率，最好是"今日事，今日毕"。

养成了"今日事，今日毕"的习惯之后，你就会发现自己随手都有新的成绩，问题随手解决，事务即刻办妥。这种爽快的感觉，会使你觉得生活充实、心情愉快。拖延的习惯不但耽误了工作的进行，而且在自己的精神上也是一种负担。事情未能随到随做，又不敢忘，实在比多做事情更加疲累。

做事要有始有终，坚持这个原则，可以使我们产生责任感，使我们拥有毅力和恒心，在今后的工作、生活中立于不败之地。

坏习惯中最耽误人的，莫过于拖延的习惯。你应该极力避免拖延的习惯，就像避免罪恶的引诱一样。如果对于某一件事，你发现自己有着拖延的倾向，你就应该立即跳起来，不管它有多么困难，也要马上动手去做。不要畏难，不要偷安。这样，久而久之你就能改掉拖延的习惯。应该将拖延当作你最可怕的敌人，不要让它偷走你的时间、品格、能力、机会与自由，让你成为它的奴隶。

总之，"今日事，今日毕"，千万不要拖延到明天！

当断不断，反受其乱

人们常常说：“当断不断，反受其乱。”在办事过程中，如果机会来了不好好抓住，轻易错过，反过来就可能使自己受到损失。成大事者应该有一个良好的决断能力，如果遇事畏畏缩缩、犹豫不决，那么就会失去成功的机会。

就像打仗一样，在双方费尽周折后，双方都在根据对方的行动不停地调整，不停地改变策略。双方都在神经紧绷着，等待着对方的失策，等待着战局优势倒向己方，而一旦获胜的机会来到，就应该毫不犹豫地把握，而不能放之离开。战局瞬息万变，一旦抓住机会就会对战局产生十分关键的影响。而如果机会到来，却犹豫不决、当断不断，最终会错过大好时机，从而导致失败，胜利最终会与之失之交臂。

战国时期，“战国四公子”之一的春申君黄歇，礼贤下士，非常有威望。黄歇身为世家子弟，足智多谋、能文善武，因而深受楚国国君的器重，他曾经担任楚国令尹一职，掌握着楚国的军政大权。

在黄歇掌权期间，他手下有个叫作朱英的门客，劝他及早把另外一个实力派人物李园除掉。朱英认为，李园为人心狠手辣，如果春申君不及早动手的话，就很有可能反被他杀害。然而，春申君认为李园并没有十分明显的劣迹，并且是楚国王妃的亲戚，因此犹豫不决，迟迟没有接受这个建议。后来，春申君果然被李园派来的刺客杀死。

就是因为春申君没有听从门客的意见，犹豫不决、当断不断，最终落得了一个被刺杀的下场。因此我们做事情时一定要果断，如果遇事犹豫不决，贻误了时机，到头来只会让自己承受恶果。

其实，在中国的历史上，像春申君这样的例子不在少数，三国时期的袁绍也是这样一个典型。

袁绍出身于豪门世家，他聚集了一大批的战将谋士，并且兵强马壮，形成了一个实力强大的集团，且拥有着非常有利的形势。但是袁绍却有一个特别大的毛病，那就是优柔寡断、多谋少决。在观察他对刘备的表现时，就能看出他优柔寡断的致命伤，这最终让他一败涂地。

在白马之战中，当袁绍听说他的手下大将颜良被一位赤脸长须、手持大刀的勇将杀死以后勃然大怒，他的谋士沮授也建议他尽早除去刘备。

于是袁绍指着刘备说道："你的兄弟杀了我手下大将，你是他的主公，自然你们就是一伙的，这件事情你们肯定早有预谋，我留着你还有什么用呢？"接着命令士兵把刘备推出去斩首。

刘备却不慌不忙地说道："天下相貌一样的人有很多，难道只要赤脸长须的人就都是关羽吗？您为什么不去弄清楚呢？"

袁绍听了刘备的话觉得非常有道理，于是立即改变了主意，并反过头来责怪沮授说："我如果误听了你的话，那就杀错好人了。"于是仍然请刘备坐在营帐中，一起商量如何为颜良报仇。

过了一段时间，袁绍的手下郭图、审配又进来向袁绍汇报，说关羽把袁绍的另外一员大将文丑也给杀了，请求袁绍把刘备杀了，而刘备还装作不知道。

一连损失了手下两员猛将，袁绍非常生气，气急败坏地对刘备说："大耳贼，你竟然敢如此对我？"于是再次喝令手下把刘备推出去砍头。

刘备再次辩解说："曹操一向忌恨我刘备，现在他知道我在您这里，担心我帮助您对付他，因此就故意派我的兄弟杀了您的两位将军。您知道这件事情以后一定会十分生气，这样势必会杀了我以解心头之恨。这是曹操的借刀杀人之计，目的就是借您的手除掉我，我希望您能够多多考虑一下，以免中了曹操的奸计。”

袁绍听了刘备的话后，又反过来把手下人训斥了一番，说道：“刘备的话非常的有道理，你们这些人差点让我失去了应有的英明，我几乎杀害了贤士，这是多么的昏庸啊。”

袁绍两次想杀刘备，都因为刘备的一番话而放弃了。刘备固然机敏，但袁绍优柔寡断、缺乏主见的性格特点却更为主要的原因。

机遇是捉摸不定的，人们总期望机遇垂青自己。然而机遇是需要我们自己去寻找的。只有自己努力去寻找机遇，机遇才会更加垂青我们。而且当我们遇见机遇时，就一定要积极采取行动，去努力把握。机会就摆在那儿，我们却前怕狼后怕虎，犹豫不决，以致机会从眼前飞走，这样的事例经常发生在我们身上或身边，这正是由于我们不敢相信自己也能借机遇成功，对自己缺乏足够的信心，所以在机会唾手可得时，也不敢利用。

成功者都是善于抓住机遇的人，虽然他们有时难免也会犯错误，但是他们比起那些做事犹豫的人要强很多，所以他们取得成功的概率也比优柔寡断的人要大得多。

俗话说：“机不可失，失不再来。”面对良机，就应该当机立断，迅速出击，否则不仅机会错过了，还会受到不必要的损失，所谓“当断不断，反受其乱”，遇见机会的时候就一定要果断抓住，而不可犹豫不决、畏畏缩缩。

在做一件事之前思考一下是应该的，但是如果过于犹豫不决就显得非常不好了。做事时犹豫不决、瞻前顾后，缺乏应有的勇气，当断不断，那么事情就不能很好地完成了，甚至事情会朝着相反的方向发展。

因此，我们做事时一定要果断，千万不可拖拖拉拉、瞻前顾后，这样会失去大好的机会，当断不断，最终会反受其乱。

第四章

风不来树不动，船不摇水不浑

辅车相依，唇亡齿寒

熟悉中国历史的人都知道“辅车相依，唇亡齿寒”的故事，也明白其中蕴含的道理。我们不管处在怎样的社会中，都不可能仅靠一己之力，就能生存下去的。我们必须或多或少与周围的环境发生这样或那样的关系。但是，我们之中有很多人，就不懂得这个道理，最终酿成苦果。

春秋时，晋献公想要扩充自己的势力范围，就找借口说，虢国经常骚扰晋国边境的百姓，要发兵灭了虢国。可是在晋国和虢国之间隔着一个虞国，晋国的军队要想讨伐虢国，就必须借道虞国。一日，晋献公问殿下的大臣“攻打虢国，我国将士怎样才能顺利通过虞国呢？”大夫荀息说：“虞国国君是个目光短浅、贪图蝇头小利的人，只要我们送他一些价值连城的美玉和宝马，我想，他不会不答应我们借道的。”晋献公一听，内心很是不快，踌躇了一会，没有回答。荀息看出了晋献公的这点心思，就说：“虞虢两国是唇齿相依的近邻，虢国被灭了，虞国也不能独存，您的美玉宝马不过是暂时寄存在虞国国君那里罢了。”晋献公于是采纳了荀息的计谋。

与预料的一样，虞国国君见到晋国送来的珍贵宝物，心花怒放，当听到说要借道虞国讨伐虢国之事时，也不假思索，一口应承下来。虞国大夫宫之奇听说此事后，赶快上前劝道：“这事要从长计议，不能答应借道的事情。虞国和虢国是近邻，唇齿相依的关系。我们两个小国相互依存，有事可以彼此之间相互帮忙，万一虢国灭了，晋国军队在回程的时候，也可能顺便进攻我们，我们虞国也就难保了。俗话说得好‘唇亡齿寒’，没有嘴唇的保护，牙齿就会感到很寒冷。借道给晋国的事万万使不得。”虞国国君说：“人家晋国是大国，现在专程送来美玉宝马和咱们交好，难道咱们能不答应这事吗？”于是，摆手让他不要再劝说。宫之奇见到虞国国君一意孤行、鼠目寸光，他连声叹气，知道虞国离灭亡的日子不远了，于是就带着一家老小匆忙离开了虞国。果然不出所料，晋国军队在借道虞国消灭虢国后，在班师回朝时，又把亲自迎接晋军的虞国国君俘虏了，灭了虞国。

“唇亡齿寒”是要我们明白：关系密切的双方，利害也相关，一方受到打击，另一方必然不得安宁。因此我们不管在做什么事的时候，一定不要目光短浅，要从全局来考虑问题。危害自己的事情不做，那么危害他人的事情，也是万万不能做的。不能仅仅以为，一些事情是他人的事情，与自己无关，事实上人与人之间是相互的，所以，我们做事不能太自私，要多为其他人的利益考虑。

有这样一则寓言：一头驴子和一匹马驮着货物，跟随主人在广袤的沙漠中穿行。因为货物太重，驴子有点不堪重负，就对马说：“你帮我分担一点儿货物吧，我难以忍受了。”马没有理睬驴子的请求，继续仰着头往前行走。它们走了不久，驴子就因为体力透支，累死了。主人没办法，就把驴子身上的货物全部装到马的背上，最后，马也被累死了。

马的教训告诉我们“辅车相依，唇亡齿寒”的道理。试想，要是当初马替驴子分担了货物，那么结局可能是驴子和马都在目的地吃着绿油油的青草，悠闲地晒着太阳。

利益是相互的，如果我们懂得做事慎重，顾全大局，那么我们会避免犯很多错误。

行得春风，必有夏雨

《成功学》中有一个伟大的定律，叫付出定律：只要你有所付出，就一定会得到相应的回报。如果你觉得回报太少，那就表示付出太少；如果你想要得到更多，就必须付出更多。

“行得春风，必有夏雨”是一句民谚。春风，指偏东南风方向的风；夏雨，一般指梅雨。谚语意思是说，春季偏东南风较多的年份，则夏季梅雨一般也较多，大意是有所施必有所报。

一个人要想得到回报，就必须先付出。没有付出，哪里来的回报？就如同人们常说“一分耕耘，一分收获”。我们都知道，农民在收获秋季沉甸甸的谷物之前，必将付出春天播种的忙碌、夏季灌溉的汗水。相信很多读者都听过下面这个很富有哲理的故事：

一个人孤独地穿越沙漠，徒步行走了两天。途中他遇到沙暴袭击。一阵狂沙吹过之后，沙丘位置发生改变，他已认不得正确的方向。这时的他口渴难耐，已经支撑不了多久。突然，他发现前方有一幢废弃的小木屋。他拖着疲惫的身子走进了屋内。这是一间四周没有窗户，密不通风的小屋子，这样的设计可能是为了防止风沙灌入，只见里面堆了好多枯朽的木头。他几近绝望地环视四周，却意外地在角落里发现了一台抽水机。

他很兴奋，立马上前汲水，但任凭他怎么卖力压抽水机杠杆，也抽不出半滴水来，只有抽水机抽动空气的吱嘎声。他颓然坐地，却看见抽水机旁有一个用软木塞堵住瓶口的小瓶子，瓶上贴了一张泛黄的纸条，纸条上写道：“你必须用水灌入抽水机才能引水！千万不要忘记，在你离开之前，请再将水装满！要知道，你能饮到甘甜的水，有别人的付出，你才得到回报。现在是你回报别人的时候了！”他立即拔开瓶塞，发现瓶子里，果然装满了水！

他的内心，此时正纠结着……

如果自私的话，只要将瓶子里的水喝掉，他就不会渴死，兴许就能活着走出这片沙漠；如果照纸条写的做，把瓶子里唯一的水倒入抽水机内，万一水灌进去，却抽不出水，他就会渴死在这地方，到底要不要冒这个风险？

犹豫再三，他决定把瓶子里的水全部灌入破旧不堪的抽水机里，随后用颤抖的手大力汲水，不一会儿，水真的涌了出来。等他喝完清凉的水之后，又把瓶子灌满了水，轻轻用软木塞封好，放在原处，然后在原来那张纸条的后面，再加一句自己切身体验的智慧：“相信我，真的有用，在取得之前，要先学会付出。”

这个故事蕴含的哲理就是“行得春风，必有夏雨”。试想，一个几近绝望的沙漠旅行者，身体没有水得到补充，他很快就会因脱水而死去。这时，一瓶水、一个纸条和一个抽水机。对他的选择来讲，当然是这瓶水来的最具诱惑性，喝掉这瓶水，他就能继续前进；但他当然也可以选择把水倒进抽水机，抽出更多的水，供他在接下来的旅途中使用。显而易见，这是一个很大的考验，如果水没有冒出的话，他将很快死去，永远不可能走出这片沙漠。如果你是这个沙漠旅行者，你会怎么选择呢？其实有可能这个答案很简单：在取得之前，要先学会付出。要是不付出“解一时之渴”的一瓶水，就永远不可能得到“足以走出沙漠的”更多水的回报。

可能有人会问：“付出就一定会有回报吗？”在现实生活中，往往事情不都能尽如人意，付出并不总是能立竿见影地得到回报的。即使一些事情付出了，却收获了失败，也不要灰心，这只证明这种方式不行，换一种也许绝路变通途。要相信，只要用心去做了，俯下身努力付出，相信水滴终会穿石，柳暗花明一定会到来！

冰冻三尺，非一日之寒

一滴水从房檐上滴下来，落到青石板上，这看起来是一件多么微不足道的事，然而长年累月地滴，却能水滴石穿。做人也要具备这种“水滴石穿”的锲而不舍的精神，一旦确定了人生目标就持之以恒，并用自己坚忍不拔的品格、坚定不移的信心和坚持不懈的奋斗精神，取得一番成就。

有句民谚：“冰冻三尺，非一日之寒。”观文而望其义，这句谚语比喻一种情况的形成，是经过长时间的积累、酝酿的。这句谚语暗示了我们无论是在学习、工作，或是对人生的追求中，成功并不是一蹴而就的事，而是一个长期奋斗积累、厚积薄发的过程。

从前，有一位果农在地里种下两棵苹果树的幼苗，很快它们开始发芽。鹅黄的叶片在春风中抖动着，很是惹人怜爱，第一棵树立志要长成白杨那样的参天大树，于是它拼命从地下吸取水分和养料，储备起来，滋养每一根枝干，为将来长成一棵大树做着积极的准备。但由于第一棵苹果树只顾着努力向上伸展枝丫，最初的几年没有结一个苹果，这让果农很恼火。相反，另外一棵树也是拼命从土里汲取营养，但志向是尽快开花结果，结果几年后，它就结了满树的苹果，果农欢喜极了，就更勤奋地给这棵苹果树浇水、施肥，那棵不结苹果的树就被冷落了。

时光飞转，那棵不结苹果的大树因为枝粗叶茂、养分充足，在一个秋季，成熟了一树又红又大的苹果。而那棵过早开花结果、急于求成的树，却因未成熟的时候就开始开花结果，现在养分耗尽、枝干叶枯，只能结出几个苦涩难吃的苹果。

果农诧异地叹了口气，用斧头砍伐了这棵过早衰败的苹果树。在人生道路上，我们要学习第一棵苹果树，注重积累，厚积薄发；同时，我们也要以“过早开花的苹果树”为戒，切莫急于求成。

在遥远的非洲草原上，有一种茅草，叫尖茅草，它是草原上最长的茅草，它刚发芽时，又细又短，并不显眼。可是只要雨季一来临，三五天的光景，它便能一下子生长到两米左右。植物学家很好奇，就去实地观察和研究它，最终得出结论：原来在刚长出的前半年时间内，它并不是没生长，而是努力把吸收的养分存在了根部。雨季之前，尖茅草的茎虽然只长出 1 寸，根部却深深扎入地下已达 20 米，并且根部疯狂地向四周散开，贪婪地汲取沙土中稀缺的水分。当储存了足够的能量后，蓄势待发，只要雨水一落到它的身上，便一发不可收拾。

像“尖茅草”这样，通过自身的努力，多积累，最后厚积薄发，功成名就的案例多得不胜枚举。

有这样一个故事：

有一位小有名气的画家，在他刚出道时，三年也没有卖出一幅画，内心很是苦恼，生活也很拮据。于是，他去请教一位世界闻名的老画家，他想知道自己的画哪里出了问题？为什么整整三年没有一个人垂青。那位老画家听完，就问他每画一幅画大概需要多长时间。他说一般都是一两天，最多也不会超过三天。老画家听完他的回答，对他说：“年轻人，你换种方式试试吧，你用三年的时间去细细画一幅画，我保证你的画一两天就可以卖出去，最多不会超过三天。”

这个故事里面蕴含耐人寻味的道理：“成功绝不是一蹴而就的，只有静下心来日积月累地积蓄力量，才能够‘水滴石穿’。”

西晋时著名的辞赋大家左思，他的名篇《三都赋》就用整整十年才完工。他为了把《三都赋》写好，一天到晚都在构思《三都赋》的语言文字、思想内容和艺术境界，力求精益求精。为了能够及时把自己突发的灵感记下来，他走到哪里都带着笔墨纸砚，一想到有什么好的句子，就立马记录下来。

十载寒暑，左思终于完成了《三都赋》。他也为此名动天下。《三都赋》辞藻华美、文笔畅快，无论是在内容还是在形式上，都取得了较高的艺术成

就。文章一经问世，洛阳都城整个儿为之轰动，文人骚客争相传抄。由于传抄的人太多，一时间纸张变得供不应求，纸价暴涨。这也是“洛阳纸贵”这个成语的来历，这真是古代文坛一件无与伦比的风雅盛事。

就像左思用了整整十年才写了一篇足以让他流芳百世的文章一样，任何成功者，都是付出常人无法想象的辛苦才实现自己的人生价值的。

李白诗曰“十年磨一剑”，这是成功者才具备的一种良好人生态度。在这个物欲横流的社会中，很多人没有摆正心态，一心想急功近利，总幻想着不劳而获的成功，又或是走捷径一步成功，殊不知，这种心态不仅不会成功，反而极其有害。于是我们不得不承认，想要有登峰造极的成就，就必须先承受十年磨一剑的寂寞，当今的生活更是要如此。要知道，每一次成功所绽放的光芒，并不是那瞬间的张力，而是无数岁月所沉淀的巨大能量，瞬间迸发。

当下的你可能默默无闻，请不要急躁，可能在别人眼里你是一个平庸的人，但我们自己的心里要时刻谨记，点点滴滴地积累，脚踏实地地学习，总有一天会获得成功。

人多计谋广，柴多火焰高

一个老汉养了十个儿子，但儿子们老是互相拆台、不团结，后来老汉想了一个主意，他把儿子们叫过来，每人分一根筷子，比比力气，看谁能折断。十个儿子都很轻松地将筷子折断了。他又每人分了十根绑在一起的筷子给儿子，结果谁都折不断。通过这件事，儿子们恍然醒悟，明白了父亲的用意。

这个故事说明了齐心协力之下更有力量的道理。成功不是单打独斗的，没有人可以一个人做完所有的事情，因此，要想达到目标就需要与人合作。没有别人的帮助，我们能取得的成就是有限的。

“一根筷子容易折，十根筷子折不断”“人多计谋广，柴多火焰高”，这些话经常在我们耳边拂过，几乎成了老生常谈，使人厌烦。但是，如果想办成一件事或者办好一个企业，没有向心力是不行的。只有把众人的力量拧成一股绳，才能克服种种困难，也才能看到光明的前景。

团结协作是很重要的，下面的故事就说明了这个道理。

刘键毕业于一所名牌大学，几年的市场实战历练、摸爬滚打，使他羽翼渐丰，自认为具备了独当一面的能力。他从原来的公司辞职，希望跳槽到更好的公司，能够寻找到一个有更大发展空间的平台。经朋友介绍，他从广州来到武汉，到某公司市场部就职。由于有扎实的专业知识，以及大公司里积累的丰富工作经验，大方开朗的他深得领导青睐。刘键本人也自信满满，寻找着能充分展示自己能力的机会。一次，公司在内部广征市场拓展方案时，刘键所在的部门也跃跃欲试。经理有意将此次方案的制作作为一个练兵的机会。他在分配任务时提醒：作为尝试，刘键与几名“后起之秀”可以每人单独完成一份，也可以合作完成一份。

凭借着在大公司工作的经验，以及对市场行情的把握，刘键决定单挑，而不是与他人合作。他花了整整一个星期，查阅很多资料，冥思苦想、细斟慢酌，终于完成了自认为不错的方案。完成“大作”后，他满以为自己的报告能够得到领导的赏识。报告上呈后，经理的评价出乎他的意料：“缺少了本地化的东西，操作性不强。不过，你的宏观视野很开阔。”上级的评价使他搞不清究竟问题出在哪里。之后，经理把几名“后起之秀”叫到一起，让他们分别揣摩各自的方案。在经理的“撮合”下，他们将各自方案中的亮点进行了提炼和重构，结果，新方案被老总评优，列为备选的最终方案之一。

想着自己能与资深员工“并驾齐驱”，他们甭提多高兴了。

事后，经理指出，他之所以给出提醒，就是想让这几名年轻人互相合作、取长补短，不料，他们都选择了单兵作战，不愿意与他人合作。大家希望借助这次机会，崭露头角的想法固然没有错。但是，这样做的结果就是每个人的方案都不够完美。而集中大家的智慧合作完成后的报告则集中体现了每个人的精华，报告的质量远远超出了之前各自的方案。而从参与做报告的每个员工来讲，在此次方案的制作过程中，都从他人的身上学到了不少的东西，加深了员工之间的交流和沟通，工作能力也相应地获得了极大的提升，可谓受益匪浅。大家都感慨道，以前这种相互交流、相互学习的机会太少了，以至于都忽视了身边的同事身上也有很多的智慧火花。这件事对刘键触动也很大，他总结这件“策划否决案”时，感慨地说：“想要尽快成长，还是得注重协作和请教，否则，欲速则不达呀！”

所以，“人多计谋广，柴多火焰高”。单枪匹马不如合作共赢，良好的团结合作的局面一旦形成了，团体的智慧迸发的火焰还会少吗？事情还会办不成吗？

大船只怕钉眼漏，粒火能烧万重山

千里之行始于足下，万丈高楼起于抔土。任何一件大事都是由小事积累才得来的，没有一点点的积累，就不会产生质变，成就那些伟大。同时，那些大的损失和伤害也都是从一点点小事开始的，一点点积累，积累到了一定的程度，就会爆发，从而造成灾难。就像老话说的那样“大船只怕钉眼漏，粒火能烧万重山”，我们要做的，就是排除这些小的隐患，时刻注意它们，将那些能够造成危险的及时解决掉，而把那些对成功有用的积累坚持下去，最终成就自己。

在大海的边上，有一个小镇，镇子里的人们都靠出海捕鱼来养活自己。在这些捕鱼人中，有一个老汉，是最厉害的，他对海洋非常了解，知道哪里有鱼，也知道什么时候会有鱼。同时，他的捕鱼工具也是镇上最好的，他有一艘大船，跟随他已经好多年了，这些年在海中乘风破浪，养活了他们一家人。老人对这个大船非常爱惜，就像对待自己的孩子那样对待大船，从来不舍得从大船上卸下任何一个零件，他认为，如果那样的话，大船就不完美了，就不再是那个伴随自己多年的老朋友了。

我们都知道，人是会老的，船也一样，年头多了，就会老化，老人的那条大船当然不会脱离这个规律，它也慢慢变得有些破旧了。但在老人的眼里，他的大船依然是这世上最完美、最牢固的。

这天，老人的大儿子来找他，说船上有一块木板松动了，他想要换掉。

老人听了，不禁大怒，他开始责备儿子，说他不懂得珍惜东西，说他不懂得珍惜“朋友”：“你知道吗？那条大船跟了我多少年？比你跟我的时间都长，你现在说什么？要把它上面的板子换掉，你知不知道，我对这条大船的感情？怎么可以换掉它的一部分呢？那样，还是那条跟随了我多年的大船吗？”

最后，老人的大儿子无奈地走了，他把那块木板拿了下来，换了个位置，又重新钉上了。不过他还是有些不太放心，因为那块板子已经很破旧了，上面满是钉眼，他觉得，这样下去会出问题的。但是，他没有勇气换掉它，也没有勇气再跟父亲提这件事了，因为他了解父亲的脾气。

几天后，大船又一次出发了，带着老人和他的儿子们，去大海捕鱼。

不过，这次他们的行程不是很顺利，在出海的第三天，他们碰上了大风暴。不过，老人不担心，他相信，自己的这条大船已经经历过无数次风浪了，比这次更大更强的都经历过，还会怕这一点点的挫折吗？

可是，老人没有想到，正是这个他非常信任的“老朋友”辜负了他的期望，船漏水了。就是那块布满了钉眼的木板引起的。当船上的人们发现了的时候，已经来不及补救了。最后，船永远地留在了海底，跟着船一起沉没的还有那个老人和他的儿子们。

悲剧总是我们不想看到的，就像故事中发生的事情一样。在这个故事中，是有温情的，老人对船的爱就是温情，他代表着一颗感恩的心，代表着一颗怀旧的心。这是一种品格，懂得感谢给自己带来帮助的一切人和事物的一种品格。通过这个，我们可以知道，这一定是个厚道的老人。同时，故事中也有警醒，那就是老人的儿子，他是非常专业的，能够及时发现将要出现的隐患。但，这些都不能避免悲剧的发生，至于悲剧的原因，归根结底，不是那个钉眼，而是老人对微小的隐患没有足够的重视。

我们要从这震撼的悲剧中汲取教训、学到经验，尽最大的努力去避免它。

要知道，在生活中，不能忽视任何一件小事，特别是那些能够导致大问题的小事。往往，这些小事正是决定一个人或一件事成败的关键。可能有些人会对此不以为然，觉得没必要大惊小怪的。不就是一点小小的隐患吗？如果他们知道这小事和大事之间的联系的话，估计就不会这样说了。

据气象学家研究得出：某地上空一只小小的蝴蝶无意间扇动一下翅膀，就会扰动空气的流动，长时间后可能导致遥远的地方发生一场暴风雨，也就是著名的“蝴蝶效应”。同时，气象学家们也以此比喻长时期大范围天气预报往往因一点点微小的因素造成难以预测的严重后果。

通常，微小的偏差是难以避免的，但却可以通过一系列的连锁反应引起很大的变化。就如同打台球、下棋等，往往“差之毫厘，失之千里”“一招不慎，满盘皆输”。

这时，比的就是谁能更在意这些微小的变化和异常。如果注意到了这些，那么离成功就更近了。注意不到，就会像那个老人一样，最后将生命葬送在大海之中。当然，我们日常的生活不会那么凶险，但是因此而失掉成功的机会，还是非常常见的。

所以，想要有一番作为，就要养成一定的良好习惯。在面对小事的时候，也不掉以轻心，时间久了，自然就能做到防患于未然，那时，我们就拥有了更强的竞争力，也就会赢得更多的机会。

总之，记住这句话，“大船只怕钉眼漏，粒火能烧万重山”。任何大的灾难、失败，都是一点点积累起来的，没有平时的积累，就不会有最后的爆发，也就不会产生那么多让人扼腕的后果。我们要做的不是眼盯着大前方，一心只想着成功，那样只会让你体会失败。真正能成功的方法是盯着一个个小的地方，将其做好，有益的留下，有隐患的解除，时间长了，成功自然会来到你的身边。那时候，你就会发现，真正取得成功的方式不是紧盯着成功，而是先忘记成功，去做好一件件小事，排除一个个小的隐患。

第五章

世事如棋，局局都新

取敌之长，补己之短

敌人并非一无是处，学会利用敌人，在与敌人对抗的过程中，利用对方的优势，以弥补自己的劣势。这比单纯地对抗要更为明智。

在亚热带，有一个由三种动物组成的非常有意思的生物链：毒蛇、青蛙和蜈蚣。毒蛇的主要食物是青蛙，青蛙却以有毒的蜈蚣为美食，在青蛙面前是弱者的蜈蚣却能够使比自己体形大得多的毒蛇毙命，一般的毒蛇对它都无可奈何，三者间两两都是水火不相容的。有趣的是冬季里，捕蛇者却在同一洞穴中发现三个冤家相安无事地同居一室，和平相处地生活。

他们经过世代的自然选择，不仅形成了捕食弱者的本领，也学会了利用自己的克星保护自己的本领：如果毒蛇吃掉青蛙，自己就会被蜈蚣所杀；而蜈蚣杀死毒蛇，自己就会被青蛙吃掉；青蛙吃掉蜈蚣，自己就成为毒蛇的盘中餐。这样一来，为了生存，青蛙不吃蜈蚣，以便让蜈蚣帮助自己抵御毒蛇；毒蛇不吃青蛙，以便让青蛙帮助自己抵御蜈蚣；蜈蚣不杀死毒蛇，以便让毒蛇帮助自己抵御青蛙。三者相克又相生，这是一个多么美妙的平衡局面。

这个平衡格局有个朴素的道理：“取敌之长，补己之短”，在敌我争锋中，可以以敌制乱得以保住我们的实力甚至生命。

众所周知，联想中国在商用、中小客户上的业务和戴尔一直是狭路相逢的老对手。联想却承认自己从对手身上甚至比从合作伙伴身上学到的东西还多：联想从 2003 年开始就在逐渐修改销售的薪酬体系，把工资加奖金的方式改得更加趋向于业绩导向，逐渐贴近戴尔的按照毛利提成；2004 年，联想取消了客户经理上班打卡的制度，给予了他们更大的自由度；随着自由度的加大，联想对销售客户拜访的监测也开始完善，现在，联想的客户经理们和戴尔的同行一样，每周要递交上周的拜访汇总，并且按照规定接受上司的直接询问……

“戴尔最值得学习的地方是对流程和客户的管理。”前者完善到一个人只要跟着流程走就能做好销售的地步，后者则成为戴尔判断市场和预测销售最好的武器。这就是联想中国所希望移植过来的戴尔基因。在企业后端的供应链和后台的销售支撑系统上，戴尔的成功之处也正在被联想所参考。

向对手学习，是联想不断保持发展活力的根本原因之一。一个集团、企业尚且如此，对于我们个人来说，学会向对手学习，才能拥有永不枯竭的推进能源。

我们应该学会向敌人学习，从敌人那里吸取自己需要的经验。向敌人学习减少了自己探索的风险；向敌人学习还能发现自己的不足，以较小的付出获取较大的利益；向敌人学习更有益于审视自我、扬长避短、发挥优势。

不被小利所惑，方得长远

面对利害得失，世人往往只关注其得和利，而忽视害与失。就像鱼儿为贪吃而只见诱饵却看不到鱼钩一样。纵观古今中外，世间不知有多少人生悲剧大都源于这一规律。

我国古代有这样一个故事，鲁国的宰相公仪休非常喜欢鱼，赏鱼、食鱼、钓鱼、爱鱼成癖。

一天，府外有一人要求见宰相。从打扮上看，像是一个渔人，手中拎着一个瓦罐，急步来到公仪休面前，伏身拜见。公仪休抬手命他免礼，看了看，不认识，便问他是谁。

那人赶忙回答："在下子男，家处城外河边，以捕鱼为业糊口度日。"

公仪休又问："噢，那你找我所为何事，莫非有人欺你抢了你的鱼了？"

子男赶紧说："不不不，大人，在下并不曾受人欺侮，只因在下昨夜出去捕鱼，见河水上金光一闪，在下以为定是碰到了金鱼，便撒网下去，却捕到一条黑色的小鱼，这鱼说也奇怪，身体黑如墨染，连鱼鳞也是黑色，几乎难以辨出。而且黑得透亮，仿佛一块黑纱罩住了灯笼，黑得泛光。鱼眼也大得出奇，直出眶外。

"在下素闻大人喜爱赏鱼，便冒昧前来，将鱼献于大人，还望大人笑纳。"

公仪休听完，心中好奇，公仪休的夫人也觉纳闷。那子男将手中拎的瓦罐打开，果然见里面有一条小黑鱼，在罐中来回游动，碰得罐壁乒乓作响。公仪休看着这鱼，忍不住用手轻轻敲击罐底，那鱼便更加欢快地游跳起来。

公仪休笑起来，口中连连说："有意思，有意思。的确很有趣。"

公仪休的夫人也觉别有情趣，那子男见状将瓦罐向前一递，道："大人既然喜欢，就请大人笑纳吧，在下告辞——"公仪休却急声说："慢着，这鱼你拿回去，本大人虽说喜欢，但这是辛苦得来之物，我岂能平白无故收下。你拿回去——"

子男一愣，赶紧跪下道："莫非是大人怪罪在下，嫌在下言过其实，这鱼不好吗？"

公仪休笑了，让子男起身，说："哈哈哈，你不必害怕，这鱼也确如你所说奇异喜人，我并无怪罪之意，只是这鱼我不能收。"

子男惶惑不解，拎着鱼，愣在那里，公仪休夫人在旁边插了一句话："既

是大人喜欢，倒不如我们买下，大人以为如何？”

公仪休说好，当即命人取出钱来，付给子男，将鱼买下。子男不肯收钱，公仪休故意将脸一绷，子男只得谢恩离去。

又有好多人给公仪休送鱼，却都被公仪休婉言拒绝了。

公仪休身边的人很是纳闷，忍不住问：“大人素来喜爱鱼，连做梦都为鱼担心，可为何别人送鱼大人却一概不收呢？”

公仪休一笑，道：“正因为喜欢鱼，所以更不能接受别人的馈赠，我现在身居宰相之位，拿了人家的东西就要受人牵制，万一因此触犯刑律，必将难逃丢官之厄运，甚至会有性命之忧。我喜欢鱼现在还有钱去买，若因此失去官位，纵是爱鱼如命怕也不会有人送鱼，也更不会有钱去买。所以，虽然我拒绝了，却没有免官丢命之虞，又可以自由购买我喜欢的鱼。这不比那样更好吗？”

众人不禁暗暗敬佩。

公仪休身为鲁国宰相，喜欢鱼，却能保持清醒，头脑冷静，不肯轻易接受别人的馈赠，这实在很难得。

由此可见，有些事，表面看来能获得暂时的利益，但从长远来看，却“因小失大”，损失惨重，明智的人会既见利也见害，绝不会被眼前的利益所迷惑。

在利益面前我们要预见可能发生的负面影响，在权衡利害之后作出正确的抉择。像下面的故事中亨利食品公司做的一样。

有一次，美国亨利食品加工工业公司总经理亨利·霍金士突然从化验室的报告单上发现：他们生产食品的配方中，起保鲜作用的添加剂有毒，这种毒的毒性并不大，但长期食用会对身体有害。但是，如果食品中不用添加剂，则又会影响食品的鲜度，对公司将是一大损失。

亨利·霍金士陷入了两难的境地，到底诚实与欺骗之间他该怎样抉择？最终，他认为应以诚对待顾客，尽管自己有可能面对各种难以预料的后果，但他毅然决定把这一有损销量的事情向社会宣布，说防腐剂有毒，长期食用会对身体有害。

消息一公布就激起了千层浪，霍金士面临着相当大的压力，不仅自己的食品销路锐减，而且所有从事食品加工的老板都联合了起来，用一切手段向他施加压力，同时指责他的行为是别有用心，是为一己之私利，他们还联合各家企业一起抵制亨利公司的产品。在这种自己食品销量锐减、又面临外界抵制的困境下，亨利公司一下子跌到了濒临倒闭的边缘。

在苦苦挣扎了 4 年之后，亨利·霍金士的公司已经危在旦夕了，但他的名声却家喻户晓。

后来，政府站出来支持霍金士，在政府的支持下，加之亨利公司诚实经营的良好口碑，亨利公司的产品又成了人们放心满意的热门货。

由于政府的大力支持，加之他诚实对待顾客的良好声誉，亨利公司在很短时间里便恢复了元气，而且规模扩大了两倍。亨利·霍金士也因此一举登上了美国食品加工业第一的位置。

在诚信与欺骗之间，霍金士没有因为暂时利益而选择欺骗，而是顶住重重压力，退而居守“诚信”。事实证明，他的做法是明智的。实际上，世事往往就是这么奇妙，眼前利益唾手可得的时候，你一定不要被暂时利益蒙蔽双眼；而要静下心来，守住阵脚，不要盲目从大流，不要向压力妥协，而应坚定地选择自己认为正确的道路。这样，当大风大浪过去之后，你会发现，你当初的选择竟为你带来了如此巨大的回报。

与其苛求环境，不如改变自己

任何人都不可能离开环境而生存，在无法改变环境时，与其苛求环境，不如改变自己。只有弱者才会因为适应不了环境而惨遭淘汰。

有一句老话："事必如此，别无选择。"这几个字令人心痛，却又是不得不承认的真实处境。在人的一生中，总是有一些事情，虽非心甘情愿，却也无可奈何。正如每一条所走过来的路径都有它不得不这样跋涉的理由一样，每一条要走下去的前途也都有它不得不那样选择的方向。顺其自然是一种无奈，却也是人生的必修课。

在面对生命的起伏不定与阴晴圆缺时，有人仍然能够活得精彩。有人能从磨炼中汲取智慧，有人则在类似的经验中受伤屈服，成功者和普通人的差别就在于此。

一家500强之一的美国公司在选择北京办事处负责人时，通过一个很小的细节考察了应聘者的环境适应能力。当时，共有7名应聘者，其中只有一位是女士。考官故意把应聘者的位置安排在空调下，而且将其功率开得很大。结果，6位男士都无法忍受长达两小时的面试，只有这位女士坚持到了最后。当面试结束时，这位主考官说："由于公司刚在北京成立办事处，属于万事开头难的阶段，所以只有能够适应环境，敢于接受挑战，并且能够以愉快的心情去面对压力的人才会被我们录用。钟女士，欢迎你加入到公司中来。"

改变自己、适应环境的能力是必须的，因为只有从容地适应环境，才能

在不断变化的环境中保持旺盛的精力，好整以暇地迎接挑战。

所谓“适者生存”，适应环境是非常重要的。如果你想坦然地面对急剧变化的环境，就需要与现实环境保持良好的接触，心甘情愿以客观的态度面对现实，冷静地判断事实，理性地处理问题，随时调整，保持良好的适应状态。

在我们的人生中总有一些事情，虽非己所愿，却也无可奈何。有生之年，我们势必会有许多不愉快的经历，但这是无法逃避的，我们也是无法选择的。我们只能接受不可避免的现实，努力作自我调整。

当我们学会“与其苛求环境，不如改变自己”时，就会有能力开创更丰富的人生。人是可以通过改变自己来适应变化的。

松树无法阻止大雪压在它的身上，蚌无法阻止沙粒磨蚀它的身体，但它们可以弯曲自己，可以包裹沙粒来适应这种情况，学会和环境化敌为友，这是一种适应性，也是一种生存的技巧。人类的智慧肯定强于它们呀！正如席慕蓉所说：“请让我们相信，每一条所走过来的路径都有它不得不这样跋涉的理由，每一条要走下去的前途都有它不得不那样选择的方向。”我们也许没有选择的权利，但我们有改变自己的能力。

认清形势，不帮倒忙

帮助人是每个人都必须做的事情，但是在帮助别人的时候一定要考虑：这个帮助是否必要，是不是正确的。如果帮忙的方式不对，那么最终帮忙就会变成帮倒忙，而帮倒忙只会招致别人的厌烦。

帮忙和帮倒忙其实只有一线之隔，帮忙帮到了点上就会让朋友心生温暖、充满感激，而帮倒忙只会让朋友哭笑不得、尴尬不已，甚至会反目成仇。想要帮忙就一定要帮到点子上，而不只是凭着自己盲目的“热情”去做事，而丝毫不去理会对方愿不愿意接受。

韩昭侯是战国时期韩国的国君，有一次他酒醉后坐在椅子上打瞌睡。为国君管理冠冕的侍从担心昭侯受凉，于是就给他盖上了一件衣服。不久，昭侯醒过来后看到身上盖的衣服很高兴，他觉得他的臣子对他非常忠心。于是便和蔼地询问左右道：“寡人打盹的时候，是什么人为寡人盖上的衣服呢？”左右侍卫回答说：“是管理冠冕的侍从担心大王受凉而为大王盖上的。”

韩昭侯听后，竟然出人意料地下令将管理冠冕的侍从以及管理衣服的侍从通通予以处罚。昭侯大声申斥道：“寡人处罚管理衣服的侍从，是因为他没有尽到他的职责。寡人处罚管理冠冕的侍从，是因为他逾越了自己的职责范围。”

韩昭侯认为，虽然管理冠冕的侍从给自己盖衣服是忠君的表现，使自己的身体免于寒冷的侵袭，但是侵犯他人职责带来的不良影响，远远超过了寒冷带给自己身体的不适。

尽好自己的本分，认清别人的处境。否则，自己以为自己是在为别人分忧，其实是在插手自己不该做的事情，这不会得到任何的夸赞，相反会招致别人的厌恶。

《庄子·逍遥游》里记载了这样一个故事：相传在远古时候，在阳城有一位很有才能、很有修养的人，他的名字叫许由。他在箕山隐居，人们都十分敬佩他。

当时尧帝想把帝位让给许由，于是尧帝对他说：“您看，天上的日月已经出来了，这时还不熄灭蜡烛的火光，它的光同日月比起来，太微不足道了！天上的及时雨已经降落了，这时还要用人工去灌溉，难道不是徒劳吗？先生很有才华，要是当了帝王，一定会治理好天下。如果仍旧让我继续占着这个帝位，我心里会觉得非常惭愧，所以请允许我把天下交给您吧！”

许由不愿接受帝位，于是连忙推辞说：“您已经把天下治理得很好了，我再来代替您，这是非常不合理的。鹪鹩在森林里筑巢，有一根树枝的地方就足够了，鼹鼠在河边饮水，顶多喝满一肚子也就够了。算了吧，我的君主！天下对我来说又有什么用呢？厨师在祭祀的时候，又做菜，又备酒，忙得不可开交，可是掌管祭祀的人，并不能因为厨师很忙，而忘记了自己的本职工作，丢下手中的祭祀用具，去代替厨师做菜、备酒啊！您就是丢开天下不管，我也绝不会代替您的职务。”说罢，许由就到田间劳动去了。

许由是聪明的，他懂得不是自己能力范围内的事情，就应谢绝，否则会成为帮倒忙，反而对对方不利。

帮助人是好的，但一定要掌握好帮忙的方法。只有用正确的方法帮助需要帮助的人，才叫真正帮助人；而如果盲目地去插手别人的事情，最终只会换来别人的埋怨，那样就适得其反了。

路径窄处，留一步与人行

古人常说：“路径窄处，留一步与人行；滋味浓时，减三分让人尝。”就是说在道路狭窄的时候，要退让一步让别人能走；在享受美餐的时候，要分一些给别人吃。这同时也是立身处世取得成功的最好方法。

对于我们做人来说，不要事事处处争强好胜，不要遇事就和人硬碰硬，应该明白“退一步海阔天空”的道理。处处和人硬来，最终可能双方都头破血流。懂得退让并非是示弱，而是智慧的表现。古今中外的许多名人智者都有过类似的经历。

一次，苏格拉底在大街上与人辩论，结果被对方踢了几脚，可苏格拉底显出若无其事的样子。有人对此迷惑不解，苏格拉底解释说：“我没有必要去踢一头驴子。”苏格拉底将对方比喻成一头驴子，也就是说，智者是不应该跟一头驴子计较的。驴子是动物，它们没有意识、思想，控制不了自己的言行，所以会做出一些粗鲁的事情来。但是人类是有智慧的，如果与动物较劲，那与动物又有何区别呢？苏格拉底运用这样的思维，避免了一场“战斗”。

试想，如果换作别人，可能丝毫不会后退，没准儿直接冲上去与那个人扭成一团，你打我一拳，我踢你一脚，后果可想而知了。在争执中，人人都不愿承认自己的错误，总是将责任推给对方，对对方大加指责，公说公有理，婆说婆有理，一点小事就由于相互的不依不饶而转变成了大事，那时再要化解就相当难了。

如果遇事不仅不懂得退让，还苦苦相争，那最后受害的肯定是自己。有这样一则寓言：南方的河里有一条豚鱼，游到一座桥下，撞在了桥柱上。它不怪自己不小心，也不想绕过桥柱，反而生气起来，认为是桥柱撞了自己。它气得张开嘴，竖起颚旁的鳍，胀起肚子，漂在水面上，很长时间一动也不动。飞过的老鹰看见它，一把抓起来，把它的肚子撕裂，这条豚鱼就这样成了老鹰的食物。

苏东坡听后就此议论说：“世上有的人在不应该发怒的时候发怒，结果遭到了不幸，就像这条豚鱼，‘因游而触物，不知罪己’，不去改正自己的错误，却安肆其忿，至于磔腹而死，真是可悲！”

事情发生后总是责备别人，当然会有很多气受了。豚鱼错就错在不会退避。现实生活中，不是有很多这样的“豚鱼”吗？如果不能看清形势，该退的时候就退，而是时时逞强，只会使自己陷入孤独无助的处境；生意场上如果不能量力而行，退让一步，可能会错误投资，损失惨重，那么，种下的苦果只会由自己来吞食。

因此，不管是做人，还是做事，都必须要懂得退让的要诀，要在退让中体现出自己的魄力和智慧，同时也能保存实力，量力而行，而不是为了表面文章而大伤元气，这才不失为人生当中的妙招。

退一步让三分，不仅给别人留一条活路，也是自己拓展人际关系的绝妙之策。生活中，今天你让了他一步，明天他会还你两步，这样一来二去就等于交了一个好朋友。如果你凡事都想利益独享，凡是好处都自己独吞，那么即使你有着惊世的才华也只能是无用的白纸，而且在别人的心目中你也是一个自私自利的人，如果学点分享主义，好处利益分给众人，让每个人的心理得到平衡，这样大家肯定会通力合作，协助你顺利取得成功。

《菜根谭》中有句话说："人情反复，世路崎岖。行不去处，须知退一步之法；行得去处，务加让三分之功。"这句话的意思就是，人间世情反复无常，人生之路崎岖不平。在人生之路走不通的地方，就要知道退让一步的道理；在能走得过去的地方，也一定要给别人三分的便利，这样才能逢凶化吉、一帆风顺。的确，我们要永远记住：路经窄处，留一步与人行。

退一步，才能进十步

适时退让是非常必要的，这对争取到最后的胜利绝对有益无害。要知道，谁笑到最后，谁才能笑得最好。

以“退”的方式来达到“进”的目的，可以说是一条独辟蹊径的成功经验。

俗话说：退一步路更宽。实际上，退是另一种方式的进，而防守也是另一种形式的进攻。暂时退却，忍住一时的欲望，将你内心涌动的志向之火悄悄隐藏，养精蓄锐，鼓足力量，后退之后的前进将是更快、更有效、更有力的。有时，通往成功的路，便是这样一条曲线之路，但踏上这条路你就绝对不会撞得头破血流。欲速则不达，退一步才能进十步，就是这个道理。

一位计算机博士学成后开始找工作，因为有个吓人的博士头衔，一般的用人单位“不敢”录用他，而经验的缺乏又让很多知名企业对他抱有怀疑。在整个不景气的就业形势下，他发现自己的“高学历”竟然成了累赘。思索再三，他决定收起所有的学位证明，以一种最低的身份进入职场，去获取自己目前最需要的财富——经验。

不久，他就被一家公司录用为程序输入员。这种初级工作对于拥有博士学位的他来说简直是种“侮辱”，但他并没有敷衍了事，反倒仔仔细细、一丝不苟地工作起来。一次，他指出了程序中的一个重大错误，为公司挽回了损失，老板对他进行了特别嘉奖，这时，他拿出了自己的学士证，于是，他得到了一个与大学毕业生相称的工作。

这对他是个很大的鼓励，他更加用心地工作，不久便出色地完成了几个项目，在老板欣赏的目光中，他又拿出了自己的硕士证，为自己赢得了又一次提升的机会。

爱才惜才的老板对他产生了浓厚的兴趣，开始悉心地观察他，注意他的成长。当他又一次提出一些改善公司经营状况的建议时，老板和他进行了一次私人谈话。看着他的博士证书，老板笑了。他终于得到了理想中的职位，尽管有些曲折，但他却觉得从最低处开始努力的整个过程都很有意义。

这位博士以退为进，先将自己放在一个极低的水平线上，然后踏踏实实地奋斗，为自己积蓄内在资本。“真金不怕火炼”，他在平凡的岗位上显示出了光彩，被慧眼识英雄的老板委以重用。在目标不可能一蹴而就的时候，他选择了暂时的“退”，为自己赢得了一个事业起步的机会。

一个人只有明白进退之道，知道辨别形势，才能明确自己的处境，从而知进识退，进退有节，挥洒自如，才能在激烈的社会竞争中立于不败之地。

生活的智者们不会在形势不利于自己的时候去硬拼硬打，那样，有可能是以卵击石、自寻死路；也有可能是两败俱伤、损伤惨重。在这种时候，他们会先“退一步”，以求打破僵局，为自己积蓄力量赢得机会，从而可以“前进十步”。真正的智者总能分清不同的场合，进而采取不同的处世态度。当自己处于弱势时，总是采取以退为进的方针，才能避开强者的锋芒，保存自己的实力。等到有朝一日羽翼丰满时，才表明自己的主张和态度，这时候，他们就是真正的强者了。

身轻失天下，自重方存身

一个人要傲然矗立于天地间，首先必须自重。

“圣人终日行而不离辎重”，这是《老子》中的一句话，并非简单指旅途之中一定要有所承重，而是要学习大地负重载物的精神。

大地负载，生生不已，终日运行不息而毫无怨言，也不向万物索取任何代价。生而为人，应效法大地，有为世人众生挑负起一切痛苦重担的心愿，不可一日失却这种负重致远的责任心。这便是“圣人终日行而不离辎重”的本意。

志在圣贤的人们，始终要戒慎畏惧，随时随地存着济世救人的责任感。倘使能做到功在天下、万民载德，自然荣光无限。道家老子的哲学，看透了“重为轻根，静为躁君”和“祸者福之所倚，福者祸之所伏”自然反复演变的法则，所以才提出“身轻先天下，自重方存身”的告诫。

虽然处在荣华之中，仍然恬淡虚无，不改本来的素朴；虽然安处在富贵之中，依然超然物外，不以功名富贵而累其心。能够到此境界，方为真正悟道之士，奈何世上少有人及，老子感叹：“奈何万乘之主，而以身轻天下。”

“轻则失本，躁则失君。”人们不能自知修身的重要，犯了不知自重的错误，不择手段，只图眼前攫取功利，不但轻易失去了天下，同时也戕杀了自己，犯了“轻则失本，躁则失君”的大错。

提及身轻失天下，不由想到了新朝王莽。当了15年新朝皇帝的王莽，是近两千年来中国历史上争议最多的人物之一，有人把他比作“周公再世”，是忠臣孝子的楷模，有人把他看成“曹瞒前身”，是奸雄贼子的榜首。白居易一语道破天机：“向使当初身便死，一生真伪复谁知！”

王莽是皇太后王政君弟弟王曼的儿子，父辈中九人封侯，父亲早死，孤苦伶仃。与同族同辈中声色犬马的纨绔子弟相比，王莽聪明伶俐，孝母尊嫂，生活俭朴，饱读诗书，结交贤士，声名远播。他曾几个月衣不解带地悉心侍候伯父王凤，深得这位大司马大将军的疼爱。加官晋爵后的王莽依旧行为恭谨，生活俭朴，深得赞誉。正当王莽踌躇满志之时，成帝去世，哀帝即位，王莽的靠山王政君被尊为太皇太后，失去了权力，王莽下野，并一度回到了自己的封国。这期间，王莽依然克己节俭，结交儒生，韬光养晦。为了堵住悠悠之口，哀帝以侍候太皇太后的名义，把王莽重新召回到京师。随着年仅 9 岁的汉平帝即位，王莽将军国大政独揽一身，其野心也急剧膨胀。而后，一心想当帝王的王莽，假借天命，征集天下通今博古之士及吏民 48 万人齐集京师，“告安汉公莽为皇帝”的天书应运而生，王莽也理所应当地由“安汉公”而变为摄皇帝、假皇帝。“司马昭之心，路人皆知。”在平定了几多叛乱之后，王莽宣布接受天命，改国号为“新”，走完了代汉的最后一程。

称帝后，他仿照周朝推行新政，屡次改变币制，更改官制与官名，削夺刘氏贵族的权利，引发豪强不满；他鄙夷边疆藩属，将其削王为侯，导致边疆战乱不断；赋役繁重，刑政苛暴，加之黄河改道，以致饿殍遍野。王莽最终在绿林军攻入长安之时于混乱中为商人杜吴所杀，新朝随之覆灭。

老子说：“及吾无身，又有何患。”人的生命价值，在于其身存。志在天下，建丰功伟业者，正是因为身有所存。现在正因为还有此身的存在，因此，应该戒慎畏惧，安然自处而游心于物欲以外。不以一己私利而谋天下大众的大利，立大业于天下，才不负生命的价值。

要知道，身轻失天下，自重方存身。

第六章

谦则能和，傲则易怒

学会低头，才能出头

低调做人既是一种处世哲学，又是一种处世姿态，更是一种理智的人生选择。

保持低调行事作风的人恰恰相反，他们无论在什么情况下都不显山露水，不愿意让别人看到自己高出于人的那一面。

汉更始元年，刘秀指挥昆阳之战，震动了王莽朝廷。然而，刘秀兄弟的才干也引起了更始皇帝刘玄的嫉妒。

刘玄本是破落户子弟，参加了农民起义军，没有什么战功，自当上更始皇帝后，又整日饮酒作乐，不事朝政。刘玄怕刘秀兄弟夺了自己的皇位，便以“大司徒刘缜久有异心”的莫须有罪名，将立有战功的刘缜杀害了。刘秀接到兄长被杀害的消息，几乎昏厥，但当着信使的面仍极力克制自己，说道：“陛下至明。刘秀建功甚微，受奖有愧，刘缜罪有应得，诛之甚当。请奏陛下，如蒙不弃，刘秀愿尽犬马之劳。”转而，刘秀又对手下众将说：“家兄不知天高地厚，命丧宛县，自作自受。我等当一心匡复汉室，拥戴更始皇帝，不得稍有二心。皇帝如此英明，汉室复兴有望了。”刘秀的这种虔诚态度，感动得众将纷纷泪下。刘秀突然遭此打击，自然难以忍受，然而他心里清楚，刘玄既然杀了兄长，对他刘秀也难容。

此后，刘秀对刘玄更加恭谨，绝口不提自己的战功。刘秀的行动，早已有人密报给刘玄。刘玄在放心的同时，觉得有些对不起刘秀，便封刘秀为破虏大将军，行大司马之事，并令刘秀持令到河北巡视州郡。刘秀借机发展自己的力量，定河北为立足之地。更始三年初春，刘秀实力已壮，便公开与刘玄决裂。更始三年六月己未日，刘秀登基，是为光武帝，建国号汉，史称东汉。

力求出人头地，是一种积极的人生态度，无可厚非。但急于出头，行高于人，让自己鹤立鸡群，必定会遭遇别人的嫉妒和排斥。细观刘秀的处世之态，也许你会得到许多启发。你可以让自己的才能高出于人，但绝不可让自己显出高人一等的姿态。不显不露是一种低调，只有低调的人，才能在困境中学会低头，懂得适时低头的人，才能最终从芸芸众生中脱颖而出。

放下身段，不言自高

如果你想把事做成，不妨以一种低姿态出现在对方面前，表现得谦虚、平和、朴实、憨厚，使对方感到自己受尊重，在谈事时也就不会过于计较。

其实，以低姿态出现是为了让对方从心理上感到一种满足。谦虚的人，反而是非常聪明的人。当你表现出大智若愚来，使对方感觉气氛很好，你就已经受益匪浅。

你谦虚时，显得他高大；你朴实和气，他就愿与你相处，认为你亲切、可靠；你恭敬顺从，他认为与你配合很默契，很合得来；你愚笨，他就愿意帮助你。

相反，你若以高姿态出现，处处高于对方，咄咄逼人，对方就会感到紧张，做事就没把握了，而且容易产生一种逆反心理，使工作难以进行。

因此，为了把事办成，不妨常以低姿态出现在别人面前，使别人感到安全，你自己也是安全的。

赫蒙是美国著名的矿冶工程师，毕业于美国的耶鲁大学，在德国的弗莱堡大学拿到了硕士学位。可是当赫蒙带齐了所有的文凭去找美国西部的大矿主赫斯特的时候，却遇到了麻烦。那位大矿主是个脾气古怪又很固执的人，他自己没有文凭，所以就不相信有文凭的人，更不喜欢那些文质彬彬又专爱讲理论的工程师。赫蒙前去应聘并递上文凭时，满以为老板会乐不可支，没想到赫斯特很不礼貌地对赫蒙说：“我之所以不想用你，就是因为你曾经是德国弗莱堡大学的硕士，你的脑子里装满了一大堆没有用的理论，我可不需要什么文绉绉的工程师。”聪明的赫蒙听了不但没有生气，相反，他心平气和地回答：“假如你答应不告诉我父亲的话，我要告诉你一个秘密。”赫斯特表示同意，于是赫蒙小声对赫斯特说：“其实我在德国的弗莱堡并没有学到什么，那三年就好像是稀里糊涂地混过来一样。”赫斯特听了笑嘻嘻地说：“好，那明天你就来上班吧。”就这样，赫蒙通过了面试。

美国著名政治家帕金斯 30 岁那年就任芝加哥大学校长，有人怀疑他那么年轻能不能胜任大学校长的职位，他知道后只说了一句：“一个 30 岁的人所知道的是那么少，需要依赖他的助手兼代理校长的地方是那么的多。”就这短短的一句话，使那些原来怀疑他的人一下子就放心了。

许多人往往喜欢表现出自己比别人强，或者努力地证明自己是有特殊才干的人，然而一个真正有能力的人是不会自吹自擂的，所谓“自谦则人必服，自夸则人必疑”，就是这个道理。保持低姿态，先让别人感到缺他不可。努力寻找并讲出对方的优点，就会让对方觉得高兴，感到光彩。这样一来，对方与你的关系便近了一步，最终，得到好处、被人尊重的，还是你。可以说，低姿态正是胜利者的素质。

一个容器若装满了水，稍一晃动，水便溢了出来。一个人若心里装满了骄傲，便再也容纳不了新知识、新经验和别人的忠言了。古语常说“谦虚使人进步”，谦就是一种礼貌，一种礼节上的心态；虚就是一种空杯心态，把自己归零。

6月，是离别的时刻。一所名牌大学的学生们在毕业考试的最后一天，雄心勃勃地展望未来，他们的脸上充满了自信，这是他们参加毕业典礼和工作之前的最后一次测验了。

一些人在谈论他们现在已经找到的工作，另一些人则谈论他们将会得到的工作。带着经过4年的大学学习所获得的自信，他们感觉自己已经准备好了，并且能够征服整个世界。

他们都认为，毕业考试只是一次很简单的测验，很快就会结束。因为教授说过，他们可以带他们想带的任何书或笔记，要求只有一个，就是他们不能在测验的时候交头接耳。

他们信心十足地走进教室。教授把试卷分发下去。当学生们注意到只有5道评论类型的问题时，脸上露出了自信的笑容。

3个小时过去了，教授开始收试卷。学生们看起来不再自信了，他们的脸上是一种紧张的表情。教室里一片寂静，教授手里拿着试卷，面对着所有参加考试的毕业生。

他看着眼前那一张张焦急的面孔，问道：“完成5道题目的有多少人？”

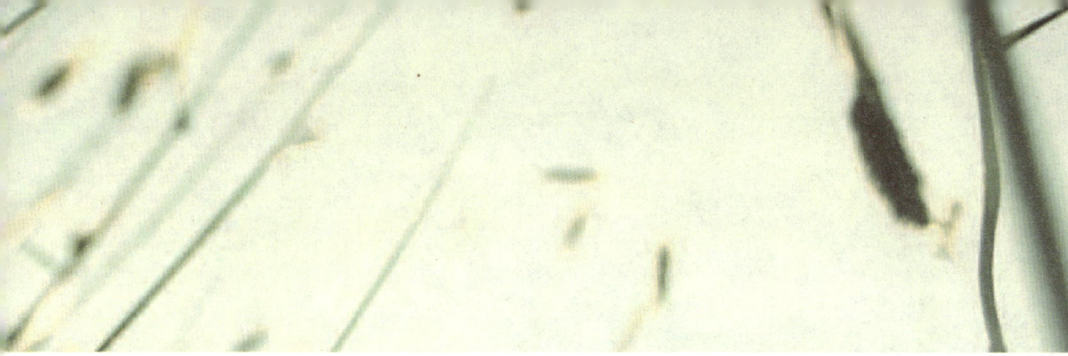

没有一只手举起来。

“完成 4 道题的有多少？”

仍然没有人举手。

“3 道题？ 2 道题？”

很多学生都把头埋得深深的，他们用静默回答了教授的提问。

“那 1 道题呢？当然有人会完成 1 道题的。”

但是整个教室仍然很沉默，在这种沉默无声的气氛中，飘浮着一种深深的沮丧和挫折感。教授放下试卷。“这正是我期望得到的结果。”他说。

“我只想给你们留下一个深刻的印象，即使你们已经完成了 4 年的学习，关于这项科目仍然有很多东西你们还不知道。这些你们不能回答的问题是与每天的普通生活实践相联系的。”然后，他微笑着补充道，“你们都会通过这个课程，但是记住——即使你们现在已是大学毕业生了，你们的教育仍然还只是刚刚开始。”

一个已经装满了水的杯子难以再装别的东西了，人心也是如此。

人生就是汲取各种养分、滋养生命的过程。如果我们带太多的自满上路，就像那个装满水的杯子，再也容不得半点水进入，这将是人生最大的悲哀。在人生的旅途中，每一个即将上路或已在路上的人都一定要牢记，不论什么时候，都要学会谦虚。学无止境，心有空余，才能装物。

多做事，少抱怨

常听人教诲，要“多做事，少抱怨”。可是，有很多人经常怨天尤人，就是不在自身上面找原因。实际上，一个人失败的原因是多方面的，只有从多方面入手寻找失败的原因，并有针对性地进行自省，才能起到纠错的作用。

科尔斯在一家500强公司上班，他很不满意这份工作，愤愤地对朋友说：“我的老板一点儿也不把我放在眼里，我在他那里工作一点儿机会都没有。明天我就要对他拍桌子，然后辞职不干了。”

“你对公司的业务完全弄清楚了吗？对于他们做国际贸易的窍门都搞通了吗？”他的朋友反问。

“没有。”

“君子报仇十年不晚，我建议你好好地把公司的贸易技巧、商业文书和公司运营完全搞清楚，甚至如何修理复印机的小故障都要学会，然后辞职不干。”朋友说，“你把你们公司当作免费学习的地方，等所有东西都学会了

之后再一走了之，这样不是既有收获又出了口气吗？”

科尔斯听从了朋友的建议，从此便默记偷学，下班之后也留在办公室研究商业文书。

一年后，朋友问他：“你现在学会了许多东西，可以准备拍桌子不干了吧？”

“可是我发现近半年来，老板对我刮目相看，最近更是不断委以重任，又升职、又加薪，我现在是公司的红人了。”

“这是我早就料到的。”他的朋友笑着说，“当初老板不重视你，是因为你的能力不足，而又不努力学习。之后你痛下苦功，能力不断提高，老板当然会对你刮目相看。”

作为企业的一名员工，要想在工作中取得成功，必须适时清理一下内心的“乌云”，经常自查自省，把负面的因素扔进“垃圾桶”。“多做事，少抱怨”，在工作出了差错时，不能一味地逃脱责任，应该多思索和反省自己的过失与责任。这是一个员工自我成长和完善的过程，同时也是对一名优秀员工的衡量标准。

一个人只有不断地反省，才会不断地提高。

不会做小事的人，也做不出大事来

很多人都梦想着有一天做成别人做不成的大事，梦想着自己有所作为，有一番大成就，但是他们瞧不上平日里的小事情，认为做大事的人怎么能被这些芝麻大的事情所困扰呢，其实这种想法是大错特错的。“千里之行，始于足下”“一屋不扫又何以扫天下”，不会做小事的人，是永远也不会做出大事来的。只有注重细节的人，才会有掌握全局的能力。

人，只要能够一心一意地做事，世间就没有做不好的事。很多时候，小事不一定就真的小，大事不一定就真的大，关键在于做事者的认知能力。那些一心想做大事的人，常常对小事嗤之以鼻、不屑一顾。其实连小事都做不好的人，大事是很难成功的。那些真正伟大的人物从来都不轻视日常生活中的各种小事情，即使常人认为很微小的事情，他们也都满腔热情地去对待。

“勿以善小而不为，勿以恶小而为之”。细微之处见精神。拥有做小事的精神，才能产生做大事的气魄。不要小看做小事，不要讨厌做小事。每个人都应从小事做起，因为用小事堆砌起来的事业大厦才是坚固、牢靠的。

有一个求职者去一家公司应聘，那个公司招聘一名营销经理，年薪 8 万。这名求职者一路闯关，从 99 位应聘者中杀出，终于获得了总裁的召见。

这名求职者走进总裁办公室。总裁不在，只有一位年轻漂亮的女秘书，她微笑着对这名求职者说：“先生，您好。总裁不在，总裁让您给他打个电话。”这名求职者就掏出了手机，拨了一串号码。但就在这时，求职者看见办公桌上有两部电话，就问那小姐：“我可以用用吗？”“可以。”女秘书依然微笑着。

于是求职者拿起了电话，终于跟总裁联系上了。总裁在那端兴奋地说：“我看了你的简历，打听了你的答辩情况，你的确很优秀，欢迎你加盟本公司。”求职者听了总裁的话，高兴得心花怒放，他的第一个反应就是要将这个好消息与女友分享。而半个月前，女友出差去了国外。求职者刚拨了手机，却又迟疑了：这可是国际长途啊！这时，他又看了看那两部电话，忽然想到：“我都快是公司的人了，他们是大公司，不会在乎一点儿电话费吧？”于是便拿起电话给他的女友报告他被录取的好消息。恰在这时，另一部电话响起。

“先生，您的电话。”女秘书送了求职者一个意味深长的笑。

“对不起，刚才我的话宣布作废。通过我们公司的监控，你没能闯过最后一关，实在抱歉……”总裁在电话里温和地对求职者说。

“为什么？”求职者非常不解地问。

女秘书惋惜地摇摇头，对他说道：“唉，许多人和您一样，都忽略了一个微小的细节。在没有成为公司正式员工之前，您明明身上有手机，干吗不用手机呢？”

因为一个小小的细节使得这名求职者最终与成功失之交臂，没有被公司录取。可见细节对成败的作用是多么的巨大啊。

懂得做小事的人才是聪明的人，这些人往往会取得更好的成就，小事做多了也就成了大事了。

1984 年在东京国际马拉松邀请赛中，名不见经传的青年选手出人意料地夺得了世界冠军。当记者问他凭什么取得如此惊人的成绩时，他只说了一句话："凭智慧战胜对手。"

大多数人都认为这个矮个子选手是在故弄玄虚。马拉松比赛是比拼体力和耐力的运动，只要身体素质好且耐性好的话就有机会夺冠，而说用智慧取胜确实有点勉强。

两年后，意大利国际马拉松邀请赛在意大利北部城市米兰举行，这位青年代表本国参加比赛。这一次，他又获得了世界冠军，记者又请他谈谈经验。

青年不善言辞，回答的仍是上次那句话："用智慧战胜对手。"这回记者没有挖苦他，但是他们对他所谓的智慧仍旧感到迷惑不解。

10 年后，这个谜终于被解开了。青年在自传中是这么说的："每次比赛之前，我都要乘车把比赛的线路仔细地看一遍，并把沿途比较醒目的标志画下来，例如第一个标志是银行，第二个标志是一棵大树，第三个标志是一座红房子，这样一直画到赛程的终点。比赛开始后，我就以百米冲刺的速度奋力地向第一个目标冲去，等到达第一个目标后，我又以同样的速度向第二个目标冲去。40 多千米的赛程，就被我细化成许多个小目标轻松地跑完了。起初，我并不懂这样的道理，我把目标定在 40 多千米外终点线前的那面旗帜上，结果我跑到 10 多千米时就疲惫不堪了，然后我就被前面那段遥远的距离吓倒了。"

青年是聪明的，他把一件事分成很多很多的小目标，然后再去努力地把这些细化的小事一一做完，最终做成了大事。假如他仍旧像最初一样把目标定在终点，那么他很可能就不会有如此巨大的成就了。

不会做小事的人，也做不出大事来。只有那些注重细节，认真做每一件小事的人才会做成大事。瞧不起做小事的人并且不屑做小事的人最终也不会有大的成就。

保持谦逊才能邂逅成功

世界上没有十全十美的人，我们每个人都应该正确地认识自己，不但要认识自己的优势和长处，更要了解自己的劣势和短处。俗话说：“谦虚使人进步，骄傲使人落后。”保持谦虚的人常常能够邂逅成功，而骄傲的人总是会因为自己的自负而酿成苦果。

谦虚是成功者的秘诀，更是成功者的美好品质。即使你的学习成绩很好，工作业绩很优秀，你也应该保持谦逊低调的姿态。每个人都有其自身的弱点，就是再聪明的人也不例外。别人再愚笨，也会有我们需要学习的地方。因此每个人都应该保持低调谦虚的态度，只有谦虚的人才会不断地进步，才会不断去努力并以此来提高自己。

梅兰芳是我国著名的京剧大师，他不仅在京剧艺术上有很深的造诣，而且还是画画的高手。他曾经拜名画家齐白石为师，向他虚心求教，每次都是礼数有加，并经常为齐白石磨墨铺纸，完全不因为自己是个著名演员而自傲。

有一次齐白石和梅兰芳一同到一个朋友家做客，齐白石先到了，他穿的是布衣布鞋，而其他宾朋则是西装革履或长袍马褂，因此齐白石显得有些寒酸，不引人注意。过了一会，梅兰芳也到了，主人非常高兴出门相迎，其余宾客也都蜂拥而上，一一同他握手。可梅兰芳知道齐白石也来赴宴，便四下环顾，寻找他的老师。忽然，他看到了被大家冷落在一旁的齐白石，于是他就让开别人伸过来的手，挤出人群向齐白石恭恭敬敬地叫了一声“老师”，向他致意问安。在座的人见到这种情况感到很惊讶，齐白石也深受感动。几天后就特向梅兰芳馈赠了《雪中送炭图》并题诗道：“记得前朝享太平，布衣尊贵动公卿。如今沦落长安市，幸有梅郎识姓名。”

梅兰芳不仅拜齐白石为师，他也曾拜普通人为师。有一次，他在演出京剧《杀惜》时，在众多喝彩叫好声中，他听到有个老年观众说“不好”。戏唱完后，梅兰芳来不及卸妆更衣就用专车把这位老人接到家中，然后恭恭敬敬地对老人说：“说我不好的人，是我的老师。先生说我不好，必有高见，定请赐教，学生决心亡羊补牢。”老人于是便说道：“阎婆惜上楼和下楼的台步，按梨园规定，应是上七下八，而你却为何八上八下？”梅兰芳听了恍然大悟，连声称谢。从此以后，梅兰芳经常请这位老先生观看他演戏，请他指正，称他“老师”。

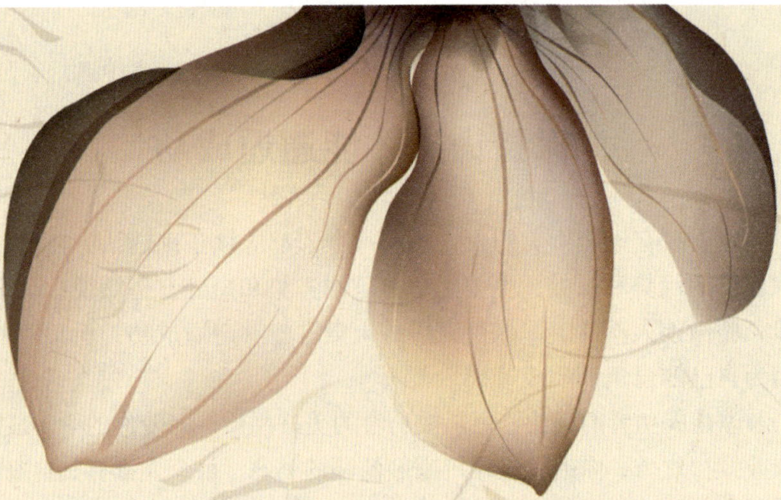

俗话说“满招损，谦受益”，自满的人会招来损害，谦虚的人会得到益处。

孔子是我国历史上著名的教育家、思想家。他一生留下了无数的精神财富，后世尊称他为圣人，但是他却一直保持谦虚的态度。

有一次，孔子带着学生到鲁桓公的祠庙里参观，这时候他看到了一个可以用来装水的器皿，这个器皿是倾斜地放在祠庙里。

孔子便向守庙的人问道：“请你告诉我，这是什么器皿呢？”守庙的人告诉他：“这是欹器，是放在座位右边，用来警诫自己，如‘座右铭’一般用来伴坐的器皿。”孔子说：“我听说这种用来装水的伴坐的器皿，在没有装水或装水少时就会歪倒，而如果水装得不多不少的时候就会是端正的，里面的水若要装得过多或装满了，它也会翻倒的。”说完，孔子立即回过头来对他的学生们说：“你们往里面倒水试试看吧！”学生们听后就都舀来了水，一个个慢慢地向这个可用来装水的器皿里灌水。果然如孔子所说的那样，当水装得适中的时候，这个器皿就端端正正地在那里。不一会，水灌满了，它就翻倒了，里面的水也不停地流了出来。再过了一会儿，器皿里的水流尽了，就又倾斜了，还是像原来一样歪斜在那里。

这时候，孔子便长长地叹了一口气说道：“世上哪里会有太满而不倾覆翻倒的事物啊！”

欹器装满水就会倾覆翻倒，这就告诉我们一定要保持谦虚，不要骄傲自满。凡是骄傲自满的人，没有不失败的。

懂得低调处世的人，才能获得一片广阔的天地，成就一份完美的事业，更能赢得一个极具内涵、丰富充沛的人生。经常看到自身的不足，就能够使自己谦虚起来；总是看不到自身的不足，而认为自己比别人聪明，就会使自己骄傲起来，而到了最后往往会为骄傲付出代价。

1929 年 3 月 14 日是爱因斯坦的 50 岁生日。世界各地的报纸都发表了关于爱因斯坦的文章。在柏林的爱因斯坦住所中，装满了好几篮子从全世界寄来的祝寿的信件。

然而，此时的爱因斯坦却不在自己的住所里，他在几天前就来到了郊外的一个农舍里躲了起来。

爱因斯坦 9 岁的儿子问他：“爸爸，您为什么那样有名呢？”爱因斯坦听了哈哈大笑，对他的儿子说：“你看，瞎甲虫在球面上爬行的时候，它并不知道它走的路是弯曲的。而我则正相反，有幸觉察到了这一点。”爱因斯坦就是这样一个谦虚的人，名声越大，他就越谦虚。

成就越大，就越要保持谦虚，只有这样才会向着更高的目标迈进，相反地，如果获得了一点点成绩后就骄傲自满、妄自尊大，最终就会停滞不前，不会再有更高的追求，从而最终被别人超越。

所以保持一颗谦虚的心吧，只有这样你才会不停地奋斗，不停地向着人生的一个又一个的高峰攀登。

第七章

得意失意莫大意，顺境逆境无止境

得意不可再往

老话说得好："凡事当留余地，得意不可再往。"在生活中、事业上，让你大获成功或大占便宜之处，正是需要我们小心提防的"陷阱"。"得意不可再往"，蕴含的哲理虽然微妙，却是生命中的常态。

正如弘一法师所云："事当快意处，须转。言到快意时，须住。殃咎之来，未有不始于快心者。故君子得意而忧，逢喜而惧。"这句话的意思是，人在得意时需要打住，静静地内省，不能忘形，以免因此而使自己不慎犯错。

高明的人，能上能下，达则兼济天下，穷则独善其身，要想做到这一点，就得先从做事留余地来说。老子的"知足"哲学也就包括这种思想：过分自满，不如适可而止；金玉满堂，往往无法永远拥有；富贵而骄奢，必定自取灭亡；锋芒太露，势难保长久。

历史上凡是自表其功、自矜其能，不分场合夸耀自己的人，十有八九都会遇到大麻烦。刘邦曾经问韩信："将军看我能带多少兵马？"韩信说："陛下带兵最多也不能超过十万。"刘邦一听，当然很不高兴，就问韩信："那么你能带多少兵马呢？"韩信说："我和大王不同，我带兵则是多多益善。"韩信说出这样的话，肯定让刘邦觉得被其羞辱了，又怎么不耿耿于怀呢？即使是自己有功劳，有才能，也要注意对方的感受，不能口无遮拦而让对方觉得难堪。

曾国藩曾经研究过《易经》，他说："日中则昃，月盈则亏，天有孤虚，地阙东南，未有常全不缺者。"事物就是这样此消彼长、祸福相依的。所以清代的朱柏卢在劝诫后人时说："凡事当留余地，得意不宜再往。"一旦什么事情做过了头，就要注意它会走向一个反面。

在与人交往的时候，尤其是在上司面前需要表现自己能力的时候，也要把握分寸，尽量让自己的言行举止都做到"适中""恰到好处"，千万不要过分表现、夸耀，若不然就有可能适得其反了。

电视剧《潜伏》中，余则成在事业上可以说是非常成功的，从单枪匹马刺杀民族败类李海峰，到找出潜伏在延安的特务"佛龛"，再到暗杀特务袁佩林，除掉凶恶之极的陆桥山……每一次都很漂亮地完成了任务，但在胜利面前，余则成没有欣喜若狂，在高兴到极点时，也只是和翠平两人躲在家里偷偷喝上几杯白酒而已。再看身为行动队队长的马奎，好大喜功，仗着自己和毛人凤的关系，毫无顾忌地怀疑余则成、与陆桥山作对、查站长……以致最后得罪了周围所有人，被五花大绑送到外地受审。

在工作中，我们也可能和余则成一样，有着骄人的成绩，深受领导的赏识，但风光得意之时一定要保持理智，不要像马奎那样觉得自己很了不起，目中无人，忘乎所以，否则只会让自己处于不利的境地。

一只风筝在微风中飘然升起，越过了屋顶，飘过了树梢。这时，站在树上的花喜鹊对它说："风筝大哥，你飞得真好！"

"不。"风筝谦虚地说，"要不是有风，要不是有线牵着我，我是飞不好的！"

风越来越大了，线越放越长了，风筝也越飞越高了。等它飞过山顶的时候，心里就有些飘飘然了："啊！当我躺在屋里桌子上的时候，怎么也不知道我原来也是一个飞翔的天才！"

风筝随着风在不停地上升、上升，一直飞到了白云之上。当它俯视地面的时候，地上的房屋、树木、河流，甚至大山都显得那么渺小，就连平时高飞的雄鹰，现在也在它的脚下。它心里有一种说不出的滋味，仿佛自己的身体也在膨胀，变得高大起来。

"喂！"它毫不客气地对在它脚下盘旋的雄鹰说，"抬起头来看看我！过去人们总是赞扬你飞得高，现在怎么样？我比你飞得还要高！"

雄鹰抬头看看它，并没有与它争辩，只是意味深长地瞅了瞅它身下那根长长的线，微微一笑。

这样一来，风筝更沉不住气了，涨红了脸说："你这是什么意思？好像我离了线就不能飞似的！其实，我还可以飞得更高些，都怪这根可恶的线！"为了显示自己的才能，风筝拼命挣扎，只听得"嘭"的一声，拴在它身上的线断了。风筝很得意，心里想：这下可好了！我可以自由飞翔了，想飞多高就飞多高！果然，在断线的瞬间，它迅猛地向上冲了好大一截。

谁知它很快便失去了重心，在风中身不由己地向下翻滚，最后一头栽进了臭水沟。

风筝离开了线便会跌跤，人过于忘形而脱离底线，就容易遭遇挫折。可见"得意忘形"会害人不浅。很多人在春风得意时容易喜形于色，在沾沾自喜中迷失自我。能够始终保持平常心的人才可贵。心态平和的人无论任何情况下都不显山露水，却往往能在"不显不露中出头"。

因此，越是春风得意之时，就越要停下来经常反躬自省，如果我们认识到眼前所看见的一切都可能在未来发生变化，那么我们就不会在成功的得意中被突然袭来的变化所打倒。因此，保持随时应对变化的心态，并时时留意身边的变化，并以此调整我们生活或工作的方式，我们才能从容生活在每一个当下。

得意之时不可忘形

做人要学会宠辱不惊，失败时须努力，得意时不要忘形，无论怎样的上升和降落，都应泰然处之，以淡定的态度，笑对人生。

人毕竟是人，是人都有人性，在运气好时，难免会自鸣得意。但一个懂得做人的人知道，当自己的人生处于得意之时，千万不能忘形，这样你才能不会伤人，也不会被伤。得意到了狂妄的地步，整个人飘到半空中，那就很容易摔下来，而且会摔得很惨。乐极生悲的例子总是屡见不鲜，因此，在得意之时，记得提醒自己保持头脑清醒。

李想调到新单位的那段日子里，几乎在同事中连一个朋友也没有，他自己也搞不清是什么原因。原来，他认为自己正春风得意，对自己的机遇和才能满意得不得了，几乎每天都使劲向同事们炫耀他在工作中的成绩。他得意忘形的样子让所有人看了生厌，一听见他的吹嘘就唯恐避之不及。

后来，还是他当了多年领导的老父亲一语点破，他才意识到自己的症结到底在哪里。他很惭愧。从此，他开始有意地自我收敛，与同事打交道时谦虚低调，常向前辈请教，努力做好自己的本职工作，很快，他成了单位里最受欢迎的人，上级也对他器重有加。

从李想的亲身经历中，我们得到一个宝贵的经验：得意时不要高兴太早。

在得意之时，请压抑自己过度张扬的欲望，多一点谦虚，少一些自我炫耀。

把过去的辉煌当作是一种人生经历，你不可能从那上面得到更多了，所以暂且放下它，去迎接你的下一次辉煌。

得意忘形是一种危险的人生态度。一个人如果自以为已经有了许多成就而止步不前，那么他的失败就在眼前了。许多人一开始奋斗得十分努力，但前途稍露光明后，便自鸣得意起来，于是失败立刻接踵而来。

你最近运气特别好，你常常会自鸣得意吗？如果是，那你就要好好学一番涵养的功夫，把你那因升迁而引起的过度兴奋压平下去才好。你所拟订的一生计划，当然是非常伟大的，但在你没有达到这个伟大目标之前，中途的一些升迁，真可说是再平常不过的小事。也许在你实行一个计划时，一着手就大受他人夸奖，但你必须对他们的夸奖一笑置之，仍旧埋头去干，直到心中的大目标完成为止。那时人家对你的惊叹，将远非起初的夸奖所能及。

一个人的伟大与否，可以从他对于自己的成就所持的态度上看出来。积累你的成就，作为你更上一层楼的阶梯吧。

心安茅屋稳

“心安茅屋稳”意思是：心平气和，即使住的是茅草屋，心里也会觉得踏实安稳。心不安，心里永远不会有“稳”的感觉；一个人心中的欲望太强，是无法懂得什么才是生活。只有真正安静下来用心去体悟，才会参透到世间人生的奥妙，内心淡泊而无杂念，才会安心于简单宁静的生活。一个心安性定的人，才能有如鱼得水般的人生，这也是一种“道”。

心安茅屋稳的法则：心态上要淡泊、明志、清幽、致远。

东晋大诗人陶渊明辞官归田园，过着“躬耕自资”的生活。其夫人翟氏，与他志同道合，“夫耕于前，妻锄于后”，一起下田地劳动，勤俭持家，他们与农夫日益接近，生活息息相关。“方宅十余亩，草屋八九间，榆柳荫后檐，桃李罗堂前。”陶渊明酷爱菊，宅子四周篱笆下，都种上了菊花。“采菊东篱下，悠然见南山”（《饮酒》）至今脍炙人口。他本性嗜酒，饮必醉。朋友来访，无论贫富贵贱，只要家中有酒，必与之同饮。他每次必先醉，便对客人说：“我醉欲眠，卿可去。”这是一种怎样的境界？淡泊、明志、清幽、致远。这一切陶渊明都达到了。

一个拥有淡泊、明志心态的人，就能够始终保持自己独有的作风，就能宠辱不惊，就能“心安茅屋稳”，风雨不动，在浮躁的环境中，自己还能够继续保持一颗恬淡安定的心，只要心性定，波澜不惊，就能安心学习、工作

和生活。

《菜根谭》上讲："身不宜忙，而忙于闲暇之时，亦可警惕惰气；心不可放，而放于收摄之后，亦可鼓畅天机。"这是讲在日常忙碌的生活中，如何偷得浮生半日闲。与其为名利而劳神费力，不如抛却杂念，静下心来，做一些自己喜欢的事情；与其为了名声殚精竭虑、心力交瘁，不如放弃身外之物，安贫乐道，"走自己的路，让别人说去吧"。人生要想幸福，稳稳当当走到百年，就应该追求内心的安定与自由。即使再忙也要带着一份淡泊的心态，不可把心沉没于追名逐利之中。

居里夫人不畏艰险发现了镭，对于是否把镭申请为专利时，又面临一个艰难的选择。如果申请了专利，那么肯定会得到一笔可观的收益，这无疑对现在贫寒的家境有很大的改善。

居里夫人说："如果我们申请专利，我们会获得亿万资产，那无疑会改变我们现在宁静的生活。难道现在的生活不是我们所要的吗？上帝已经赋予我们很多，我们不需要更多。更多的金钱不仅不会给我们所需要的任何财富，反而会打破我们简单而饱满的生活。"

伟大的科学家阿尔伯特·爱因斯坦评价说："在我认识的所有著名人物里面，居里夫人是唯一不为盛名所颠倒的人。"当一个人的内心足够高贵淡泊时，外界的一切世俗事物，都是微不足道的。

淡泊宁静的人，往往是最清醒的，对人生的思考也是最深刻的。圣严法师说："要有时时静悟的简静心态，反省自己的不足，感受生活赐予的美妙。这样，时时鞭策自己，才会对生活充满了敬重。"让我们淡泊宁静，抛弃浮躁，活在自由简约中，体味生活的从容，实现人生的价值。

塞翁失马，焉知非福

在《庄子》中，把“塞翁失马，焉知非福”的人生哲理讲得十分透彻。比如说，一匹头上有白毛的马没人敢骑，反而因此免去了一辈子的奴役；一头鼻子高高翘起的猪不会被杀掉作祭祀，才会好好地活到老。任何事情都有它的两面性，关键是看你如何从不利的一面当中看到有利的那一面。

从前有一个国王，除了打猎以外，最喜欢与宰相微服私访。宰相除了处理国务以外，就是陪着国王下乡巡视，他最常挂在嘴边的一句话就是“一切都是最好的安排”。

有一次，国王兴高采烈地到大草原打猎，他射伤了一只花豹。国王一时失去戒心，居然在随从尚未赶到时，就下马检视花豹。谁想到，花豹突然跳起来，将国王的小手指咬掉小半截。

回宫以后，国王越想越不痛快，就找宰相来饮酒解愁。宰相知道了这事后，一边举酒敬国王，一边微笑着说：“大王啊！少了一小块肉总比少了一条命来得好吧！想开一点，一切都是最好的安排！”

国王听了很是生气：“你真是大胆！你真的认为一切都是最好的安排吗？”

“是的，大王，一切都是最好的安排。”

国王说：“如果我把你关进监狱，难道这也是最好的安排？”

宰相微笑说："如果是这样，我也深信这是最好的安排。"

国王大手一挥，两名侍卫就架着宰相走出去了。

过了一个月，国王养好伤，又找了一个近臣出游了。谁知路上碰到一群野蛮人，他们把国王抓住用来祭神。就在最后关键时刻，大祭司发现国王的左手小指头少了小半截，他忍痛下令说："把这个废物赶走，另外再找一个！"因为祭神要用"完美"的祭品，大祭司就把陪伴国王一起出游的近臣抓来代替。脱困的国王大喜若狂，飞奔回宫，立刻叫人将宰相释放了，在御花园设宴，为自己保住一命，也为宰相重获自由而庆祝。

国王向宰相敬酒说："宰相，你说的真是一点也不错，如果不是被花豹咬一口，今天连命都没了。可我不明白，你被关进监狱一个月，难道也是最好的安排吗？"

宰相慢慢地说："大王您想想看，如果我不是在监狱里，那么陪伴您微服私巡的人，不是我还会有谁呢？等到蛮人发现国王不适合拿来祭祀时，谁会被丢进大锅中烹煮呢？不是我还有谁呢？所以，我要为大王将我关进监狱而向您敬酒，您也救了我一命啊！"

宰相是一个明智的人，他能从事物的不利中看到有利的一面，并始终认为一切都是最好的安排，这无疑是一种积极的人生态度。

正是因为有些人不能正确地看待自己的利与不利，没有正确认清自己的价值，没有好好地生活，才会自己给自己找麻烦。人生中难免遭遇一些利害得失，学会辩证地看待事物的两面性，就会少一些挫折感，你的人生才能轻松愉快。

冬长三月，早晚打春

我们都喜欢生活中发生各种各样的“好事”，而不是诸如生病、事业失败等“坏事”。然而古人告诉我们：“物极必反。”人生总是一波三折，谁也无法永远一帆风顺，也不会一辈子坏运连连。当我们无法阻止这种变化时，不妨顺应变化，好事发生时，不要骄傲得意，而要趁机将人生提高到更高的一个高度；如若坏事临门，也不要沮丧绝望，不妨养精蓄锐，为下次的机会做足准备。要知道，世间事无绝对，“冬长三月，早晚打春”，当你处于人生的困顿期，颓丧绝望时，不妨说服自己多撑一天、一个月，甚至一年吧，你会惊讶地发现，当你拒绝退场时，生命将给予你怎样的惊喜。

法布尔 19 岁时从师范学院毕业，做了一名小学老师。他通过自修，一步步由初中老师、高中老师，最后升到大学讲师。这期间，法布尔一边教书，一边学习化学知识。他有一个想法，就是把用作染料的茜草色素的主要成分——茜素纯化提炼出来。

经过努力，实验成果很显著，他和印染厂的工人们都盼望着他的研究能够正式投产。当研究成功后，他却得知了另一个消息：人工茜素已经合制成功，这预示着法布尔的天然茜素纯化技术没有任何价值。

多年研究与实验的辛苦，瞬间就付之东流了，对法布尔而言，这是一个不小的打击。一段时间过后，法布尔从失落的情绪中恢复了过来，决定换一个研究方向，开始着手进行科普知识的推广。在 87 岁高龄时，他完成了自己的代表作《昆虫记》的最后一卷。

法布尔一生坚持自学，先后取得了物理学士学位、数学学士学位、自然科学学士学位及博士学位。《昆虫记》的成功给他带来了“昆虫界的荷马”以及“科学界的诗人”美名，他本人也因为此书而获得了社会的广泛认可。

谁也不会天生“衰命”，只因我们未认识到这种无常而心生妄念，从而把生活和工作弄成一团乱麻。要知道，挫折与苦难是生命必然的悲痛，然而，落叶飘过腐烂之后，春天的新绿才能丝丝抽出，而春蚕吐丝作茧的终极是新生命的诞生！我们生活在这起起落落、斑斓又黯淡的世界中，一棵绿芽、一朵花的开放，一只大雁往南飞，都是自然的生生不息。不走过严冬的寒冷，怎么会迎来春天的温暖呢？正如林清玄所说的：“生命中虽有许多苦难，我们也要学会好好活在眼前，止息热恼的心，不做无谓的心灵投射。”

古希腊哲人苏格拉底说：“许多赛跑者的失败，都是失败在最后几步。跑‘应跑的路’已经不容易，‘跑到尽头’当然更困难。”一个人的成功往往来自于自己内心的一份坚持，这一点点坚持使他们成为真正的赢家！

鲁冠球起家于一个只有3000块钱无牌照的小型米面加工厂，现在却是一家资产过百亿的跨国集团老总。他15岁辍学，20岁有了第一次艰苦创业。鲁冠球从亲戚那里东拼西凑借来3000块钱，创办了只有一台磨面机、米机，没敢挂牌子的小型米面加工厂。因为时代的原因，私营活动在当时被严令禁止，干出一番事业并不容易。第一次创业差点让鲁冠球倾家荡产，也让他背负上祖父和父亲的沉重压力，但他总不甘心，于是就有了第二次的创业和艰苦的原始积累。

第一次创业后没多久，鲁冠球又发现了当时铁锹、镰刀没处买，自行车没处修，鲁冠球就又勒紧裤腰带借了4000块钱，和5个人合伙开了一个铁匠铺。没有原料，就大街小巷收废钢废铁，回去后就打铁锹和镰刀，生意越来越红火。公社领导不久就发现了鲁冠球的才能，让他接管宁围公社农机汽配厂：一个84平方米的烂厂房。他没有丝毫犹豫就答应了下来，变卖了自己所有的家产投入到厂子中。最开始，厂子的产品没有销路，鲁冠球就带领几十名骨干，兵分多路四处打听销售渠道。

终于，他们得知这一年在山东胶南会举办一次全国性的汽车零部件订货会。这个消息让所有人乐得炸开了锅，鲁冠球用最快的速度租了两辆车，拉着产品和销售科长等人直奔胶南而去。最开始的3天无人问津，就在大家坚持不下去的时候，鲁冠球果断地说：“调价！降20%，我看看有没有人来买！”果然，这招儿吸引了210万订单，农机厂的销路自此打开，工厂也渡过了最初的难关。

最初的艰苦磨砺不但使鲁冠球更具经商智慧，也使其具备了优良的品质。他曾经因为收到一位消费者的投诉，就收回 3 万余件产品，全部销毁，损失达 40 余万元。他并不心痛，认为只有防微杜渐，企业才能走得更远。

相比同时期的其他人，鲁冠球获得了一个“商界不倒翁”的名号，因为他的稳、他的持久和反思，更因为他能耐得住“坏运”时期的“熬”。

人生就像四季，有着寒暑之分，也会有冷暖交替的变化。情场失意、工作不得志、与家人无法沟通、在同事中不被认同、亲人病危……当我们面临人生的“冬季”时，不可避免地会陷入情绪的低潮，其实这正是好好反省、重新认识自己的时候。认清了自己，完善自己，同时等待机会来临，抓住它。人生的“冬季”总会过去，春天总会来临。

生命会衰老，心路无尽头。在人生的旅途上，有寒雾笼罩的抑郁窘迫，也会有丽日蓝天的欢欣舒畅，有风雪交加的漫漫长夜，也会有月朗星稀的锦绣黎明。心路上有喜悦也有哭泣，有鲜花也有荆棘，有坦荡也有坎坷，有春天也有冬季。这就是生命原本的模样。而我们所要做的，便是耐心等待走出冬季，向阳光明媚的春天走去。

不经冬寒，不知春暖

挫折是每个人都会遇到的，有的人面对挫折就打退堂鼓，不去勇敢地面对，而是选择避而远之。殊不知只有经历了这些磨难才会到达幸福的彼岸。失败是成功之母，面对困难，去勇敢地解决，去毅然决然地前行，只有这样才会成功。只有经历了风雨，才会看到彩虹，不经历冬寒，就不知道春暖。就像歌词里说的那样：“把握生命里的每一分钟，全力以赴我们心中的梦，不经历风雨，怎么见彩虹，没有人能随随便便成功。”

每一个成功都包含着无数的挫折与无奈，每一条通向成功的路上都有着数不清的辛酸和痛苦，每一条通向成功的路上都洒满了成功者的泪水和汗水。

“天下没有免费的午餐”，生活中也没有所谓的一帆风顺。要想学会走路，就要先学会摔跤，跌倒后再爬起来，再跌倒再爬起来。只有明白了跌倒的疼痛，才能成功地站起来，大踏步地前进。

海滩上，有一大一小两只蚌相遇了。小蚌见大蚌神情非常沮丧，一副痛苦不堪的样子，便关心地问道：“伙计，你有什么不愉快的事吗？”

大蚌答道：“唉，别提了，前几天，我一不小心，让一颗沙砾跑进了我的身体里，粗糙的沙砾不断摩擦着我的身体，那种难言的痛苦，简直让我生不如死啊。”

“天哪，你也太不小心了，瞧瞧，你现在正承受多么巨大的痛苦啊。我一定要加倍小心，绝对不让任何异物进入到我坚硬外壳的防线内。”

这时一只海龟听见了它们的对话。“朋友们，你们知道如果沙粒跑进了你们的身体里会产生什么吗？”海龟向两只海蚌打招呼。

“除了令人难以忍受的痛苦，还会有什么呢？”小蚌说道。

“是呀，除了撕心裂肺的疼痛，还能有什么新鲜玩意？”两个海蚌冷冷地白了一眼海龟。

“哦，朋友，我非常理解你的心情，此刻你感到非常痛苦，但你也许不知道，此时此刻，你的身体里会自动分泌出‘珠母质’，它们会一层一层地将粗糙的沙砾包裹起来，而若干年后将会形成大海中最动人、最璀璨的珍珠。”

经过了痛苦的折磨，珍珠才会产生，珍珠之所以美丽不仅是因为它光彩夺目，更是因为它经过磨难，它最有价值的地方也在于此。

辽阔苍穹中自由翱翔的老鹰，是经历了无数次跌下山崖的痛苦，才锤炼出一双凌空的翅膀。挫折是人生的一笔财富，是促进成功的一剂良药，不经历磨难的人生，怎么可能会散发出夺目的光彩呢？冬寒过后才能感受到春日的和煦，而风雨之后才能看见彩虹。

2005 年感动中国的人物洪战辉说：“承受越多的苦难，你就会成长得越快，经历越大的撞击，你就会变得越发坚忍。”人生需要迎头迎接风雨，并呼喊让暴风雨来得更猛烈一些，因为风雨过后才会有彩虹，没有人可以避免失败，失败是通往成功路上必不可少的经历。想要做成一件事，就必须先学会正确对待失败的打击，并且要把失败当作成功的垫脚石。

有一个人遭受了挫折，他整天都闷在房间里。几个朋友劝他出去爬爬山散散心。于是这个人就跟着朋友去爬山。当他们开始爬山的时候还是阳光灿烂，可是爬到半山腰时却乌云密布，下起了倾盆大雨。这个人一看到下大雨了，就失去了爬山的兴趣，并想马上下山。朋友们说：“既然来了，就坚持到底吧，再说衣服也淋湿了。”于是他就很不情愿地跟着朋友们继续上山。快到山顶的时候，雨不知不觉地停了。他们站在山顶上看四周，虽然山腰被乌云所笼罩，但是峰巅的景色特别美丽，这是平时看不到的。

其中的一个朋友说道：“我们已经站在有雨的云层之上，所以能够见到

阳光。如果我们刚才犹豫了不继续往上爬，就欣赏不到此番美景。”

这个人听了朋友的一番话，顿时豁然开朗，并由此感悟人生，走出了烦恼和痛苦的苦海。

许多人一陷入苦难，就非常悲观失望，心生抱怨，并给自己施加特别重的压力，其实抱怨是另一种苦难的开始。如果在苦难之中放松自己，就可以得到另一种东西，因为彩虹总是出现在风雨后，不经历苦难，就会看不到美丽的风景。

一天，一个人碰巧看到一只飞蛾正在破茧，出于好奇，他便一直耐心地观察。这只飞蛾十分艰难地将躯体从那道小口子中一点点地挣扎出来，一个小时过去了，两个小时过去了，三个小时过去了……飞蛾已经精疲力竭。无论飞蛾怎么奋力挣扎也无法摆脱茧的束缚，这个人因此觉得它肯定出不来了。

于是，他决定帮助一下这只可怜的飞蛾。他拿来一把剪刀，小心翼翼地将茧破开一道非常大的裂口，这个裂口足以让飞蛾轻易地钻出来。结果，那只飞蛾很容易地从茧里爬了出来。但是，它的身体是十分臃肿的，翅膀也瑟瑟地紧贴着身体。

这个人等着飞蛾飞起来，却只见它跌跌撞撞地往前爬，怎么也不能打开翅膀。又过了一会儿，它就死了。这个人怎么也不明白，这是为什么？

原来，飞蛾在由蛹变茧时，翅膀萎缩，十分柔软，而当破茧而出时，必须要经过一番痛苦地挣扎，使身体上的体液流到翅膀上，翅膀才会变得坚韧有力，只有这样，出来以后才会飞翔。

这只飞蛾因为没有经历破茧而出的痛苦，就没有得到破茧化蝶的壮丽。

总之，要想感受春天的温暖，就要先体会冬天的寒冷，要想成功就一定要品尝失败的滋味。只有经历了无数次的磨难后才会是真的人生。

宠辱不惊，去留无意

陈眉公辑录的《幽窗小记》中记录了明人洪应明的对联：“宠辱不惊，闲看庭前花开花落；去留无意，漫随天外云卷云舒。”这句话的意思是说，为人做事只有把宠辱看作如花开花落般平常，才能不惊；只有把职位去留看作如云卷云舒般变幻，才能无意。

大画家齐白石的座右铭：“人誉之一笑，人骂之一笑。”这句话正好可以看作是那副对联的最好写照。

“人骂之一笑”的这一句话，看似容易，真正做起来却难，因为那需要“波澜不惊”的情怀。阅历丰富又通晓世事的齐白石老人一直明白一件事情：尽管自己学术有成，但是众口难调，有赞赏声，自然也就会有谩骂声。各人欣赏眼光不同，对同一幅艺术作品，喜欢者赞不绝口，厌恶者可能会将其贬得一文不值。所以，又何必太在意外界的骂声、诽谤声，虽然也难免会声声入耳，但听了之后不必当真，一笑了之而已。当然，这是对于那些无聊的诽谤，如果是有道理的真知灼见，则不能“一笑了之”了，那就需要有能够接纳忠言的胸襟。

能够做到“人誉之一笑”，需要一个人的睿智通达，知道山外有山，人外有人。每一个领域都新人辈出，各领风骚，即使是被别人奉为大师，自己也不能真的就把自己当作了大师。

比起猛烈的攻击，其实掌声和鲜花容易使人眩晕，因为人在荣誉面前的抵抗力总是比较弱，此刻，一定要保持清醒的头脑，如果真的觉得自己已经可以了，就该落后了，就离淘汰出局不远了。所以，尽管齐白石的艺术生涯硕果累累，一直生活在荣誉和光环中，水到渠成地成为人民艺术家、中国美术家协会主席、人民代表大会代表、国际和平奖获得者……但他却始终是一笑了之，既不得意忘形、目空一切，也不孤芳自赏、故步自封。

齐白石的“两笑”，真正地阐明了一个道理：宠辱不惊。

在现实生活中，人生总是会有起有落，“宠”或“辱”是每个人都会遇到的事情。“受宠”时，我们就难免洋洋自得，忘乎所以，美滋滋地感受着似锦繁花；而当“受辱”时，自然也难免愤怒的火焰在胸中燃烧，痛苦难耐，灼伤了自己，也焚烧了别人。倒不如以平和的心态。看淡“宠辱”，那么，就不会产生失衡的落差了。

无论是显赫名人还是无名小卒，哪有不受毁谤、不招指责、不被调侃、不被人嫉妒的？遇到这种情况如果挨个生气愤怒一遍，再多的精力也不够用啊。

不过，比起“辱”不惊，能做到“宠”不惊的才是真正的高手。

曾有这样一则笑话：

从前有一个老童生，考了一辈子科举连个秀才都没捞上。有一次，他和儿子同科应考。等到放榜的那一天，儿子看了榜，知道自己已经被录取，赶快回家报喜。当时老童生正在房里洗澡，儿子敲门大叫说：“父亲，我考取了！”老童生在房里大声呵斥说：“考取一个秀才，算得了什么，这样沉不住气，将来怎么成大器！”儿子一听，吓得不敢大叫，便轻轻地说：“父亲，你也上榜了！”只听“砰”的一声，房门打开，他父亲连衣裤都没穿上，一丝不挂地一冲而出，大声呵斥说：“你为什么不先说？”

看来，能够面对自身的“宠辱”还泰然处之确实需要一些定力。能做到顺其自然，是一种难得的境界。所谓“布衣可终身，宠辱岂足赖”，人生的一切都是过眼云烟，既然如此，人生的宠辱也不过是一刹那，又有什么值得夸耀和留恋呢？

如果一个人能够做到宠辱不惊，那么，不管是在日常生活还是人际关系

上，他都不会被世事搅乱，总有一种平和宽松的心态。所谓“君子坦荡荡”。一个没有杂念、低调单纯的人，他的心是一片静谧的森林，没有喧闹，没有浮躁，是一种雾霭袅袅的清晨中随着微风低吟的舒缓心境。不能够做到这一点的人，他的心就像暴风雨中的一株小树苗一样，永远处在飘摇之中。

既然如此，何不在平和中找寻人生的美景，将一切都看作平常自然。

高山流水、四季变换不过是轻轻而来，又轻轻而去罢了。世态炎凉、人情冷暖，乐也何妨？怒也何妨？唯有视宠辱如花开花落般平常，才能波澜不惊。

19 世纪中期，英国实业家菲尔德率领他的船员和工程师在大西洋底铺了一条海底电缆，首次将欧美两个大陆联结起来，因此被誉为“两个世界的统一者”，一夜之间，他成为了最光荣、最受尊敬的英雄；但好景不长，因技术故障，刚接通的电缆信号中断，顷刻之间人们的赞辞颂语骤然变成愤怒的狂涛，曾经的英雄几乎在一眨眼之间，就变成了“骗子”。

面对如此悬殊的宠辱逆差，菲尔德泰然自若，一如既往地坚持自己的事业。

经过 6 年的努力，海底的电缆最终成功地架起了欧美大陆的信息桥梁。宠也自然，辱也自在，菲尔德之所以成为菲尔德，也正在于此。其实，宠辱不惊可以成为我们心灵上的一帖抚慰剂。当我们为爱情、金钱、名利苦苦挣扎时，不妨用平和的潇洒来灌溉焦躁的心田；当我们失意、悲伤时，不妨用宁静的单纯来抚平灼痛的伤口。

若心中无过多的欲念，又怎会患得患失？我们只要管好自己，得之不喜，失之不痛，不计较得失，不在意别人的眼光；只要做自己喜欢的事，按自己的路去走，外界的评说又算得了什么呢？

只有做到宠辱不惊，方能恬然自得。人人都希望拥有愉悦的生活，面对“宠辱”，只要我们做到“不惊”，就可以高枕无忧了。

弓硬弦常断，人强祸必随

刚闯入社会开始工作的我们年轻气盛、雄心勃勃。在工作中，稍微取得了一点功绩顿时就雄心万丈、得意扬扬，甚至在别人面前耀武扬威。岂不知炫耀的背后往往是“满招损”，骄傲通常都是招致灾难的祸根。

年羹尧建功沙场，以武功著称。1700 年考中进士后入朝做官，“更无舟楫碍，从此百川通”，进入官场的年羹尧仕途平坦，升迁很快，在 1709 年坐上了四川巡抚的位子。用不到 10 年的时间，年羹尧成为封疆大吏，此时的年羹尧深得康熙赏识。康熙希望他“始终固守，做一好官”，对他寄予厚望。

年羹尧也不负康熙厚爱，在击败准噶尔部首领策妄阿拉布坦入侵西藏的战争中，立下汗马功劳。1718 年，年羹尧被授为四川总督，兼管巡抚事，统领军政和民事。1721 年，年羹尧进京入觐。康熙御赐弓矢，并擢升年羹尧为川陕总督，成为西陲边境的重要大臣。当年九月，青海郭罗克地方叛乱，在正面进攻的同时，年羹尧又利用当地部落土司之间的矛盾，辅之以“以番攻番”之策，迅速平定了这场叛乱。叛乱平定后，抚远大将军被召回京，年羹尧受命与管理抚远大将军印务的延信共同执掌军务。

到了雍正即位之后，年羹尧更是备受倚重。在有关重要官员的任免和人事安排上，雍正每每要询问年羹尧的意见，并给予他很大的权力。在年羹尧管辖的区域内，大小文武官员的任用一律听从年羹尧的意见。由于两人私交也很好，雍正对年羹尧的宠信到了无以复加的地步，年羹尧所受的恩遇之隆，也是古来人臣罕能相匹敌的。1724 年 10 月，年羹尧入京觐见，获赐双眼孔雀翎、四团龙补服、黄带、紫辔及金币等非常之物。年羹尧本人及其父年遐龄和一子年斌均已封爵位，11 月，又以平定卓子山叛乱之功，赏加一等男世职，由年羹尧次子年富承袭。

在生活上，雍正对年羹尧及其家人也是关怀备至。年羹尧的手腕、臂膀有疾及妻子得病，雍正都再三垂询，赐送药品。对年羹尧父亲年遐龄在京情况，年羹尧之妹年贵妃以及她所生的皇子福惠的身体状况，雍正也时常以手谕告知。至于奇宝珍玩、珍馐美味的赏赐更是时时而至。一次赐给年羹尧荔枝，为保证鲜美，雍正令驿站6天内从京师送到西安，这种赏赐甚至可与“一骑红尘妃子笑”相媲美了。

但是，随着权力的日益扩大，年羹尧以功臣自居，变得目中无人。一次他回北京，京城的王公大臣都到郊外去迎接他，然而他对这些人正眼都不带看一下，显得非常傲慢无礼。甚至对雍正有时也不恭敬，一次在军中接到雍正的诏令，按理应摆上香案跪下接令，但他随便一接了事，这令雍正很气愤。他一出门，威风凛凛不算，就连他家一个教书先生回江苏老家一趟，江苏一省长官都要到郊外去迎接。此外，他还大肆接受贿赂，随便任用官员。雍正渐渐对他忍无可忍。

1726年初，年羹尧给雍正进贺词时，竟把话写错，赞扬的语言成了诅咒的话。雍正以此为借口，抓了年羹尧，此后又罗列了多条罪状，将他彻底打倒。最后，年羹尧

在雍正的谕令下被迫自杀。年羹尧父兄族中任官者俱革职，嫡亲子孙发遣边地充军，家产抄没入官。叱咤一时的年大将军最后以身败名裂、家破人亡告终。

稍微取得了一点成就便作威作福，目中无人，天上地下唯我独尊，最后遭受失败也是情理之中的事情。

年羹尧倚仗功勋，无视朝纲，最终人强祸随，招来杀身之祸。做人一点儿不知谦逊低调，便很容易遭受意外的灾难。诸如此类的例子，不胜枚举，最为人们熟知且扼腕的当属历史上蜀国的关羽。三国时期，关羽也是因为妄自尊大才导致灾祸的。

自刘备攻取益州以来，关羽一直坐镇荆州。荆州包括南阳、南郡、江夏、武陵、长沙、桂阳、零陵 7 个郡，是曹操、刘备、孙权三方必争的战略要地。赤壁之战后，曹操还占据着南阳郡和南郡的北部，孙权占据着江夏郡和南郡的南部，其余四郡被刘备所“借”。孙权曾多次派人接手长沙、零陵、桂阳三郡，都被予以拒绝。孙权一怒，马上派吕蒙率领两万兵马用武力接收这三个郡。吕蒙夺得了长沙、桂阳两郡后，刘备急忙亲率五万大军下公安，派关羽带领三万兵马到益阳去夺回那两个郡。孙权也亲自到陆口，派鲁肃领一万兵马扎在益阳，与关羽相峙。东吴的军队和关羽的军队都在益阳扎营下寨，彼此对峙。此时，曹操攻下了汉中，刘备为联合孙权共同抵抗曹操，决定与孙权平分荆州。为了与关羽重修旧好，孙权想与关羽联姻，不想竟被目中无人的关羽以“虎女岂肯嫁犬子”拒绝。这种侮辱性的语言攻击让孙权很生气，后果很严重。

为了实现诸葛亮和刘备在《隆中对》中所筹划的跨据荆、益二州，待时机成熟时荆州军队直下宛（今河南南阳）、洛（今陕西南部），完成统一大业的计策，关羽一直虎视襄、樊。建安二十四年（219 年），镇守荆州的关羽，抓住战机，亲自率领主力北攻荆襄。当时魏国征南将军曹仁驻守樊城，将军吕常驻襄阳。曹操从汉中撤军到长安后，派遣平寇将军徐晃率军支援曹仁，屯于宛城（今河南南阳）。樊城之战开始后，曹操又派左将军于禁、立义将军庞德前往助守，屯驻于樊城以北。

此战中，关羽利用地势，水淹七军，活捉于禁。此时，魏国荆州刺史胡修、南乡（治南乡，今河南淅川东南）太守傅方，均降于关羽，陆浑（今河南嵩县东北）人孙狼等，亦杀官起兵，响应关羽，关羽声势一时“威震华夏”，以致曹操想迁都以避其锋芒。

此时的孙权受关羽如此傲慢对待，早有攻取荆州之意。曹操派使者与孙权结成联盟，并答应许给孙权荆州之地。吕蒙推荐陆逊代替自己，当时的陆逊年少多才却无名望，正任定威校尉。陆逊到任后，派使者给关羽送去了礼物和一封信，信上恭维关羽水淹七军，功过晋文公的城濮之战和韩信的背水破赵，还撺掇关羽继续发挥神威，夺取彻底的胜利。关羽看到陆逊是个无名晚辈，对自己又如此恭敬、诚恳，根本没把他放在眼里，就大胆放心，把荆州大部分军队陆续调到了樊城。

围攻樊城的战争开始后，腹背受敌的关羽败走麦城，为吕蒙所擒，一代英雄就此陨灭。“关羽万人之敌，为世虎臣。羽报效曹公，有国士之风。然羽刚而自矜，以短取败，理数之常也。”水淹七军之后，好大喜功的关羽从此更是眼里放不下一个人，然而紧跟而来的便是身首异处的悲惨下场。

自傲者往往是偏见者，狭隘的眼光只看得到自己的长处和别人的短处，用自己的长处跟别人的短处作比较，优越感自然就产生了。这种缺乏自知之明、莫名其妙的优越感就是葬送自己前程的罪魁祸首。

做人需不傲才以骄人，不以宠而作威。记住，“弓硬弦常断，人强祸必随”，任何时候我们都不要自视高人一等。

第八章

茶也醉人何必酒，书能香我不须花

虚怀若谷，谦恭自守

道家强调“气也者，虚而待物者也。唯道集虚。”从这句话中，我们可以做这样的理解，那就是一个人要抛弃心中的得失成见，让心灵“虚而待物”，做一个谦谦君子，更能显出其力量与魅力。而一个人要保持内心的纯净与空灵，用庄子的话说就是要“去知集虚”，在道家看来，只有这样才能摆脱尘世得失心的干扰，拥有快乐美好的人生。而这正是做人谦虚的表现。相反，如果不够虚心，骄傲自大，那就很有可能犯一叶障目、贻笑大方的错误了。古往今来，因此闹过笑话甚至犯错误的人，数不胜数，就是大才子苏东坡也有过这样的经历。

有一次苏东坡去拜见王安石，当时王安石正在睡觉，他被管家徐伦引到王安石的东书房用茶。徐伦走后，苏东坡见四壁书橱关闭有锁，书桌上只有笔砚，更无余物。他打开砚匣，看到是一方绿色端砚，甚有神采。砚池内余墨未干，方欲掩盖，忽见砚匣下露出纸角儿。取出一看，原来是两句未完的诗稿，认得是王安石写的《咏菊》诗。苏东坡拿起来念了一遍：“西风昨夜过园林，吹落黄花满地金。”

苏东坡哑然失笑，这诗第二句说的黄花即菊花。此花开于深秋，敢与秋霜鏖战，最能耐久。随你老来焦干枯烂，并不落瓣。说个“吹落黄花满地金”岂不错误了？苏东坡兴之所发，不能自已，举笔舐墨，依韵续诗两句：“秋花不比春花落，说与诗人仔细吟。”然后就告辞回去了。

不多时，王安石走进东书房，看到诗稿，问明情由，认出苏东坡的笔迹，口中不语，心下踌躇：“屈原的《离骚》上就有‘夕餐秋菊之落英’的诗句。他不承认自己才疏学浅，反倒来讥笑老夫！”又想：“且慢，他原来并不晓得黄州菊花落瓣，也怪他不得！”后来，苏东坡被贬为黄州府团练副使。他在黄州与蜀客陈季常为友。重九一日，天气晴朗，恰好陈季常来访，东坡大喜，便拉他同往后花园看菊。令他惊讶的是，只见满地铺金，枝上全无一朵。惊得苏东坡目瞪口呆，半晌无语。苏东坡叹道：“当初小弟妄续王丞相的《咏菊》诗，谁知他没错，我倒错了。今后我一定谦虚谨慎，不再轻易笑话别人。唉，真是不经一事，不长一智啊！”

我们也经常犯苏东坡这样的错误，我们往往为自己思想中某些固有的成见所左右，对事物作出错误的判断。所以，做人一定要低调，要谦虚，不要为自己的成见所蒙蔽，把一切作想当然的理解。

人类的智慧可以认识世间的万事万物，却偏偏难以认识自己。因为不认识自己，所以自命不凡；因为不认识自己，所以性情狂妄；因为不认识自己，所以才会逃避；也正因为不认识自己，才会在自己的强项上重重地受挫。而只有找准自己的位置，认清自己的角色，才可以不迷失自我。

可惜的是，做出一点点成绩便会飘飘然是许多人的通病。成绩使人们的心无限膨胀、无限上升，以致不能再认清自己的实力，丧失理智地去攀登永远无法逾越的高峰。最后，不但得不到成功，还会搞得疲惫不堪、伤痕累累。

谦卑是一种无言却厚重的力量，它比骄傲更有力。一个人如果想在纷繁复杂的世间走好，有时谦恭比骄傲更有用处。

谦恭自守是一种人生的大智慧，拥有这种智慧的人虽有大功却甘居下位，保持谦虚，是很难得的。“居功而不自傲”、虚怀若谷、谦恭自守是美德，是一个人取得更大成功的保障，而“自满者败，自矜者愚”，一旦你感觉到了自己的伟大,并希望别人对你顶礼膜拜时，那你就准备迎接失败吧。

自负绝对不能与自信画等号。自信的人对自我价值有积极的认识，他们坚强乐观，笑对生活中的挫折和坎坷；自负的人却过高地估计自我，狂妄自大，从不懂

适时地收敛，最终将会跌进失败的深渊。

曾国藩是中国历史上最有影响的人物之一，其为人处世堪称难得。他常对家人说，有福不可享尽，有势不可使尽。他平日最好“花未全开月未圆”七个字，将其视作惜福保泰之法，常存冰渊惴惴之心，处处谨言慎行。他的处世原则是：趋事赴公，则当强矫；争名逐利，则当谦退。开创家业，则当强矫；守成安乐，则当谦退。出与人物应接，则当强矫；入与妻奴享受，则当谦退。若一面建功立业，外享大名，一面求田问舍，内图厚实，二者皆盈满之象，全无谦退之意，则断不能长久。

“水满则溢”，一个容器若装满了水，稍一晃动，水便溢了出来。自负的人心里装满了自己过去的所谓“丰功伟绩”，再也容纳不了新知识、新经验和别人的忠言了。长此以往，事业或者止步不前，或者猝然受挫。

因此，一个人不管自己有多丰富的知识，取得了多大的成绩，或是有了何等显赫的地位，都要谦虚谨慎，不能自视过高；应心胸宽广，博采众长，不断地丰富自己的知识，增强自己的本领，进而获得更大的业绩。如能这样，则于己、于人、于社会都有益处。谦虚永远是成大事者所具备的一种品质，而只有浅薄者才会为自己的成功自鸣得意。

以德立身，以德服人

做人必须从“德”字开始，树立有德之人的品牌，这样才能成大事。

罗曼·罗兰说：“没有伟大的品格，就没有伟大的人，甚至也没有伟大的艺术家，伟大的行动者。”成功靠的是什么？勤奋、学识、智慧、机遇、天才，等等，每个人都可以列出自己成功的理由。在迈向成功的征途中，上述因素或多或少，会为你指出前进的方向。但正如罗曼·罗兰所说，伟大的品格不可或缺。一个人成就大事，置于首位的是他的品格和操守。

我们看一个在美国职场广泛流传的例子：

美国加州的一家数码影像开发有限公司需要招聘一名技术工程师，有一个叫丹佛尔的年轻人通过笔试，进入了最后一关面试，他在一间空旷的会议室里忐忑不安地等待着。过了一会儿，有一个相貌平平、衣着朴素的老者进来了。丹佛尔礼貌地站了起来。那位老者盯着丹佛尔，直直地看了将近5分钟。正在丹佛尔不知所措的时候，这位老人一把抓住丹佛尔的手，激动地说：“真没想到能在这里看见你，可让我找到你了！上次要不是你，我可能就再也见不到我女儿了！”

“对不起，我不明白您的意思。”丹佛尔一脸不解地回道。

“上次，在森林公园里游玩时，就是你，就是你把我失足落水的女儿从河里救上来的！”老人肯定地说。丹佛尔明白了事情的原委，原来他把丹佛尔错当成他女儿的救命恩人了。

“先生，您肯定认错人了！不是我救了您女儿！”

“是你，就是你，不会错的！”老人又一次肯定地回答。

丹佛尔面对这个感激不已的老人，只能努力解释：“先生，真的不是我！您说的那个公园我至今还没去过呢！”

听了这句话，老人松开了手，失望地望着丹佛尔：“难道我认错人了？”

丹佛尔安慰老人：“先生，别着急，慢慢找，一定可以找到救您女儿的恩人的！”

后来，丹佛尔接到了录用通知书。有一天，他又遇见了那个老人。丹佛尔关切地与他打招呼，并询问他：“您女儿的恩人找到了吗？”

“没有，我一直没有找到他！”老人默默地走开了。丹佛尔心里很沉重，对旁边的一位同事说起了那天面试的事。不料那个同事哈哈大笑：“他可怜吗？他是我们公司的总裁，他女儿落水的故事讲了好多遍了，事实上他根本没有女儿！”

“噢？”丹佛尔大惑不解，那位同事接着说：“我们总裁就是通过这件事来选人才的。他说过有德之才方是可塑之才！”

丹佛尔被录用后，兢兢业业，不久就脱颖而出，成为公司技术开发部经理，一年间为公司赢得了2000万美元的利润。当总裁退休的时候，丹佛尔继任了总裁职位。后来，他谈到自己的成功经验时说：“一个有德之人，绝对会赢得别人的信任！”

美国哈佛大学行为学家皮鲁克斯在《做人之本》一书中指出：“做人不是一个定下几条要求的问题，而是要从自己的根本开始，把自己变成一个以德为本的人，否则你就绝不会赢得别人的信任，更谈不上成功人生，反而会让人生早晚塌方的。”

其实品德对每一个人来讲都极为重要，尤其是身居高位、垂范下属的管理者。品德由种种原则和价值观组成，它给你的生命赋予了方向、意义和内涵。品德构成你的良知，使你明白事理。正直、诚实、勇敢、公正、慷慨等品德，在我们面临重要抉择之时便成了首要因素。

许多人认为，成功靠天资、能力、人缘。历史却教导我们：从长远来看，“真正的自我”比“人家眼中的我”更为重要。古今中外所有关于成功和自我奋斗的故事，都着眼于当事人的德行。人生须以德为本，才能有真正的成就和满足。

我们的祖先在几千年前就讲过“修身、齐家、治国、平天下”的古训，为什么把修身放在第一位呢？因为做任何事，修身是前提，没有修身的基础，一切都无异于空中楼阁。而修身则更倾向于道德问题。

修身不拘年龄，随时可以开始，要诀是自知自省，推己及人。就推己及人的观点而言，须先取得小我的胜利，然后才会有大我的胜利。如果你习惯从生活小事修养自己的品德，将来就更有能力塑造应付大事的毅力。

武器可以杀死人，却不能征服人心。真正能征服人心的，不是武器，而是品德。

有位青年脾气很暴躁，经常和别人打架，大家都不喜欢他。

有一天，这位青年无意中游荡到了大德寺，碰巧听到一位禅师在说法。他听完后发誓痛改前非，于是，对禅师说："师父，我以后再也不跟人家打架、斗口角了，免得人见人烦，就算是别人朝我脸上吐口水，我也只是忍耐地擦去，默默地承受！"

禅师听了青年的话，笑着说："哎，何必呢？就让口水自己干了吧，何必擦掉呢？"

青年听后，有些惊讶，于是问禅师："那怎么可能呢？为什么要这样忍受呢？"

禅师说："这没有什么能不能忍受的，你就把它当作蚊虫之类的停在脸上，不值得与它打架或者骂它。虽然被吐了口水，但并不是什么侮辱，就微笑着接受吧！"

青年又问："如果对方不是吐口水，而是用拳头打过来，那可怎么办呢？"

禅师回答："这不一样吗？不要太在意！这只不过一拳而已。"

青年听了，认为禅师实在是岂有此理，终于忍耐不住了，举起拳头，向禅师的头上打去，并问："和尚，现在怎么办呢？"

禅师非常关切地说："我的头硬得像石头，并没有什么感觉，但是你的手大概打疼了吧？"青年愣在那里，已是无话可说。

禅师告诉青年的是"德"，"德"不是空口的说教，而是实际的行动。正是如此，才有了震撼人心的力量。

才能不足恃，唯有道德的力量战无不胜。对任何领域而言，道德是获胜的首要因素，只有能力无法形成力量，将高尚的道德品质运用到实际行动中才能显出成效。

无论是职场打拼，还是为人处事，人们必须记住一点：无论任何人，如果你想得到别人的信任、尊重乃至服从，你就要修炼自己的人品，使之如润物无声的春雨、出淤泥不染的夏荷、凌寒独放的冬梅……

知足不辱，知止不殆

《增广贤文》中写道："知足常足，终身不辱；知止常止，终身不耻。"这里的止，就是停止的意思。知止，它告诉人们凡事要知道满足，要适可而止，这样，才能让自己的一生无辱、不耻。

知止而止，是一个人立身不败的根本。做人应常修从业之德，常怀律己之心，常思贪欲之害，常弃非分之想，这样才能避免灾祸、平安长久。金朝的石琚就是知止的一个榜样。

金熙宗时期，石琚任邢台县令时，官场腐败，贪污成风，独石琚洁身自好，他还常告诫别人不要见利忘义。

石琚曾经规劝邢台守吏说："一个人到了见利不见害的地步，他就要大祸临头了。你敛财无度，不计利害，你自以为计，在我看来却是愚蠢至极。回头是岸，我实不忍见到你东窗事发的那一天。"邢台守吏拒不认错，私下竟反咬一口，向朝廷上书诬陷石琚贪赃枉法。结果，邢台守吏终因贪污受到严惩，其他违法官吏也一一治罪。石琚因清廉无私，虽多受诬陷却平安无事。

石琚官职屡屡升迁，有人便私下向他请教升官的秘诀。石琚说："我不想升迁，凡事凭良心无私，这个人人都能做到，只是他们不屑做罢了。人们过分相信智慧之说，却轻视不用智慧的功效，这就是所谓的偏见吧。"

金世宗时，世宗任命石琚为参知政事，不料石琚百般推辞。金世宗十分惊异，私下对他说："如此高位，人人朝思暮想，你却不思谢恩，这是何故？"

石琚以才德不堪作答，金世宗仍不改初衷。石琚的亲朋好友力劝石琚道："这是天下的喜事，只有傻子才会避之再三。你一生聪明过人，怎会这样愚钝呢？万一惹恼了皇上，我们家族都要受到牵连，天下人更会笑你不识好歹。"

石琚长叹说："俗话说，身不由己，看来我是不能坚持己见了。"

石琚无奈接受了朝廷的任命，私下却对妻子忧虑地说："树大招风，位高多难，我是担心无妄之灾啊！"他的妻子不以为然，说道："你不贪不占，正义无私，皇上又宠信于你，你还怕什么呢？"

石琚苦笑道："身处高位，便是众矢之的，无端被害者比比皆是，岂是有罪与无罪那么简单？再说皇上的宠信也是多变的，看不透这一点，就是不智啊。"

石琚在任太子少师之时，曾奏请皇上让太子熟习政事，嫉恨他的人便就此事攻击他别有用心，想借此赢取太子的恩宠。金世宗听后十分生气，后细心观察，才认定石琚不是这样的人。后来，金世宗把别人诬陷的话对石琚说了，石琚所受的震撼十分强烈，他趁此坚辞太子少师之职，再不敢轻易进言。

大定十八年，石琚升任右丞相，前来贺喜的人络绎不绝。石琚表面上虚与委蛇，私下却决心辞官归隐。他开导不解的家人故旧说："我一生勤勉，所幸得此高位，这都是皇上的恩典，心愿已足。人生在世，祸在当止不止，贪心恋权。"

他一次又一次地上书辞官，金世宗见挽留不住，只好答应了他的请求。世人对此事议论纷纷，金世宗却感叹说："石琚大智若愚，这样的大才天下再无第二个人了，凡夫俗子怎知他的心意呢？"

石琚确实是一位有大智慧的人，因为他清楚繁华只如过眼云烟，终究有散去的时候，"因嫌纱帽小，致使锁枷扛"的例子已经比比皆是了，警钟敲得已经足够响了！

隋朝时的大儒王道，专门写过一本名叫《止学》的书，其中有一句非常有名的话："大智知止，小智惟谋。"意思是说拥有大智慧的人知道适可而止，而只有小聪明的人却只知道不停地谋划。因此，为人大智慧，须懂得"过犹不及""知止不败"的道理，当行则行，不被风光迷惑双眼，当止则止。

常善人者，人必善之

在看到需要帮助的人就本能地伸出援手的人，当自己遭遇困难时，通常也会适时地得到援助。我们相信好人有好报，想好事，做好事，就会有好结果。正如日本实业家稻盛和夫先生指出的那样，善行必会衍生出另一个善行，善行终会招来善报。

“常善人者，人必善之”，要有愿意为别人服务的精神，俞敏洪就是因为为别人服务的精神而得到了“好结果”。

俞敏洪在北大读书的时候，每天为宿舍打扫卫生，这一打扫就打扫了4年。另外，他每天都拎着宿舍的水壶去给同学打水，把它当作一种体育锻炼。

又过了十年，到了1995年年底的时候，新东方做到了一定规模，他想找合作者，就跑到了美国和加拿大去寻找他的那些同学。他说他自己当时为了诱惑他们回来还带了一大把美元，每天在美国非常大方地花钱，想让他们知道在中国也能赚钱。

俞敏洪当时想的是大概这样就能让他们回来。后来他们回来了，但是给了俞敏洪一个十分意外的理由。他们说回来是冲着俞敏洪过去为他们打了4年水。他们说，俞敏洪有这样的一种奉献精神，所以他们一起回中国，共同为新东方努力。正是由于俞敏洪的这种奉献精神才有了新东方的今天。

想好事，做好事，就会有好结果。“一个人做好事不难，难的是一辈子做好事”，这是雷锋的朴实语言，它激励并影响着一代代国人。学习雷锋好榜样，是个永恒的主题。好人好报，是中国传统文化的体现，也是人们的衷心期望。

第九章 信者行之基，行者人之本

前事不忘，后事之师

自己经过的事，不要轻易将其抛诸脑后，忘记过去意味着背叛，无视以前的经验教训，必将在人生的道路上吃亏。“前事不忘，后事之师”。因为前面的成功与失败，个人也好，国家也好，是如何成功的，又是如何失败的，能够告诉我们很多道理。

相传，在一片深山密林中，一座“仙人居”位于山巅。一日，一位年轻人风尘仆仆，从很远的地方来求见“仙人居”的圣人，想拜他为师，修得正果。年轻人进了深山，走啊走，走了很久，犯难了，路的前方有三条岔路通向不同的地方，年轻人不知道哪一条路能够通向山顶。

忽然，年轻人看见路旁一个老人在小憩，于是走上前去，轻声唤醒老人，询问通向山顶的路。老人睡眼惺忪地嘟哝了一句“左边”，便又睡过去了。年轻人便从左边那条小路往山顶走去。走了很久，路突然消失在一片树林中，年轻人只好原路返回。回到三岔路口，老人家还在睡觉，年轻人又上前问路，老人家舒舒服服地伸了个懒腰，说了一句：“左边。”便又不理他了。年轻人正要分辩，转念一想，也许老人家是从下山角度来讲的“左边”。于是，他又拣了右边那条路往山上走去。走啊走，走了很久，眼前的路又消失了，只剩一片树林。年轻人只好原路返回。

回到三岔路口，见老人家又睡过去了，他更是气不打一处来。他上前推了推老人家，把他叫醒，问道：“你一大把年纪了，何苦来骗我，左边的路我走了，右边的路我也走了，都不能通向山顶，到底哪条路可以去山顶？”老人家笑眯眯地回答：“左边的路不通，右边的路不通，你说哪条路通呢？这么简单的问题还用问吗？”年轻人这才明白过来，应该走中间那条路。但他总想不明白老人家为什么总说“左边”。带着一肚子的疑惑，年轻人来到了“仙人居”。他虔诚地跪下磕头，圣人笑眯眯地看着他，原来圣人就是三岔路口的那位老人家。

这个故事简单却内涵丰富，以前经历的事情要作为现在行事的指南，以过去为镜子，照出成败得失，不能混混沌沌、糊糊涂涂地做事。

杜牧的《阿房宫赋》中“秦人不暇自哀，而后人哀之；后人哀之而不鉴之，亦使后人复哀后人也”，这一句便道出了“前事不忘，后事之师”的道理。古人云：“以铜为鉴，可以正衣冠；以人为鉴，可以明得失；以史为鉴，可以知兴替。”以史为鉴，可以找到行事的准绳，看到过去的得失，规划未来的方向。

人无远虑，必有近忧

未来是不可预测的，而人也不是天天走好运的。就是因为这样，我们才要有危机意识，在心理上及实际作为上有所准备，好应付突如其来的变化。

无论目前自己的发展状况有多么稳定，都不能排除来自敌人的威胁。在敌人积聚实力的同时，我们自己不突破、不进步，势必会落在后面。我们所能做的是以发展来超越敌人的发展，以进步来超越敌人的进步，一刻也不能停息。

有一只野猪对着树干磨它的獠牙，一只狐狸见了，问它为什么不躺下休息享乐，而且现在也没看到猎人和猎狗！野猪回答说："等到猎人和猎狗出现时再来磨牙就来不及啦！"

就像野猪所说的，时刻也不能放松，如果没有远见，看不到潜在的危险，那么，在你防备最松懈的时候，危险突然而至，你除了惊惶失措、束手就擒之外，还能有什么作为？

人如果时刻都有危机意识，不敢懈怠，那么便能生存；如果没有远虑，

今朝有酒今朝醉，自我满足、自我陶醉，那么就有可能自取灭亡！

那么，个人应如何把“危机意识”落实到日常生活中呢？这可分成两方面来谈。

首先，应落实在心理上，也就是心理要随时有接受、迎接突发状况的准备，要有远虑，这是心理预防。心理有准备，到时便不会手足无措。

其次，在生活中、工作上和人际关系方面要有足够的认识和准备：人有旦夕祸福，如果有意外的灾难，我的日子怎么继续？要如何解决困难？万一失业了，有何退路？有人取代了我现在的位置，我又该怎么办？

其实你要想的“万一”并不只这几样，所有的事你都要有“万一……怎么办”的“远虑”，并未雨绸缪，早做准备。尤其关乎前程与生存的事情，更应该有危机意识，随时把“万一”摆在心里。

心中常有远虑，就能发愤图强，与命运抗争，保持上进心。如果沉湎于安乐，则会消磨意志，麻木不仁，不思进取，停滞不前，直至陷入“近忧”，一筹莫展。

“吾日三省吾身”是一种难得的清醒；“一日无为，三日不安”是一种昂扬的精神。故步自封，因循守旧，得过且过，那将一事无成；同样，如果小富即安，小胜大醉，小利狂喜，那就必败无疑。我们要长久地立于不败之地，就必须时刻保持着危机意识。

有一句话，叫作“没有危机感就是最大的危机”。成功的花朵再美，也只属于过去的时光，前面有着更重的担子在等着我们，有着更曲折的征程在等着我们。我们务必清醒地对待这一点，一切从零开始，带着危机感站在新的起点上，继续奋勇前进。有了危机意识，我们才不会盲目乐观，陷入真正的“危机”。

信誉重于泰山

“狼来了”的故事相信大家都知道：放羊的孩子由于经常说谎，骗大家说狼来了，大家蜂拥而至去打狼，结果狼没有来，几次三番，让别人对他失去了信任，最后即使狼真的来了，也没人再相信他，结果被狼吃掉了。

人与人之间的交往，信誉是很重要的。如果一个人有信誉，那么别人就愿意跟他交往，在生意上也愿意与之合作，双方都能得到好处；如果一个人不讲诚信，那么别人也不愿意和他打交道，长此以往，可能一事无成。

一个南方人在北方做生意，他做人有原则，非常讲信誉。

他的事业现在做得很大，建造了好几个厂区，他弟弟也在他的帮助下，成就了一番事业。他在家乡也小有名气，因为他很讲信誉，从不拖欠工人的钱。当地的人也很愿意到他的工厂里做工，由于工资给的高，也及时，他性格也和气，工人都很爱戴他。

然而，天有不测风云。一年的腊月二十六，这位南方老板为了从北方赶回去给家乡的工人发工资，不顾恶劣的天气上路，在高速路上出了严重的车祸，一家老小六口人全部遇难。据他的弟弟回忆说，那天天气不好，就劝他说，晚几天再走吧，他却说：“我们再怎么也不能拖欠工人的工资，一年到头，就靠着打工赚这么点儿钱，也不富裕，过年了，肯定也指望这点儿钱置办年货，过个好年呢。我要是没回去，工资没发，那不是人家年过的也不高兴？”

弟弟听了这话，也没再阻拦，就嘱咐路上小心，结果竟发生如此悲剧。弟弟很是悲痛，在车祸现场几欲昏厥，但是他还是坚持着，把哥哥的遗愿做完，他回了南方的家，给那里的工人一一发完工资，才定下心来办丧事。

那天举行葬礼的仪式现场，前来吊唁的人络绎不绝，灵前跪倒了一片，哭声震天。那是工厂的工人在哀悼自己的老板。

这位南方的老板，人虽然走了，但他的信誉仍然会被大家认可，相信他的事业在弟弟的接手下还会做大，因为只要信誉还在，力量就还在。

在国学经典《论语》中关于信誉有这样讲述：

子贡问孔子治国之道，孔子说：“治国要义有三，足食，足兵，民信。”

子贡问：“如果不得已，要在这三者中去掉一个，那么先去哪一个呢？”

孔子答曰：“去兵。”

问：“再去掉一个呢？”

回答说“去食”，最后留下民信。

孔子说了句为政真谛：“民无信不立。”

中国几千年的信誉文化成为人类生存的法则，祖祖辈辈的遗训，代代传承，推进了人类社会向文明发展。一个国家不讲信誉就不会有所发展，反而会造成社会动荡；一个人要是不讲信誉就不会有所作为，反而会变得孤立无援。

冯玉祥将军也说：“对人以诚信，人不欺我；对事以诚信，事无不成。诚信乃为人之本”。高尔基如是说：“走正直诚实的生活道路，定会有一个问心无愧的归宿。”而富兰克林则认为：“失足，你可能马上又站起来；失信，你将永难挽回。”从上面这些至理名言中可见，信誉是何等的重要，我们在感叹当今社会信任出现危机，人人谨慎自保的同时，是否也应当反省一下自己，是否做到“一言既出，驷马难追”。

一个人可以失去财富、失去职业、失去机会，这些都可以再重来，但万万不可失去信誉，失去了，想要找回来是很难的一件事。做人只有诚实守信，才能赢得别人的信任和尊敬，事业才能成功，言而无信只能自毁前程。无论在什么时候，遇到怎样的问题，也不能失了信誉。

要时刻牢记“信誉重于泰山”。

诚信无须假于笔墨，美丽无须假于粉黛

诚信，就是诚实信用，忠诚正直。即忠于事物的本来面貌，不隐瞒自己的真实想法，不掩饰自己的真实感情，不说谎，不作假，不为不可告人的目的而欺瞒别人。诚信是现实生活中维系人与人之间亲密关系的纽带。

诚信是做人之本，是一种至高无上的美德，是中华民族的传统美德。不诚信的人是很难被别人接受的。在人生的漫漫长路中，诚信就像是一盏明灯，指引着我们走向成功之路。现实生活中只有每个人都拥有诚信的品质，践行诚信的美德，才能相互信任，相互交流，搭建起友谊的桥梁。

我国著名的教育家、思想家孔子就曾经说过："人而无信，不知其可也"。意思是说做人却不讲信用，我不知道那怎么可以。说的就是做人要诚信的基本道德。

在秦朝末年有一个叫季布的人，他一向说话算数，在当时社会上的信誉非常高，许多人都非常崇拜他，也非常相信他，而且同他建立起了深厚的友情。在当时民间甚至流传着这样的谚语："得黄金百两，不如得季布一诺。"

后来秦朝灭亡后，他因故得罪了汉高祖刘邦，于是刘邦悬赏黄金百两全国捉拿他。他的朋友只要把他抓住献给刘邦，就可以得到百两黄金作为奖励，但是他那些昔日的朋友不仅不被重金所惑，而且纷纷冒着被灭九族的危险来保护他，最终刘邦也没有抓到季布。

由此可见，一个人诚实守信的人，自然能获得朋友的尊重和友谊，这就是俗话说的"得道多助"。反过来，如果一个人或者一国之君因贪图一时的安逸或者小便宜，而失信于自己的人民或者是朋友，表面上看好像是暂时得到了"实惠"，但是从长远来看，为了这点实惠，他毁了自己的声誉，这比他所得到的那点"实惠"要重要得多。所以，失信于朋友，无异于丢了西瓜捡芝麻，从长远看是得不偿失的。

有人因为诚信而在关键时刻挽救了自己的性命。有人因为失信于人而吃亏甚至丢掉自己的生命。

如果一个人不守信，迟早会失去别人对他的信任。那么，一旦他处于困境，很可能就没有人再愿意出手相救了。失信于人者，一旦遭难，也就只有坐以待毙了。

诚信对于一个国家也非常重要。在美国，每年都会有许多游人去纽约河边公园的"南北战争阵亡战士纪念碑"前面祭奠亡灵。美国第十八届总统、南北战争时期担任北方军统帅的格兰特将军的陵墓就在这个公园的北部。格兰特将军陵墓后方是一大片草坪，一直绵延到公园边的悬崖边上。格兰特将军的陵墓后边，更靠近悬崖边的地方，还有一座没有记载、没有名字的小孩子的坟墓。那是一座非常小也非常普通的墓，只有一块小小的墓碑，上面的文字已经模糊得几乎无法辨认，这个小小的坟墓记载着一个感人至深的关于诚信的故事：

这个故事发生在两百多年以前。那一年，这个小男孩才五岁时，不小心从这里的悬崖坠落身亡。他的父母非常伤心，将他埋葬在这个地方，并修建了这样一个小小的坟墓来纪念他。很多年以后，小男孩的父亲要将这片土地转让。出于对儿子的爱，他对买主提出一个很奇特的要求，那就是要求买主把孩子的陵墓作为土地的一部分，一直保存着。买主被伟大的父爱感动，答应了这个奇特的条件，并把这个条件写进了契约。就这样，孩子的小小坟墓就一直被保留了下来。

沧海桑田，时光荏苒，一百年过去了。这片土地不知道中间换了多少次主人，但是小男孩的小小坟墓却一直都是在那里。小男孩父亲那个奇特的条件随着一个又一个的买卖契约被传承下来，因而小男孩的坟墓也完整无损地保存下来。时间到了 1897 年，政府成了这块土地的主人，这里被政府选中作为格兰特将军的陵园。美国政府也遵从了契约中那个奇特的条件，将无名孩子的坟墓完整无损地保留下来，成了格兰特将军陵墓的邻居。

时间又过了一百年，在 1997 年，为了缅怀格兰特将军在南北战争中立下的丰功伟绩，当时的纽约市长朱利安尼来到这个陵园。朱利安尼市长亲自撰写了这个动人的故事，并把它刻在小男孩坟墓旁边的木牌上，让这个关于诚信的故事世世代代流传下去……

纵观古今，因诚信而成功的人比比皆是，而败落在诚信脚下的人也是数不胜数。在当今物质生活非常发达的社会中，面对那么多的诱惑，如果你用自己的信心，用发自心底的责任和尊严去信守，那么，最终我们会发现这样的坚持对于我们的成功是值得的而且是必要的。

饮水思源，缘木思本

我们生而为人，不能忘本，更不能忘却自己何以生、何以乐、何以福。饮水思源，缘木思本是我们做人的根本和正道所在。

梁元帝曾派遣庾信出使北朝的西魏。在他 42 岁那年，西魏灭梁朝，而庾信也被扣留在长安（西魏都城），长达 28 年。虽然他在北朝官至大将军，但是庾信却很想回去，常常思念故国和家乡，南朝也曾几次向北朝讨要庾信，却都被拒绝。于是他在《征调曲》中写道：“落其实者思其树，饮其流者怀其源。”意指吃果子时不能忘了结果的果树，而喝水时要想想水的源头。如今，人们也常常用“饮水思源，缘木思本”来形容吃水不忘挖井人，怀念今日取得成功的根基，以表示不能忘本。

广州丰田公司的员工人人持有一张名片大小的彩色卡片，上面印着《广州丰田宪章》，上有“以人为本”的字眼。在“企业方针”里，也有“以人为本”的内容。不过，最让人感兴趣的是“企业精神”里那句具有中国传统的“感恩戴德，饮水思源”这句话，据说，这是广州丰田执行副总经理袁仲荣的一大主张。

袁仲荣表示，这八个字的含义非常深远。“作为一个刚入社会的人来说，他应该对他的父母、老师心怀感恩，进入社会以后，对同事、朋友，对培养

自己的企业，也需要感恩戴德。每个人要时刻心怀感恩之心，在营造团队的时候大家就会更容易互相理解，可以换位思考，这样的话，就会创造一个和谐的环境气氛，对开展工作也是非常重要的。

“你知道招聘大学生的时候，我会问他们什么问题吗？我问，你是农村来的吗？他说，农村来的。我再问，你能讲讲你的父母吗？我认为，如果一个农村孩子连自己父母都羞于启齿的话，那么这个人的道德观就有问题，这样的人我根本不会让他进公司。

“我还会问他们，第一个月工资你打算怎么分配？如果是农村孩子有贷款助学金，我会问你打算怎么还？在这些方面，如果一个人可以显现出感恩戴德的情操，那么我相信他是一个可塑造的人才。

“当然，公司对员工也应怀有感恩之心，因为企业的发展是由每个员工来完成的，企业希望为员工都能提供美好的未来。为此，我们已做了许多提高员工技能和福利的事。我们公司非常尊重人性，例如，工作服不一定是夏天最好的服装，所以我们就统一置办了透气吸汗的 T 恤衫。”

正是因为懂得“饮水思源，缘木思本”，广州丰田才能在日益激烈的竞争中越走越稳。而在生活中，感恩之心更是我们每一个人不可或缺的阳光雨露。无论你是何等尊贵，或者多么卑微；无论你生活在何地何处，或是你有着怎样的生活经历，只要常怀感恩的心，就必然会不断地涌动着诸如温暖、自信、坚定、善良等这些美好的处世品格，而这一切美好的品格必将让我们拥有一个丰富而充实的生命。

居上以仁，居下以智

春秋战国时期，很多小国为了自保和壮大，在如何治国和如何与邻国交往方面颇下功夫。齐宣王就曾经为了邻国交往之道问过孟子：“交邻国有道乎？”即与邻国交往有什么好的策略吗？孟子回答说，当然有。“惟仁者为能以大事小，是故汤事葛，文王事昆夷。惟智者为能以小事大，故大王事獯鬻，勾践事吴。以大事小者，乐天者也；以小事大者，畏天者也。乐天者，保天下；畏天者，保其国。”这里孟子提出了两个原则：一种是“以大事小”，这是仁者的风范，是顺应“天地万物”的乐天心理，不愿意去欺负弱小，这样可以使天下太平。另一种是“以小事大”，这是明智之举，顺从比自己强大的国家，则可以保护国家臣民的安全。这里的“天”在“天人合一”的哲学上，还包括了人事在内。人与人之间的和谐相处也要注意这一原则。就是说，在人之上要以人为人，在人之下要以己为人。

居上位时，一定要谦虚，切不可仗势欺人，人生总是盛极而衰的，一个人不可能永远风光无限，繁华过后总会归于平淡。对于真正悟透人生的仁者来说，谦卑才是应有的心态，而以恭敬心去尊重和对待每一个人，则是他们的特征。

在林肯的故居里，挂着他的两张画像，一张有胡子，一张没有胡子。在画像旁边贴着一张纸，上面歪歪扭扭地写着：

亲爱的先生：

我是一个11岁的小女孩，非常希望您能当选美国总统，因此请您不要见怪我给您这样一位伟人写这封信。

如果您有一个和我一样的女儿，就请您代我向她问好。要是您不能给我回信，就请她给我写吧。我有四个哥哥，他们中有两人已决定投您的票。如果您能把胡子留起来，我就能让另外两个哥哥也选您。您的脸太瘦了，如果留起胡子就会更好看。

所有女人都喜欢胡子，那时她们也会让她们的丈夫投您的票。这样，您一定会当选总统。

格雷西

1860年10月15日

在收到小格雷西的信后，林肯立即回了一封信。

我亲爱的小妹妹：

收到你15日的来信，非常高兴。我很难过，因为我没有女儿。我有三个儿子，一个17岁，一个9岁，一个7岁。我的家庭就是由他们和他们的妈妈组成的。关于胡子，我从来没有留过，如果我从现在起留胡子，你认为人们会不会觉得有点可笑？

忠实地祝愿你

亚·林肯

第二年2月，当选的林肯在前往白宫就职途中，特地在小女孩的家乡小城韦斯特菲尔德车站停了下来。他对欢迎的人群说："这里有我的一个小朋友，我的胡子就是为她留的。如果她在这儿，我要和她谈谈。她叫格雷西。"这时，小格雷西跑到林肯面前，林肯把她抱了起来，亲吻她的面颊。小格雷西高兴地抚摸他又浓又密的胡子。林肯对她笑着说："你看，我让它为你长出来了。"

原来林肯的胡子是为一个小小的女孩子而留。而这个女孩子他一开始并不认识。有人说，林肯是为了拉两张选票所以才留起胡子的。其实对于一场大选，两张选票能起的作用很微小。接到类似的信，多数人可能会一笑了之，觉得一个11岁的孩子不值得重视。可是林肯不但重视了一个小女孩的来信，还认真写了回信并真的蓄起了胡子。在人之上要以人为人，林肯做到了这点，这也许就是他让人们拥护和爱戴的原因。

生活中有不少人难忍一时之气，而与人起了正面冲突，"伤敌一千，自损八百"，最后两败俱伤。但是，仔细想来，这又何苦呢？牺牲是一时的，保全却是一世的。牺牲是爆发，保全是维持。牺牲是激情，保全是平淡。浓肥辛甘非真味，真味只是淡，淡淡地融化在生活中。保全也是一种牺牲，牺牲狂热，牺牲内心深处的原始冲动，只是用最小的牺牲来求得更多的平和与幸福。

所以，人生就是如此玄妙，细节之处方显为人处世的大智慧，需要好好琢磨，认真对待。

少指责，多认错

人都是有自尊的，很少有人不会主动去维护自己的意见和看法。因此，几乎没有谁在听见“你错了”三个字时内心仍能非常平静。很多人会为来自他人的指责闷闷不乐，冲动的人更可能当即暴跳如雷、反唇相讥。我们常常肆无忌惮地用它指责别人的错误，却没有意识到这样做是会给别人的心中留下疤痕的。

在人际交往中，破坏力最强的莫过于这三个字：你错了。它通常不会造成任何好的效果，只会带来一场不快、一场争吵，甚至会使朋友变成对手，使情人变成怨偶。

没有多少人能够正视别人的批评，大人物不能，小人物更不能。

人性表现出来的是，做错事的人只会责怪别人，而不会责怪自己——我们都是如此。这不是度量的问题，而是人性的问题，只有极少数人能够克服人性的弱点而度量大到能接受批评的程度。

因此，当我们想说“你错了”的时候，我们要明白，哪怕我们费尽口舌，他的想法仍然是：“我看不出我怎样做，才能跟我以前所做的有所不同。”无论他是否辩解，他都很难真正接受我们的批评。既然如此，我们还不如承认是“我错了”，也许对疏通关系和解决问题更有好处。

有一位著名的作家用主动认错的方式赢得了读者的尊重。

在长达二十年社会纪实体裁小说写作之后，作家尝试着变换风格，推出了一部侦破类新作，这让许多读者无法接受。一名愤怒的读者甚至写信给他，言辞非常激烈，指责他根本不该转型。其中很多语句有失偏颇，看得出这位读者对小说艺术的理解并不深入。但这位作家并没有恼羞成怒，而是非常认真地写了一封回信，在信中，他只字不提这位读者的不礼貌和认识上的浅薄，只是很诚恳地承认自己并不适合悬疑推理题材的写作，他很感谢读者的意见，希望以后能够经常互相交流看法。

我们可以想象，那名激动的读者看到回信后，一定会心生惭愧，为自己的粗鲁无礼，为作家的谦逊大度。在一个胸襟宽广、能够认识自己的错误、敢于向别人承认错误的人面前，任何问题都将迎刃而解，任何矛盾都将烟消云散。

事实正是如此，当我们说对方错了时，他的反应常让我们头疼，而当我们承认自己也许错了时，就绝不会有这样的麻烦。这样做，不但会避免所有的争执，而且可以使对方跟你一样的宽宏大度，承认他也可能弄错。

假如事情到了不得不说“你错了”的地步，你也应遵循一个原则，即对事情有好处又不伤害对方的自尊。

你应该尽量让对方明白你的好意。你指出对方的错误，到底是为了贬低他、抬高自己，还是为他好？他也许并不明白。所以，你要设法让他感到你的好意。此外，讲话时态度一定要谦和诚恳，用语不能激烈，否则对方就会以为你在教训他；也不必过于委婉，否则他会认为你惺惺作态。

此外，指出别人的错误时，要选择适当的场合和时机。原则上讲，要在对方情绪比较稳定时指出他的不足之处。人在情绪不正常时，可能什么也听不进去。最好避开第三者，以一对一的方式进行，以免让他产生当众出丑的感觉。在大庭广众下指出别人的错误，除了会为自己多树立一个敌人外，别无益处。

此外，我们也不妨试着了解犯错的当事人，试着理解他为什么会犯错。这比批评更有益处，也更有意义得多；而这也孕育了同情、容忍以及仁慈。

你应该尽量少说“你错了”，即使对方存在问题，也一定可以找到别的办法让他认识到这一点，想让别人同意你而放弃自己的观点，温和巧妙的言辞远比直来直去聪明得多，也有效得多。此外，教会自己承认“我错了”，这不仅仅是为了改变别人心中那个强词夺理的顽固分子印象，也是为了对自己负责。只有当你意识到自己错在哪里，你才有可能将其改正。

守信者先守时

诚实守信是中华民族良好传统，无论古代还是现代，守信一直是评价一个人好坏的重要因素。一个诚实守信的人总是会得到别人的称赞，获得别人的认可。而一个不诚实守信的人往往会被别人唾弃，诚信守信是立人之本，一个人如果连诚实守信都做不到，那么这个人就连起码的做人条件都不具备。这样的人会被别人孤立的。诚实守信对于每个人来说都是非常重要的，做到诚实守信先要做到守时。

时间对每个人都是十分珍贵的，它不会因为你的需要而增加，它只会遵循它的消失规律一分一秒地失去。时间的流逝就代表着生命的流逝。有的人能够很好地利用时间，而有的人却总是在浪费。浪费时间是非常不明智的，而浪费别人的时间就更是不好的。鲁迅先生曾经说过：“浪费别人的时间就无异于谋财害命。”可见守时对于人们来说是多么重要。

守时对于每个人来说都很重要，不论是对待熟悉的人还是陌生的人。守时是对别人最起码的尊重，也是你诚意的表现。虽然守时非常重要，但是在生活中，往往会有很多人做不到守时。而不能守时往往会让等待的人感觉很恼火，也往往会因此耽误很多的事情。

有一个赴德的考察团要去参观奔驰公司。他们在出国前就已经联系好了所有的事务。他们的原计划是下午两点出发，而德方的接待人员在一点半来接考察团成员。

到了参观的那天，德方的接待人员在约定时间前就已经到达了酒店，而当大家在约定的时间里碰头的时候，发现仍然还有三个人没有下楼。打电话去催，两个人表示马上下来，而有一个人却说要去一下厕所，而这个人是考察团的最高领导。

在焦急地等待了5分钟之后，德方的接待人员表示不能再等了，如果考察团仍然要参观的话就得马上走了。但是考察团成员表示，等到团长一来就立刻走，而且不会花费太久的时间。但是德方代表坚决不同意，他们非常抱歉地表示：“对不起，这次的参观只能取消了。”然后转身就走了。

在他们的眼中，去厕所是属于个人问题，既然是个人问题就应该在属于自己的时间内解决，而不是在约定好的时间里让大家等待，浪费别人的时间，这是不守信不守时的表现，是不能被容忍的。

守时是一种美德，也是对别人的礼貌和尊重。守时，应该成为一种习惯和责任。只有做到守时的人才能赢得别人的尊重，也才会有成功的机会。守时，不仅可以节约自己的时间，也能够为自己赢得一个又一个的朋友，赢得一个又一个的机会，它的重要性是无可比拟的。因此人一定要守时守信，一个连守时守信都做不到的人，还能要求别人信任他吗？一个连守时守信都做不到的人，还可以指望他多少呢？

每个人的时间都是无比珍贵的，所以一定要珍惜自己的时间，更要在乎别人的时间，所以一定要在约定的时间做好约定的事情，只有这样才会得到别人的认可，获得别人的信赖。

守时是一种美德，更是对别人的尊重和自己真诚的表现。因此，学会做到守时吧，因为只有守时的人才能得到别人的信任。

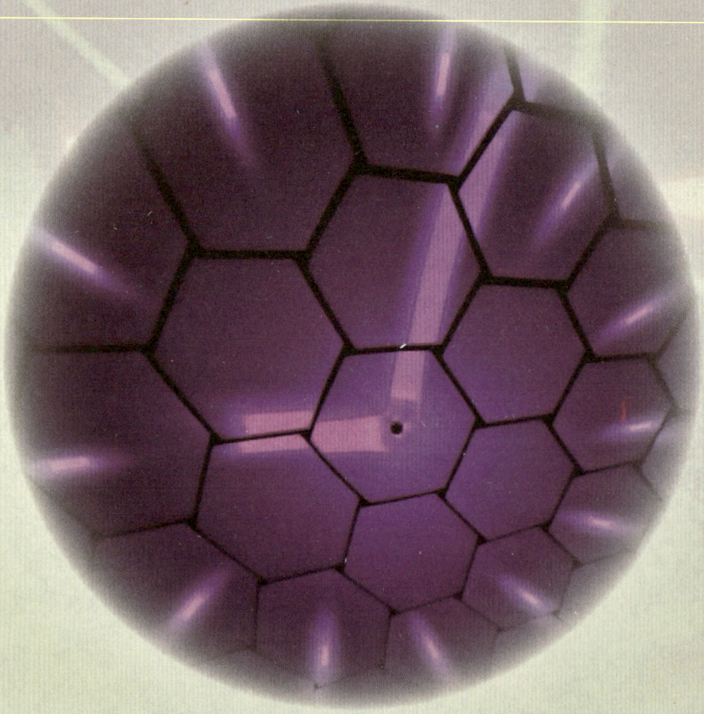

第十章

说话做事，掌握分寸

玩笑之时有分寸

玩笑是把双刃剑，用得好可以调节我们的生活，一旦失去分寸，就会适得其反，弄巧成拙。

俗话说，凡事有度，适度则益，过度则损。人际交往中，开个得体的玩笑，可以松弛神经，活跃气氛，创造出一个适于交际的轻松愉快的氛围，因而诙谐的人常能受到人们的欢迎与喜爱。但是，开玩笑开得不好，则适得其反，伤害感情，因此开玩笑要掌握好分寸。

喜欢开玩笑的人一般都心怀善意，他们想做的有时只不过是要给人增加一份快乐而已。但无论如何，玩笑也有伤人的可能，其界限是很难分的。开玩笑，必须随时记住这一点，即适可而止，否则一步走错弄巧成拙，便得不偿失。

一天，几个同事在办公室聊天，张宁刚配了一副眼镜，于是拿出来让大家看看她戴眼镜好看不好看。大家不愿扫她的兴都说很不错。这件事使胡威想起一个关于近视眼的老小姐的笑话。接着是一片哄笑声，孰料事后竟从未见到张宁戴过眼镜，而且碰到胡威再也不和他打一声招呼。

其中的原因不难明白。说者无心，听者有意，在胡威来想不过是说起一则近视眼的笑话，然而，张宁则可能这样想："你取笑我戴眼镜不要紧，还影射我是个老小姐。我老吗？我才26岁！"

一句玩笑伤害了他人的心灵，让原本顺畅的人际关系出了问题，这岂不是得不偿失？有太多这样的例子告诉我们，不要为了一时口快乱开玩笑，有失分寸的玩笑一定会引来麻烦，我们应该引以为戒。

人生如若没有了玩笑的调剂，那一定活得太累太累。不过，开玩笑也是人生的一种智慧、一种艺术、一种境界、一种性情，并不是人人都能够游刃有余地使用这个好方法的。不懂开玩笑的人有些沉闷，而玩笑开过了火还不如沉闷些好。

玩笑不宜随意挥霍，否则它就会从珠玉变为粪土；玩笑不是一个筐，不能什么都往里装。

人的脾气、性格、爱好不同，开玩笑要因人而异。开玩笑要注意长幼关系。长者对幼者开玩笑，要保持长者的庄重身份，使幼者不失对长者的尊敬；幼者对长者开玩笑，要以尊敬长者为前提。开玩笑要注意男女有别。男性对语言情境的承受能力较强，一般的玩笑不会导致男性的难堪；女性对语言情境的承受能力较弱，不得体的玩笑会使女性难堪，甚至“下不来台”。开玩笑还要注意亲疏的差异。一般情况下，与自己比较亲近、熟悉的人在一起开玩笑，即使重一点，也不会影响友好关系。但与自己比较陌生的人在一起，就不宜开玩笑，因为你对人家的个性、经历、情趣、隐私不了解，可能在开玩笑中冒犯了人家，引起反感，不利于今后的互相了解和友谊的发展。

开玩笑要因地而异。一般来讲，在庄严、肃穆的场合不能开玩笑，工作时间不能开玩笑，在公共场合和大庭广众之下，也尽量不要开玩笑。在非常时期，不能拿非常之事开玩笑，在公共传媒上开玩笑更是要慎之又慎。

开玩笑要讲究内容健康。拿别人的生理缺陷开玩笑，这是故意揭“伤疤”；捕风捉影，把小道消息当作笑料，这是不负责任的低级趣味；把玩笑低俗化，将肉麻当有趣，这是寻求感官刺激。凡此种种，都应坚决避免。

总之，只有当你把握好开玩笑的分寸时，你才能够放心大胆地开玩笑，成为一个真正幽默的人。

谣言止于智者

在春秋战国时期，南子是卫国国君的宠妃，是个倾国倾城的美人，但是在外面的名声不太好。有一次，孔子去会见南子，子路很不高兴。他劈头盖脸地质问他的老师，一点也不给孔子面子。急得孔子赌咒发誓说："我要是做了什么伤天害理的事，那真是要天打五雷轰！"其实，子路听说孔子去见了南子，很着急也很生气的主要原因是担心老师的声誉被毁。但是，孔子并不这样认为，他说："子路啊，你不要人云亦云。难道你不知道人言可畏吗？别人说南子不好——是个天厌之的人，但是我见了她觉得她很好，并不是外面所传说的那样。"

在这里我们能够看到一个智者的修养：背后不胡乱说他人是非，而且让谣言止于智者。关于这一点，古今中外的思想家空前一致。

有这么一个故事，一个人急急忙忙地跑到苏格拉底那儿，对苏格拉底说道："我有个消息要告诉你……"

"等一等，"苏格拉底打断了他的话，"你要告诉我的消息，用3个筛子筛过了吗？"

"3个筛子？哪3个筛子？"那人不解地问。

"第一个筛子叫真实。你要告诉我的消息，确实是真的吗？"

"不知道，我是从街上听来的。"

"现在再用第二个筛子审查吧。"苏格拉底接着说，"你要告诉我的消息就算不是真实的，也应该是善意的吧？"

那人踌躇地回答："不，刚好相反……"

苏格拉底再次打断他的话："那么我们再用第三个筛子，请问，使你如此激动的消息很重要吗？"

"并不怎么重要。"那人不好意思地回答。

苏格拉底说："既然你要告诉我的事，既不真实，也非善意，更不重要，那么就请你别说了吧！这样的话，它就不会困扰你和我了。"

这就是智者的胸怀，让扰乱人心的谣言到我们这里戛然而止。否则以讹传讹，后果就不堪设想了。谣言的危害猛于虎，它不仅伤害到一个人的声望名誉，更有可能会使人以死正身。就如，在20世纪的旧上海，阮玲玉可以说是名噪一时的名角。但是这位才华卓绝的女演员却因为不堪忍受流言蜚语而自杀，在25岁的花样年华香消玉殒。她走得匆忙，也留给我们诸多揣测，难道她年轻生命的代价还不能让世人警醒吗？

人在职场，难免会遇到各色人等，也难免会听到谣言，但是面对闲言碎语我们要有足够的理性，千万不能火上浇油，也不要轻易相信这些人云亦云的事物，要学习孔子这位千古圣人的理智。他用自身的言行给子路上了一课，也给我们众人上了一堂深刻的人生课。

谣言依附盲从者而生存，依靠智慧者而终止。

宋国有一个姓丁的人家，家里没有井，因此每天都要浪费至少一个人的劳力到别的地方挑水。

后来，姓丁的人家决心在后院打一口井，请求许多人帮忙。他们下了很多工夫，花了许多钱，终于有自己的水井了！

有了这口井，姓丁的人家就觉得轻松多了，挑水浇园和饮用都不必到很远的地方去；入秋时，田里还大丰收。于是，他们家的人对邻居说："我家开了口井，等于得了个人！"

有人在一旁听到这话，非常惊讶，以为丁家真的从井中挖出一个大活人。于是，这人就把这消息当作新闻，见到人便说：“姓丁的人家开井，从井里挖了个人！”人们听了，都感到很惊讶，于是一传十，十传百，百传千……一时间，全国各地的人都听说了。

这话传到宋国国君的耳朵里，国君并不相信，就叫人到丁家问这件事。

丁家的人见国君派人来查问，非常慌张。等明白了怎么回事，才松了一口气，对那人说：“我们丁家开井只能得水，怎么会得人呢？所谓开井得一人，是说因为有了这口井，我们家就节约了一个劳动力啊！”

了解了事情的真相后，国君下令禁止传扬这件事。从此，才没有人再说丁家井中得人的奇事了。

谣言止于智者，当真相大白于天下时，谣言自然不攻自破，传播谣言的人也会销声匿迹了。

那么，在信息化时代，它在方便了沟通、密切了联系的同时，也为一些不准确或错误信息的快速传播提供了条件，产生了不良影响甚至是严重后果。我们每一个人，都有责任和义务，学会做一个面对谣言的智者。真正的智者不一定要博古通今，不一定要历经坎坷，但一定要内心强大，有着健康平和的心态；真正的智者，一定能以柔克刚、以静制动，不能随波逐流、人云亦云；真正的智者，要有明辨是非的能力；真正的智者，要有终止谣言的勇气，还原事实真相的勇气。只有这样，才能从根本上铲除谣言生长的土壤，合力营造一个清明的世界。

藏不住事，不成大事

藏不住事的人很容易将自己的隐私泄露给他人，自己的隐私一旦被人知晓，很可能酿成不可估量的祸事。

给你的隐私加把锁，不要轻易向人讲述太过私密的事，如果你不想给人留下浅薄的印象，就不要轻易地让别人将你看得通通透透。

我们每个人在自己的内心里，都有一片私人领域，在这里我们收藏了许多只属于我们自己的“隐私”。那是自己的秘密，只可留给自己，千万不要随便说出口。

马林因为不懂保护隐私，吃了大亏。他刚入职场时，怀着很单纯的想法，像大学时代对室友们无话不说一样，常将自己的一些经历及想法毫不设防地对同事讲。马林工作不久，就因出色的表现成为部门经理的热门人选。可他曾无意中告诉同事，他的父亲与董事长私交甚好。于是，大家对他的关注集中在他与董事长的私人关系上，而忽视了他的工作能力。最后，董事长为了显示“公平”，任命一个能力和他差不多的职员为部门经理。如果马林保护好自己的隐私，也许就能得到这个升职的机会。老板们都欣赏公私分明的员工，敬业不仅意味着勤奋工作，更意味着以大局为重，不把私事带到工作领域中来。

很多人都和马林一样，有一个共同的毛病：心里藏不住事儿，有一点点喜怒哀乐，就总想找个人谈谈；更有甚者，不分时间、对象、场合，见什么人都把心事往外吐。

其实这也没有什么不对，好的东西要与人分享，坏的东西当然不能让它沉积在心里。要说可以，但不能“随便”说，因为你的每个倾诉对象都是不一样的，说心里话的时候一定要有分寸，该说则说，不该说千万别说。

之所以处理隐私要这么慎重，是因为隐私会暴露一个人的脆弱面，这有可能会增加朋友的负担，也不利于自身的成长。

一定要给你的隐私加把锁，无论是办公室、洗手间还是走廊，只要是在公司范围内，都不要谈论私生活；不要在同事面前表现出和上司超越一般上下级的关系；即使是私下里，也不要随便对同事谈论自己的过去和隐秘思想；如果和同事已成了朋友，不要常在其他同事面前表现太过亲密，对于涉及工作的问题，要公正，有独到的见解，不拉帮结派。有些人喜欢打听别人的隐私，

对这种人要“有礼有节”，不想说时就礼貌而坚决地说“不”。千万不要把分享隐私当成打造亲密同事关系的途径。

我们不妨学着换位思考，站在别人的角度想一想，也许更能理解为什么有些话不该说，有些事不该让别人知道。全面地看待问题，会有助于你权衡什么该说，什么不该说。

保护隐私，一来是为了让自己不受伤害，二来也是为了更好地工作。不过，也没必要草木皆兵，若对一切问题都三缄其口，也很容易让人觉得你不近情理。有时，拿自己的缺点自嘲一把，或和大家一起开自己的无伤大雅的玩笑，会让人觉得你有气度、够亲切。

嘴上得有个把门儿的

言语谨慎对一个人立身、处世具有很重要的意义。祸从口出，就是说祸患常因为言语不慎而招致。处世戒多言，言多必失。

我们常说："言多必失。"意思是说：如果一个人总是滔滔不绝地讲话，说得多了，话里自然就会暴露出许多问题。特别是人多的场合，一不小心，一旦失言，你的话就可能伤害了某个人，这自然会给你招惹祸端。

在事业成功的过程中，一言一行都关系着个人的成就荣辱，所以言行不可不慎。不论什么时候，在公共场合，说话时一定要注意说话的分寸。没有考虑周到的话，最好少说。总而言之，是"嘴上得有个把门儿的"。

杨涛被推荐到一所公司就任部门经理。在过去的工作岗位，杨涛的工作得心应手，无论是业绩还是人际关系都非常理想。刚刚来到一个新的环境，他觉得有些不适应，上任几个月始终不能摆脱过去公司的"痕迹"，忍不住拿过去公司的种种好处同现在的公司作比较，尤其在公司会议上，他每次总要不停地谈到过去公司的状况，"我们过去如何如何"几乎成了他的口头禅。久而久之，他发现许多同事对他总是敬而远之，他花了许多心思也没能够改善自己被"冷藏"的状况，直到一个偶然的机会，他听到几个女同事在背后议论："那个人真虚伪，既然过去的公司那么好，干吗跳槽过来呢？"他这才醒悟过来，开始注意自己的言谈举止，可惜他已经给大多数人留下了恶劣

印象，想在短时间内让大家接受他又谈何容易。

杨涛在跳槽后，还残留着对过去工作环境的“留恋”，尤其是遇到一些不太如意的事情，就“触景生情”，这本来无可厚非，但他错误地让这种负面情绪从自己的言谈中流露出来，一味地回顾过去，难免令人生厌。跳槽从某种意义上可以说是对过去企业的“否定”，既然已经“移情别恋”，又何必藕断丝连、旧情难忘呢？过去不必留恋，今天才更重要。杨涛没有注意到这一点，结果给大家留下了一个虚伪的印象。

在生活中，总是少不了杨涛这样的人，他们不加思考，滔滔不绝地讲话，很少考虑别人的感受和自己将面临的后果。

“言多必失”的教训实在太多，所以，请告诉自己，不要再希冀用言辞来给别人留下深刻的印象。你说得越多，你所能控制的也就越少，说出愚蠢的话的可能性也就越大。所以，嘴上得有个把门儿的。

为了避免多说话招致祸患，要注意以下几点：一是要少说话，多听听他人的意见和主张，虚心向有才能的人学习，才能以人之长补己之短；二是说话要慎重，不要妄发言论，信口雌黄，让人觉得你不知天高地厚；三是讲话要注意时间、地点、场合和讲话的对象，不要不管三七二十一，炫耀自己在某一方面有学识、有见解，或是比别人知道的他人隐私多，乱发议论，这样会伤害别人的自尊心，也会影响人际交往；四是要注意讲话内容的选择，该讲的要讲，不该讲的不要到处乱讲。

会表达，易成功

会说话，拥有好的口才。如果你在社交中能侃侃而谈，用词高雅恰当，言之有物，对问题见解深刻，反应敏捷，应答自如，能够简洁、准确、生动地表达自己的思想与情感，还能表现出不同凡响的气质和风度，那么，这对于生活和工作都是大有裨益的。

2003年10月15日“神舟五号”升空飞行之后，中央电视台《东方时空》曾专门对杨利伟和他的领导进行采访，请他们回答“杨利伟怎样成为中国太空第一人”这一广受关注的问题。

被采访的航天局领导说了3个原因：一是杨利伟在5年多的集训期间，训练成绩一直名列前茅；二是杨利伟处理突发事件的能力特别强，在担任歼击机飞行员时，多次化解飞行险情；三是他的心理素质好，口头表达能力强，说话有条理、有分寸。凭借以上3个优势，杨利伟最终通过了1600人——300人——14人——3人——1人的淘汰考验。

第三点原因令收看此节目的观众感触颇深。节目中还介绍：在总结会上，杨利伟准备充分、积极发言，发言条理清晰，逻辑性强，再加上不慌不忙，故而给领导留下了深刻的印象。所以，当口头表达能力作为选择的一个重要条件时，天平就偏向了杨利伟。

从杨利伟身上，我们可以明白这么一点：出色的口才不但能帮你施展才华，赢得领导的赏识，更会让你的事业成功。

在职场中，工作能力差不多的两个人，语言表达能力不好的人升迁机会往往要比语言表达能力好的人少得多。在职场中，会做事再加上会表达，这样的人肯定能迅速受到领导的青睐和重用。

美国某研究所进行的一项专门调查显示，有80%以上的企业管理者经常发出这样的抱怨：员工语言表达能力每况愈下，这主要表现在两个方面——与同事沟通出现语言障碍，向领导汇报时表述不清。

另一个数据也同样说明了这个问题。有65%以上的员工因为语言能力问题而迟迟得不到升迁，有的员工即使因为业务能力强而暂时得到升迁，但继续升迁的困难很大，究其原因就是语言表达能力不过关。

在职场中，有很多下属不善于和领导沟通，甚至害怕和领导沟通。尽管领导对他们也算不错，尽管彼此并无矛盾，尽管也明白沟通很重要，但在工作中还是会不自觉地尽量避免与领导沟通，或者减少沟通的内容。这样的下属得不到领导的赏识就是自然而然的了。

俗话说：会说话能当钱花。意思就是说，如果一个人善于驾驭语言，便可以不用一分一毫，得到所需要的东西。会说话可以推销，可以升迁，甚至可以不战而屈人之兵。

在战国时期，苏秦和张仪就凭着三寸不烂之舌，跻身于中国统一的推动者之列，还成为一言以兴邦，一言以丧邦的纵横派代表人物之一。

同样，在三国时期，刘备被曹操大军穷追猛打，眼看就要全军覆没，打出白旗投降服输，诸葛亮单舟渡江，在东吴“舌战群儒”，不花一文钱获得了东吴这个强大的盟友，使刘备免于灭顶之灾；后来，诸葛亮又在阵前温文尔雅地说了一席话，气死了大司徒王朗，真可谓舌烂莲花，把语言直接转化为战果，传为千古佳话。

由此可见，会说话是多么的重要。尤其是在现代社会，在这个信息时代，社交成为生活中的重要组成部分，与人合作的机会越来越多，交际越

来越多，推销自我的口才也越来越重要。有口才就是会说话。口才是一门艺术，话说得得体，不仅能体现出自身修养，让别人乐于接受我们的意见，使人愿意接近我们，还可以让我们了解对方的意图，或从中得到启示，增加彼此间的了解，和对方建立良好的友谊。

“会说话”不仅能当钱花，还有比当钱花更多的好处。比如说，会说话能帮助你在竞争中，转败为胜。

有一个美国人图拉德，他听说阿根廷需要在国际市场购买2000万美元的丁烷气体，就想做这笔生意，但他的实力远不如竞争对手。这时，他得知阿根廷牛肉过剩，就以买2000万美元牛肉为条件，说服阿根廷政府把丁烷生意合同给他。接着，他飞往西班牙，找到一家因缺少订货而濒于关闭的造船厂，以定购一艘造价2000万美元的超级油轮为条件，说服他们购买他买下的阿根廷的2000万美元牛肉。然后他直奔费城太阳石油公司，以购买2000万美元的丁烷气体为条件，说服该公司租用他在西班牙建造的2000万美元的超级油轮。最终，图拉德凭借他的口才，做成了这单生意。

“会说话”还能助人把宏伟蓝图变成现实。早在19世纪，梦想修建美国中央铁路的4名加州人，自行组建了太平洋铁路公司。为了实现这个宏伟蓝图，他们亲自出马向铁路沿线的州县政府游说，不仅列举大量发展铁路事业对促进地方经济繁荣的好处，还详尽说明了他们方案的可行性和可靠性，晓之以理，动之以利，终于从沿线政府筹到大量资金。就这样，他们没出一文钱，靠自己的三寸不烂之舌，借用地方政府的经济力量，建成了美国中央铁路，并赚取了巨额利润。他们被当作美国第一代创业者和美国铁路创建人载入史册。

总之，会说话，当钱花。拥有好的口才，能够帮我们解决一些大大小小的问题，对于我们的生活、工作都有很大的益处。

第十一章

造房要余地，做人要余情

得放手时且放手，得饶人处且饶人

在人际交往中，得理不饶人的现象普遍存在。有些人一旦觉得自己有道理，就会揪住别人的过失，穷追猛打，非逼对方竖起白旗不可。但是，即使对方真的竖起了白旗，恐怕心理也有了很多的怨气，而怨气多了，就会发泄，这样就容易冤冤相报。因此，生活中一些极具智慧的人，大多具有一颗包容的心，他们懂得得理也让人，不会因为自己有理就咄咄逼人，就把对方“赶尽杀绝”，逼向绝路。

贝尼托·华雷斯是墨西哥前总统，墨西哥著名的资产阶级革命家和杰出的民主主义者。他是个纯血统的印第安人，牧童出身，连续当了四任总统。平凡的出身和他建立的丰功伟绩，使他成为一个传奇人物。但是，华雷斯虽然身居高位，却没有以此来严格要求别人，他总是宽厚待人，在别人犯了错时，只要没有违背原则，他就不去计较，宽大处理。

一次，华雷斯到维拉克鲁斯视察。他被迎进了卡利州长的官邸。州长给总统安排了最好的房间，但华雷斯借口奥坎波的房间更接近浴室，恳求和他交换。在总统一再要求下，奥坎波让步了。第二天清晨，华雷斯走出房间到浴室去。没有水。他拍了几下手掌，来了一个名叫罗娜的女仆，她是个乡村妇女，已经不很年轻，还有点脾气。

“你要什么？”这个女仆问道。

“请打一点水来。”华雷斯说。

“你要乐意，就等着吧。好个爱干净的印第安人！我总得先招待总统吧！”

华雷斯什么话也没说，就回自己房间里去了。过了一刻钟左右，总统又请她打点水来。

“你要乐意就等着，我得先伺候华雷斯先生！真不像话！没见过你这么不识相的人！这么着急，您就自己动手嘛，水龙头就在那儿！”说着给他指点了庭院一角的一个盥洗处。

华雷斯没对发脾气的罗娜说什么话，自己走去打水漱洗。

到吃午饭的时候，这个女仆穿上了她最好的衣服，心情紧张地盼着见到总统，希望有机会荣幸地伺候他。

突然间，她看见那个不识相的印第安人穿一身黑色大礼服，在主人卡利陪同下，沿着走廊穿过大厅。

“那家伙也来了。”这个女仆想道。

当女仆看见大家一直等那个印第安人坐到他的高背椅上之后才敢入座，她吓得面无人色，浑身哆嗦，不由得惊叫一声。大家转过身来瞧这尴尬的女仆，她哭得悲悲切切。华雷斯站起身来，亲切地拉着她的胳臂说：“别哭了，小姐。您不要担心，没有什么了不起的事嘛。如果您的工作是招待大家，那您就干去吧，因为这里每个人都应当尽自己的本分。”

身为总统，华雷斯完全可以苛责女仆，但他没有那样做，反而在女仆自责难过时给予了安慰，他的雅量，他的宽阔的心胸，无疑是值得我们每个人学习的。

生活中，每个人都有做错事的时候，面对别人的错误我们不能一味地去责备，更不能在公众场合揭他人伤疤，这样就会伤害对方的自尊，也容易留下怨恨。你可换位思考，因为你自己也是个普通人，也会犯错误，在你犯错误的时候难道你不希望别人能够原谅你吗？

得饶人处且饶人，在你给别人留一条路的时候，你也是在给你自己铺一条路，如果把对方往绝路上逼，你的人生也不一定会如意。

君子记恩不记仇

俗话说："君子记恩不记仇。"

有一次，一位作家与两位朋友阿尔和马修一同出外旅行。

三人行经一处山崖时，马修失足滑落，眼看就要丧命，机灵的阿尔拼命拉住他的衣襟，将他救起。

为了永远记住这一恩德，马修在附近的大石头上，用力刻下这样一行字：某年某月某日，阿尔救了马修一命。

于是三人继续前进，几日后来到一处河边。可能因为长途旅行疲劳的缘故，阿尔与马修为了一件小事吵起来了，阿尔一气之下打了马修一耳光。

马修被打得眼前直冒金星，然而他没有还手，而是一口气跑到了沙滩上，在沙滩上写下一行字：某年某月某日，阿尔打了马修一记耳光。

这以后，旅行很快结束了。回到家乡，作家怀着好奇心问马修："你为什么要把阿尔救你的事刻在石头上，而把他打你耳光的事写在沙滩上？"

马修平静地回答："我将永远感激并记住阿尔救过我的命，至于他打我的事，我想让它随着沙滩上字迹的消失而忘记。"

其实，每个人都应该这样，对于别人的恩典，要牢牢记在心里；对于别人的伤害，要轻轻抹去。

宽容就是记着别人对自己的恩典，忘掉别人对自己的伤害。用爱和感激来代替仇恨，化解积怨。

古人云："人之有德于我也，不可忘也；人有愧于我也，不可不忘也。"简言之就是别人对我们的帮助，千万不可忘了，反之，别人倘若有愧对我们的地方，应该乐于忘记。

乐于忘记是一种心理平衡。有一句名言叫作："生气是用别人的过错来惩罚自己。"老是"念念不忘"别人的"坏处"，实际上最受伤害的就是自己的心灵，搞得自己痛苦不堪，何必？这种人，轻则自我折磨，重则就可能导致疯狂的报复了。

乐于忘记是灵活做人的一个特征，既往不咎的人，才可甩掉沉重的包袱，大踏步地前进。人要有点“不念旧恶”的精神，在许多情况下，人们误以为“恶”的，又未必就真的是什么“恶”。退一步说，即使是“恶”，对方心存歉疚，诚惶诚恐，你不念旧恶，以礼相待，说不定对方能改“恶”从善。

唐朝的李靖，曾任隋炀帝的郡丞，最早发现李渊有图谋天下之意，亲自向隋炀帝检举揭发。李渊灭隋后要手刃李靖，李世民反对报复，再三恳求保全他性命。后来，李靖驰骋疆场，征战不疲，安邦定国，为唐朝立下赫赫战功。魏征曾鼓动太子建成杀掉李世民，李世民同样不计旧怨，量才重用，使魏征觉得“喜逢知己之主，竭其力用”，也为唐王朝立下了丰功。

宋代的王安石对苏东坡的态度，应当说，也是有那么一点“恶”行的。他当宰相那阵子，因为苏东坡与他政见不同，便借故将苏东坡降职减薪，贬官到了黄州，搞得他好不凄惨。然而，苏东坡胸怀大度，根本不把这事放在心上，更不念旧恶。王安石不任宰相了，两人关系反倒好了起来。他不断写信给隐居金陵的王安石，或共叙友情，互相勉励，或讨论学问，十分投机。

相传唐朝宰相陆贽，有职有权时，曾偏听偏信，认为太常博士李吉甫结伙营私，便把他贬到明州做长史。不久，陆贽被罢相，贬到明州附近的忠州当别驾。后任的宰相明知李、陆有点私怨，却故意提拔李吉甫为忠州刺史，让他去当陆贽的顶头上司，意在让两人起冲突。不想李吉甫不计旧怨，而且上任伊始，便特意与陆贽饮酒同欢，使那位现任宰相的阴谋成了泡影。对此，陆贽深受感动，便积极出点子，协助李吉甫把忠州治理得一天比一天好。李吉甫不图报复，宽待了别人，也帮助了自己。

看了这么多故事，知道古时官场的政敌之间也能常常不计前嫌“化干戈为玉帛”，这种交友用人的态度是值得我们学习的。以古为镜，可以立德修身。在今日的我们看来，要从中领悟到的是做人要有胸怀，跟人交往不能太记旧恶，谁没有过错呢？最难得的不就是将心比心吗？当我们有对不起别人的地方时，不也是很渴望得到对方的谅解吗？

只有宽容才能化解世间的仇恨，只有宽容才是慰藉心灵的良药。不仅如此，宽容还是一种智慧，宽容和气度，不是天生的，而是高度的智慧和高度的自我克制。古语说：“宰相肚里可撑船。”因为只有胸襟开阔、眼光锐利的人，才有运用智慧的能力。能宽容别人的人，不只是给别人一次机会，同时也是给自己一次机会——收获快乐的机会。

心中充满怨怼的人，会感觉整个世界都是与他对立的，必定无法快乐，而如果以宽容之心面对时，这种对立感自然便会消失，取而代之的是友好与快乐，甚至还可能更多。

水至清则无鱼，人至察则无徒

有一个人自命清高，看不惯尘世，去找禅师诉苦，禅师告诉他："知道'水至清则无鱼'吗？美玉还暗藏瑕疵呢，有雅量、懂包容才是大器，君子亦如是。"

古人云："水至清则无鱼，人至察则无徒。"水太清了，鱼就无法生存；对别人要求太严了，自己就会没有伙伴。这正是古人眼中与人相处的"中道"。水清当然好，但太清的水，容不了任何微生物生存，也没有任何隐蔽，因此，鱼就无法存活。现实社会里，人能明察是非、分清善恶，当然好，但过分明察秋毫，对别人太过苛刻，就变成了对人求全责备的严苛挑剔，就不能容人了。

孔子曰："君子周而不比"周是指包罗万象，好比一个圆满的圆圈，各处都统一；比则是指经常将别人与自己作比较，容不得别人有与自己不同的地方。一个君子的为人处世，就应该平等地对待每一个人，全面看待，并以公正之心待人。如果都希望别人完全和自己一样，则容易流于偏私。比而不周，如果斤斤计较，只和自己友好的、符合自己要求的人做朋友，凡事都以"我"为中心、为标准，这是器量狭小的人的行为。

事物的差异性决定了每个人都不可能是完全一样的，朋友亦是如此。更何况，人无完人，或多或少都会犯些错误。因而，我们对朋友的要求不能太过严苛，对于小的过失、缺陷，应该予以包容、谅解，并尽量欣赏、鼓励朋友，包容原谅他们的无心或情有可原的小过失，这才是应有的处世待人之道。相比之下，因为一点瑕疵就与朋友划清界限，则称不上是明智之举。

倘若我们不能容忍朋友的缺点，看到朋友有一点瑕疵就否定他，那么估计也没有人愿意和我们成为要好的朋友了。幻想所有的人都和自己一样，或者幻想所有的人都那么完美，这只能是一厢情愿的想象。照此发展下去，我们就有可能因太过苛刻而流于偏私，从而失去真正值得结交的朋友。

交友如此，做人亦是如此。生活中，如果你以严苛、挑剔的眼光看待周围，那么你看到的将是一个不完美的世界，自己也很容易陷入其中。而如果我们善待周围的一切，以宽容、欣赏的眼光来看待这个世界，就会发现你生活的环境是多么的美好。

一位老禅师和一位农人坐在一个小城镇的道路旁下棋。一位陌生人骑马来到他们的身边，把马停下来，向他们问道："师父，请问这里是什么镇？住在这里的居民属于哪种类型？我正想决定是否搬到这里居住。"

老禅师抬头望了一下这位陌生人，反问道："你刚离开的那个小镇上住的人，是属于哪一类的人呢？"

陌生人回答说："住的都是些不三不四的人，素质十分低下，我住在那儿感到不愉快，因此打算搬到这儿来居住。"

老禅师说："施主，恐怕你搬到这里来住也会感到失望的，因为这个镇上的人与你离开的那个镇上的人完全一样。"

过了不久，又有另一位陌生人向老禅师打听同样的情况，老禅师又反问他同样的问题。这位陌生人回答说："啊，我以前居住的小镇上的人都十分友好，我的家人在那儿度过了一段美好的时光，但我正在寻找一个比我以前居住地方更有发展机会的城镇，因此我们搬出来了，尽管我们还很留恋以前的城镇。"

老禅师说道："年轻人，你很幸运，在这里居住的人都是跟你差不多的人，相信你会喜欢他们，他们也会喜欢你的。”

一旁的农人不明白，为什么同样的问题，老禅师给出了不同的答案，甚至是两个截然相反的答案。

老禅师告诉他：“念由心生，如果你以欢喜之心待人，自然看万事万物都欢喜，如果你以悲苦之心待人，自然看万事万物都悲苦。”

正如故事中老禅师所说的，如果以欢喜、欣赏的眼光看待这个世界，我们看到的将是美好的风景；而如果以悲苦、挑剔的眼光来对待，我们看到的也将是不尽如人意的景象。

虽然每个人心目中所认为应该的，或我们对每个人所认为应该的，各有不同，但包含“应该”之念是一致的。换言之，我们大多数人常以理想的眼光来看待别人，来要求这个世界的变化。然而，我们却也由此对别人、对世界产生了失望之情。所以，对待世间的人和事，我们应抱有客观公正的态度，既能看到他人的优点，也能包容和理解他人的不足。

做人不妨心存厚道，多以宽容之心待人，君子和而不同，这样我们在交友与交际上也能变得更加游刃有余。

清者自清，浊者自浊

语言沟通是人与人最基本的相处方式之一。然而，说来说去，难免有失真之语。诽谤就是失真言语中的一种攻击性很强的恶意伤害行为。也许，在很多时候，诽谤与流言并非我们所能够制止的。那么，在生活中我们对待流言的态度就显得十分重要，正如美国前总统林肯所说："如果证明我是对的，那么人家怎么说我都无关紧要；如果证明我是错的，那么即使花十倍的力气来说我是对的，也没有什么用。"

当流言蜚语已经出现，一味地争辩往往会适得其反，让人觉得你在欲盖弥彰，有句话叫作"解释便是掩饰"，这话不是没有道理。因此还属鲁迅先生说得好：沉默是金。的确，很多时候我们越是急于表现自己，就越是起到相反的效果。误会发生了，即使你再虔诚地解释，对方也未必听得进去。所以对付诽谤最好的方法便是保持沉默，让清者自清而浊者自浊，此乃最明智的选择。

《新唐书》中有一则武则天与狄仁杰的故事：武则天称帝后，任命狄仁杰为宰相。有一天，武则天问狄仁杰："你以前任职于汝南，有极佳的表现，也深受百姓欢迎。但却有一些人总是诽谤诬陷你，你想知道详情吗？"狄仁杰立即告罪道："陛下如认为那些诽谤诬陷是我的过失，我当恭听改之；若陛下认为并非我的过失，那是臣之大幸。至于到底是谁在诽谤诬陷，如何诽谤，我都不想知道。"武则天闻之大喜，推崇狄仁杰为仁师长。

俗话说："流言止于智者。"真正有智慧的人是不会被流言中伤的。因为他们懂得用沉默来对待那些毫无意义的流言诽谤。鲁迅先生曾经说过："沉默是最好的反抗。这种无言的回敬可使对方自知理屈，自觉无趣，获得比强词辩解更佳的效果。"在面对无聊之人的谣言攻击时，唯一的态度就是不辩。无视对方，就是给对方最好的反击。

老人言："浊者自浊，清者自清。"用不着过多的解释，也没必要整天为着别人说过的话而给自己平增烦恼。心如止水来应对诽谤，令其被时间洗礼，荡涤掉表面的伪装，诽谤自然不攻自破。面对生活中的种种误解与猜疑，就让我们做"流言止于智者"中的智者，宽容豁达地面对一切风风雨雨，我们的人生必定是另一种局面。

多一些宽容，少一些隔膜

雨果曾经这样告诉我们：“世界上最宽阔的是海洋，比海洋更宽阔的是天空，比天空更宽阔的是人的心灵。”懂得宽容，才不会对自私、虚伪、嫉妒、狂傲感到失望，才会用宏大的气量去感受相逢一笑泯恩仇的快乐。人生是个多彩的舞台。它不断上演着形形色色的人情悲欢，而现实生活中人们必须能够承受这一切。这时，请不要忘记世间有两个字可使你和他人的生活多姿多彩：宽容。你对待别人宽容，那么即使再大的仇恨也会随之减少，取而代之喜乐就多了，这样的人生才会充满希望。

鲍伯·胡佛是美国空军最著名的战斗机试飞员，他经验丰富、技术高超，深为战友们所敬佩。而大家之所以如此尊重他，并不仅仅因为他的技术，更多是由于他的宽广心胸与高尚人品。

有一次，应上级命令参加完飞行表演后，胡佛驾着一架螺旋式飞机回洛杉矶。突然，飞机在半途中莫名其妙地发生了故障，两个引擎同时失灵。好在他临危不惧，果断沉着地采取了应对措施，才奇迹般地迫降在了最近的机场。完全下机之后，大惑不解的他立刻和相关人员对飞机进行了检查。原来，造成事故的原因是用油不对，原本螺旋式的飞机居然被人粗心地加了喷气式

机的用油。

听说这件事之后，负责加油的机械工吓得面如土色、痛哭不已，因为他知道，如果不是经验极其丰富的胡佛上阵，自己的这次粗心绝对会造成机毁人亡的严重后果。

哭过之后，这位年轻人跌坐在台阶上，呆呆地等着胡佛回来，他想，对方一定会非常愤怒地处置他。

谁知事情完全出乎他的意料，胡佛非但没有对他大发雷霆，还上前抱住他并柔声安慰起来："没事了没事了，你看，我这不是好好地回来了吗？为了证明你还是不错的，我想从明天开始，让你帮我干飞机维修的工作。"

听闻此话，满脸惊诧与感动的机械工连忙拼命地点起头来。

此后，这位机械工一直跟着胡佛，负责他的飞机维修工作。必须说明的是，那许多年中，胡佛的飞机维修从来没有出现过任何差错。

中国古代有这样一个故事：

颜回是孔子的一个得意门生。有一次，颜回看到一个买布的人和卖布的人在吵架，买布的大声说："三八二十三，你为什么收我二十四个钱！"颜回上前劝架，说："是三八二十四，你算错了，别吵了。"那人指着颜回的鼻子："你算老几？我就听孔夫子的，咱们找他评理去。"颜回问："如果你错了怎么办？"答："我把脑袋给你。你错了怎么办？"颜回答："我把帽子输给你。"两人找到了孔子。孔子问明情况，对颜回笑笑说："三八就是二十三嘛，颜回，你输了，把帽子给人家吧。"颜回心想，老师一定是老糊涂了，只好把帽子摘下，那人拿了帽子高兴地走了。后来孔子告诉颜回："说你输了，只是输一顶帽子；说他输了，那可是一条人命啊！你说是帽子重要还是人命重要？"颜回恍然大悟，扑通跪在孔子面前："老师重大义而轻小是非，学生惭愧万分！"

这种宽厚与容忍绝对不是一般人能够做到的，明知对方错了，却不争不斗反而认输，虽然自己吃点小亏，但使别人不受大损。不重表面形式的输赢，而重思想境界和做人水准的高低，这样的人其实活得很潇洒。

当你对别人宽容时，也是对你自己宽容。明明是对方错怪了你、对方欺骗了你、对方伤害了你，你心中没有怨恨，这是高境界。看到这里，也许你会问：对坏人也宽容？正确的回答是，你不以牙还牙，这就是宽容。

所以，要让自己快快乐乐地生活在充满爱的世界里，自己首先要做一个宽宏大量的人。要真正做到宽容并不容易，如果你心里有恨和苦，宽容不了他人；或者，如果你认同宽容是很高尚的行为，不过难以时时做到，你应该远离品头论足的人，随着时间的推移，你会发现，你的宽容多了，你心里的喜乐也多了。

留点余地

人们常说“满饭不能吃，满话不能说”，饭吃太饱容易伤身伤胃，话说太饱，则容易伤人伤己。说话留点余地，给别人一个出路，为自己种一片花田。

一个人做错事情是在所难免的，由此而挨批评也是理所当然的。但任何一个谈话高手都知道，批评的话最好不超过三四句。会做工作的人，在对别人进行批评教育时，总是三言两语见好就收，不忘给对方一定的余地。有的人不懂这个道理，他们总是不肯善罢甘休，非把对方批得体无完肤不可，结果是过犹不及，往往把事情推到了反面。

某工厂一位李姓工人私自把仓库里的钢筋拿了一根回家，安在窗户上。这事让厂领导知道了。领导抓住这一点，把李某狠狠地批评了一通。当然，李某也认识到自己的确错了，很诚恳地向厂领导认错。这件事本该到此为止，但厂领导并没有善罢甘休，非让李某写下书面保证并公开在厂中认错不可。书面保证可以写，但公开认错就有点勉为其难了。这类事本来就不光彩，如果让厂里同事都知道了，就会很难堪，李某思来想去，仍找不到下台的办法，于是便递交了辞呈。

一般来说，批评应该适可而止，特别是对方已经明确认错，而事情又没有大到不可收拾，便没有必要把对方置于困境，让对方无颜面示人，因为我们批评的目的是为了治病救人，是为了帮助别人。

批评要留有余地，自己说话承诺就更要留有余地。对于你没有十足把握的事情，不要把话说得太满，给自己留些余地和退路。逢人且说三分话，说话不说太满，把握不好这个分寸会吃大亏的。说话最好留点余地，才不至于给自己带来麻烦。

有时在工作中很多人在对领导许下诺言时，是抱着一定要完成的决心的，但是总会有一些不确定的因素干扰着我们，导致我们的工作不能如期完成。当然这并不是为不能遵守承诺找借口，而是要告诫我们自己——不要把话说得太死，凡事要给自己留有余地。否则一旦出现什么差错，不但领导不满，自己也会觉得很难堪。

王军是一家报社的记者，这一天主编安排他去采访一个作家，这个作家是出了名的排斥采访，但是王军并不知道这件事，所以当领导问他能不能做到时，王军自信满满地说：“没问题，三天搞定。”主编感到很高兴，以为王军有什么秘诀。

王军在接受任务之后才知道这个作家是不接受采访的，但是既然已经接受就一定要去做，就这样4天过去了，他的采访完全没有进展，主编找到他时，他只好和主编说："对不起，这次采访比较困难，我没有采访到那位作家。"

听了王军的话，主编生气地说："办不了你当初就直说，这不是耽误事吗？"

从这以后主编再也不敢把重要的采访任务交给王军了。

在这里，王军犯了话说得太满的禁忌。在与领导说话时，我们要吸取王军的教训，做到说话留有余地。具体来说，可以从这几个方面去加强：

领导布置的任务，千万不要在不了解的情况下轻易承诺，因为一旦你在事后发现自己无法胜任时，会让领导对你的评价大打折扣，认定你是一个不负责任、不可靠的人。

即使是自己熟悉的工作也不要轻易地保证没问题，而是应该用更谨慎的方式来表达自己的决心，告诉领导你会尽你最大的努力完成这项工作，或者说在没有意外的情况下一定准时完成，这样的说法会让领导明白，工作中是充满了变数的，所以工作被某些变数所干扰而导致不能如期完成的情况是存在的。这样即使工作没有如期完成，领导也会正确评估你的努力，进而肯定你的成绩。如果工作如期完成了，领导一定会喜出望外，他对你的评价也会随之增高。

如果领导布置给我们的工作，我们没有把握什么时候能够完成，因为制约它的因素很多，这时为了给自己留有余地，说话时一定要给工作加上限制，像是在"××前提之下"一样，这样一旦出现意外，我们能够解释工作拖延的原因。既给自己留有余地，又让领导觉得你是一个认真负责的人。另外，在与领导交谈时，要尽量选择温和的语言，不要用尖酸苛刻的话与其沟通。凡事多想多考虑，不把话说死，才能为自己留有回旋的余地。

领导作为管理自己的上级，我们与其说话要严谨认真，不能引起误会，对其他同事或者下属，我们也同样不能敷衍，不可把话说满。

在工作中，一旦我们选择了不留余地的说话方式，相当于走上一条不能后退的路，这样的说话方式不但吃力不讨好，还容易让他人希望，使我们日后的工作很难进行。

人生不是游戏，不能重新启动，所以失败是不能重来的，而且社会是复杂多变的，并不是只有黑白两种颜色，这就需要我们在说话时谨慎对待。给他人留有余地，给自己留有余地，才是真正的处世方法。

第十二章 一等二靠三落空，一想二干三成功

千招要会，一招要好

现在流行着这样一种说法，做人就要一专多长。顾名思义，就是说首先要掌握并且精通一项技能，作为自己的核心竞争力；其次还要掌握多种其他技能，以适应高速发展的时代需求。老人们也常说：“千招要会，一招要好。”

现今的社会竞争日益激烈，对人才的要求越来越高。一个人要立身处世，事业有成，能够做到紧紧追随时代的发展、与时俱进，仅仅有一技之长是远远不够的，更要求全面发展，提高综合素质，成为一名一专多长的复合型人才。有人说能做到一招精就可以，为什么还要求做到千招要会呢？

这是因为当今社会职业结构变化频繁，新的职业纷至沓来，旧的职业不断被淘汰，这是不可逆转的历史潮流。随着社会的进步，新的职业不停出现，迫使我们不得不打破长久以来的习惯思维。人在一生中可能变换多个单位，也有可能变换多种职业，关键要不断掌握新技能，与时俱进。而要跟上时代发展的脚步，就要有“千招要会”的基础，再加上终身不断学习，这样才能真正做到与时俱进，而不被湮没在历史的潮流中。

根据数据我们知道，我国的旧有职业已经消失了约3000多种。每当有新的职业出现的时候，我们不禁想到那些渐渐消失在人们视

线中的旧职业：几十年前，淘粪工被评为劳动模范还是一个重要的新闻，但是现如今淘粪工这个职业已经成为一个历史名词，取而代之的是现代化的专业机械设备；在电脑还没有普及的时候，抄写工也曾经是读书人的热门职业，打字员也是一项收入很高的工作，但是现在呢？还有几个人不会使用电脑、不会打字？甚至可以说语音录入的时代已经开始。再比如以前的“赤脚医生”走街串巷，也曾经为人们的健康作了很大的贡献并成为很多人谋生的手段，但是现在随着人们生活水平的提高，社会对公民健康越来越重视，“赤脚医生”已经淡出历史舞台，取而代之的是正规的医院。再比如以前的“理发员”成了现在的“美发师”，以前的“炊事员”变成现在的“营养配餐师”……这不仅仅是名字的简单改变，更反映出这些职业对从业者技能更高的要求。

但是我们也要注意到，老人们早就说过“吾生有涯，而知识无涯”。在这个知识大爆炸的信息时代，人类的智力水平是很有限的，所以如果想掌握所有的知识那绝对是不可能完成的任务。因此我们在“千招要会”的前提下，一定要做到“一招要好”。

对于大多数运动员来说，一般每个人只练习一至两个项目就可以，练习全能的人是非常少的。我国著名的

跳水运动员郭晶晶其实最初学习的是游泳，但是经过很长一段时间的学习都没有学会。后来她的教练就让她练跳水。没想到郭晶晶悟性很好，而且胆子也很大，教练于是看中了她，觉得她有跳水冠军的潜质。

1996年奥运会后，郭晶晶训练当中受伤，小腿骨折，等腿伤好了，离全运会只剩下短短五个月的时间。而郭晶晶却身高长了5厘米，体重增加了10公斤。为了能在全运会上取得好成绩，郭晶晶开始了魔鬼般的训练。每天6点起床，训练到8点才能吃早饭。中午，当别人休息的时候，她还要去跑步，下午和晚上继续高强度的训练，最终她体重下降并且跳水技术也达到了一个新的水平。

郭晶晶在跳水职业生涯中，经历了连续两次奥运会的失败，还有骨折、改变技术等挫折，直到2004年的雅典奥运会上，才最终取得奥运冠军。坚持不懈的努力，终于使郭晶晶成为世界著名的跳水运动员。

在各个方面都有一定能力，在某一个具体的方面能出类拔萃的人，即“复合型人才”，是最受欢迎的。这一类人的特点是多才多艺，能够在很多领域大显身手。当今社会的重大特征是学科交叉、知识融合、技术集成。这一特征决定每一个人既要拓展知识面又要不断调整心态，转变自己的思维，努力提高自身的综合素质。在这个竞争激烈的时代，社会越来越需要一专多长的人。“一专多长”也顺应了社会对复合型人才的需求。

现在大学毕业生越来越多，就业压力也是越来越大，我们经常会听到身边有人感叹：自己命运不好，没有深厚的家庭支持，工作前途渺茫。如古人云“时运不济，命运多舛。冯唐易老，李广难封”。是的，社会的竞争越来越白热化，作为这个社会的一份子，在个人职业生涯中，我们一般人很难改变这个社会和工作的环境。但是我们能够做到的是改变自己。努力培养自己成为一专多长的人才。学习就是一个改变我们人生命运的武器。如果你在技术业务上钻得深一点儿、学得广一点儿，做一个一专多长的多面手，一定有很多的工作岗位会选择你，或者是被你选择。人生旅途，华丽转身，何愁没有能够施展自己才能的舞台呢？

一专多长，能够让我们更加充实，拓展我们的职业生涯，拓宽我们的职业道路，提高我们的综合素质。只要能够做到“千招要会，一招要好”，那么在我们的人生旅途上，路会越走越宽、越走越广！

不担三分险，难练一身胆

俗话说“不担三分险，难练一身胆”，意思是说如果想要练就一身胆识，就应该去多经历一些风险。在生活中，我们更是应该遵从这个原则，做任何事时一定要去亲身经历，要敢于去尝试，而不应该畏畏缩缩、瞻前顾后，或者是只去想而不去做。

当我们想到成功喜悦的同时，应该先想到失败的可能，失败与成功可以说是一对孪生兄弟，一个人如果没有经历失败，那么他也就接近不了成功。

杨澜是我国著名的主持人。当她从北京外国语大学英语系毕业时，她和她的同学们一样在到处找工作。一天，她到中外合资的长城饭店去应聘市场销售部的岗位，日本籍经理对她的回答非常满意，于是就给了她一个提问的机会，结果她的提问让经理录取了她。“如果没有一个意外的机会，今天的我恐怕已经做了什么大饭店的什么经理，也许正带着职业的微笑，坐在一张办公桌后面呢。”杨澜所说的这个“意外机会”，是泰国正大集团结束了与几个地方台的合作，转与中央电视台共同制作《正大综艺》。双方决定要挑选一位有大学学历的女主持人。当辛少英导演来到北京外国语大学选人时，杨澜就被系里推荐去应试。

第一批试镜的就达到了 50 多人。当轮到杨澜上场时，她想：“这么多广播学院、戏剧学院的美女在这里，我基本上没有什么希望了，但我也不能给学校丢脸。”接着，她往灯光下一站，奇怪的是，她一点儿也不感到紧张。试镜后，杨澜的机灵、学识、胆识给评委留下十分好的印象。导演认为她是有思想的，而且外形很清纯。但是也有人觉得她“还不够漂亮”。于是剧组决定再从社会公开挑选主持人。杨澜也在接下来的几天里被要求一连试了 5 次镜。

一个星期后，杨澜被领进中央电视台的外宾接待室，里面坐着主管节目的领导和已经敲定的男主持人、著名相声演员姜昆。当她与一位漂亮的女孩站在一起接受最后一轮考验时，她的好胜心被完全刺激出来。当被问及“你将如何做这个节目的主持人”时，杨澜很坦然地把自己的想法和盘托出：“我不认为主持人的主要标准是容貌，而是要看他是不是有强烈的与观众沟通的内心。我希望做这个节目的主持人，是因为我特别喜欢旅游。人与大自然相近相亲的快乐是没法用语言描述的，我要把这些感觉讲给观众听……”杨澜说得非常激动。当时，在场的人仿佛都被她镇住了，她最后也如愿以偿地当上了《正大综艺》的主持人。

无论是从女性角度还是传媒人身份来说，杨澜都是活得非常出色的。她从学生一跃成为中央电视台《正大综艺》节目主持人，正当红极一时的时候，她又毅然辞职去美国念书，回国后，她到凤凰卫视主持《杨澜工作室》并兼栏目制片人，之后她创办了阳光卫视，她的每一次转型都是在挑战自己。杨澜说：“宁可在尝试中失败，也不愿在保守中成功！”

“不担三分险，难练一身胆。”杨澜不怕失败，不怕挑战，在一次次的尝试中挑战自己。正是她这种勇于探索、不断进取的精神使得她不断地进步，最终成为家喻户晓的名人。

约·戈达德是美国历史上著名的探险家，在他15岁的时候，他还只是洛杉矶郊区一个没见过世面的孩子，但是，他心中充满了梦想，把自己一辈子想做的大事列了一个表，并命名为“一生的志愿”。

他在志愿表上列有到尼罗河、亚马孙河和刚果河探险；登上珠穆朗玛峰、乞力马扎罗山；要骑大象、骆驼、鸵鸟和野马，等等。他列的每一个项目都编了号，一共有127个目标要实现。

戈达德把梦想认真地写在纸上后，就开始抓住每一分每一秒，然后下定决心要让目标一一实现。

16岁那年，戈达德终于和父亲到了佐治亚州的大沼泽和佛罗里达州的埃弗格莱兹探险，完成了他的志愿表上的第一个项目。

20岁时，他已经到加勒比海、爱琴海和红海里潜过水了，这年他还成为一名空军驾驶员，在欧洲的天空有了33次战斗飞行经验。

21岁时，他已经到过了21个国家旅行。就在他刚满22岁时，他来到了马拉的丛林深处，还发现了一座古代玛雅文化的神庙。

同年，他成为洛杉矶探险家俱乐部有史以来最年轻的成员，接下来他筹划着实现自己最重要的目标：探索尼罗河。终于，戈达德在26岁那年，和另外两名探险伙伴来到布隆迪山脉的尼罗河之源，又一次实现了他的目标。

紧接着，戈达德积极地完成了他志愿表上的目标：他乘皮筏漂流了整个科罗拉多河，造访了长达二千七百英里的刚果河，在南美的荒原、婆罗洲和新几内亚与食人族一起生活，爬上了阿拉拉特峰和乞力马扎罗山，就这样，他计划中的目标一件件地被实现了。

年近60的戈达德，依然显得年轻，他不仅是一个经历无数次探险的传奇人物，还成了电影制片人、作者和演说家。

戈达德在实现自己目标的过程中，有过18次死里逃生的经历。他说："这些经历让我学会了更加珍惜生活，而且凡是我能做的我都想尝试。我相信，每个人都有自己的目标和梦想，但并不是每个人都会努力去实现。"

勇敢尝试，就是迈向成功的第一步。戈达德的经历告诉我们只有经历过无数的尝试，才会得到人生，只有无数次地尝试，才会换来想要的成功。

每个人都应该生活在希望之中，做任何事都要去尝试、去实践。相反地，如果一个人只是得过且过地一天天混日子，心中没有任何希望，那么，他的生命实际上就已经停止了。只有担了三分险，才会换来一身的胆。

千般易学，一窍难通

人生短暂，须臾几十年。在这有限的几十年间，我们能做的事情很多，但是能做好的却寥寥无几。这也就是老人们常说的“千般易学，一窍难通”吧。其实，在人生道路上，接触一件事物，认识它的表面现象，懂得怎样去做这件事情并不困难，而要认识这个事物的本质，掌握它的内在规律，并不是一件容易的事。这就告诫那些正在人生道路上打拼的人，不要贪图“千般易学”，而要攻克“一窍难通”的困难。只有这样，我们才能从千般的行业中脱颖而出，因为我们手中掌握着别人不懂的“一窍”，有了这“一窍”，成功何难？

生活中，易学难精的例子不胜枚举。就拿大家常见的钓鱼来说，也许钓过鱼的人都有过这样的处境，和同伴并肩垂钓的时候，坐在旁边的同伴总是有鱼上钩，而自己却是一味“傻等”。还有明明有鱼上钩了，却出现竿断鱼走的遗憾。这种情况是应该怪自己运气不好，还是钓鱼工具质量不高呢？或许这都不是答案，因为这些可能都只是外因，真正的内因可能是自己的技术不到家。

钱四是一位钓鱼的资深玩家。他常说：钓鱼是件有学问的事，它涉及的知识范围很广，包括物理、地理、生物等多方面的知识。因为每到一处水域钓鱼都应该考虑该地区的环境，水的深浅，用哪一种鱼饵等。由于需要考虑的东西实在太多了，所以钓鱼本身就充满了挑战性和未知数，这正是钓鱼吸引人的地方。

人们常说只要有耐性就总会钓到鱼。其实，钓鱼除了讲求耐性还得讲求方法，不是一味静静地等待就能成事的。钱四说，能钓到鱼不仅关乎鱼饵还关乎钓鱼者的操作技术，如果熟练的话，就不会走鱼，不会断竿断线。钓鱼需要讲求技巧。钱四总结的经验是钓鱼时应该将鱼竿竖起一定的角度，借助鱼竿的韧性卸去一些冲力。因为鱼在水中时，一斤的鱼有着三斤的力，所以应该把鱼弄得筋疲力尽了再用筛子去捞。鱼没力时，借着水中的浮力和鱼鳔的充气上浮，十斤的鱼就相当于六七斤的鱼了。

对很多人来说，钓鱼是一件挺费时间的事，没鱼上钩还会觉得闷。但钱四先生笑言他在其中获得不少乐趣。他说，钓鱼期间其实会发生不少的趣事，还经常发生一些鱼没上来人倒是先栽进水塘的事。当一个人钓鱼钓困了，就会疏忽大意。有时候等了半天，看到有鱼上钩了，他们就会很兴奋，身体也就不自觉地往前倾，而一旦失去平衡就成了“落汤鸡”了。他说就是他们参加钓鱼比赛期间，落水的事也是时有发生。因为比赛时用的竿是有长度限制的，竿不够长时，人就得尽量往前倾。再加上人一激动，那肯定是落水了。看到别人落水的窘态，周围人自然都会乐不可支。

钓鱼给钱先生带来了不少生活的乐趣，还给他带来了平静的心态。当他一坐在水边垂钓，他就会很快进入忘我的境界，并将一些烦恼的事情都抛开，一心只放在钓鱼的事上。

故事说了这么多，都旨在证明一点，钓鱼是件难事，也是件考验人耐性的事，但是掌握了要领，这件事不但会变得简单，还有很多乐趣，也能对修身养性起到很多增益效果。所谓千般易学，一窍难通。每个人都会拿个鱼竿放上鱼饵垂钓，但这所谓的一窍就是能保证你钓到鱼的技巧了。

懂得了掌握“一窍”对于自己的重要性，那么怎么从千般的行业中找出

适合自己的那一项呢？那就是靠自己的努力，比别人多付出百倍的努力。事情往往就是这样，你只要付出了，就一定会得到回报，要想成功就必须努力。

社会上那些成功人士，哪个不是付出艰辛才有现在的成就的？所以，为了成功，为了成就一份顶天立地的事业，就不要怕吃苦，持续做下去吧，有一天，你会成功的。

由上，我们可以知道，“千般易学，一窍难通”对我们日常生活的影响。它不仅是告诉了我们一个道理，更是给我们的人生以指引。无论在学习上、自我定位上，还是日常的各种选择中，遵循这个道理，都能够让我们的价值得到充分体现。

行不行，先尝试

一个人成功的关键在于尝试。只有敢于尝试，理想才能变成现实；只有在不断的尝试中，你才能一步一步地走近成功；只有通过艰难地尝试，你才会看到事情的结果。不要总是问自己结果会怎样，到底行不行，你得尝试过后才知道。

有很多人这样说："成功始于想法。"但是，只有好的想法，却没有进行尝试，看它是不是真的可行，结果还是不可能成功的。好的想法就像种子，不去培育它，它就只能保持最初的样貌，毫无进展；只有立即行动，它才会长成幼苗，长成参天大树，结出累累硕果。当然，在幼苗成长的过程中免不了要遭遇凄风冷雨的摧残，甚至可能在冰雹、干旱等等恶劣条件下夭折。你的尝试也不一定总能一下子成功，但你确实为之努力奋斗过，那就足够了，因为你获得了与成功同样宝贵的东西——经验。有了这种财富，你便知道如何去避免再次失败，你就已经向成功迈进了一大步，这一切的一切，都是尝试的结果，它将改变你的人生，扭转你的命运。

有多少人可以始终保持尝试的热情呢？

最伟大的发明家爱迪生为了尝试从黄金葛中提炼出橡胶，居然做了10000多次实验。我们能够知道这一点，是因为他在笔记本中记录了每一次实验的过程。在这些实验的过程中，爱迪生曾向一位记者提到，他已经进行了5000次实验。当记者大为惊讶，脱口而出："你的意思是，你已经犯了5000次错误了吗？"爱迪生摇摇头，平静地说："不是这样。我们已经成功地排除了5000种并不适合的方法。"

对于爱迪生来说，5000次的尝试，实际上是5000次的成功，因为他证明了5000种不能从黄金葛中提炼出橡胶的方法。然后他才能继续尝试下去，直到最终成功。

以这样惊人的勇气和毅力，爱迪生取得了一生中的1093项专利，包括电报、现代化的打字机、实用的电话、第一台留声机、家用白炽电灯泡、第一台发电机、电影、储备式电池、混凝土搅拌机、录音机、油印机等改变人类生活的伟大发明。我们可以想象得到，每一项成果的问世都经历了多少次艰难的尝试，可以肯定地说，正是因为尝试，才能创造出这一个又一个伟大的奇迹。

很多人在尝试做一件事的时候，总是希望得到一种保证，希望一次就能成功，这是不可能的。在条件还不成熟的情况下，失败肯定在所难免。但是如果你有一种学习的态度，每次的失败一定会让你变得更加聪明。事实上，每一次尝试、每做一件事对我们都是好的，因为从失败中可以学习到很多经验。重要的不是你尝试做什么，而是你怎么去想。你所尝试做的事情都能让你得到经验，让你能够有正确的思考方式，让你变得更聪明。经历失败可以让我们更聪明，因为我们都不是天才。

你一定要让自己振作起来，要敢于去尝试，不要想想就算了。一件事情的背后往往会遇到很多新的机遇，而这些机会不去尝试是不会遇到的。你所跨出的每一步，往往会给你下一步的人生带来很大的改变。

人生就像我们蹒跚学步的时候一样，每一次尝试，每跨出一步都是一种改变，都是一种新感觉，都会有一种意外的收获和喜悦。不去尝试就没有机会。

只要你始终保持尝试的热情，奇迹就不远了。

想喝甜水自己挑

世界上没有不劳而获的成就，即使天上掉馅饼，也要张开嘴巴去接啊。自助者，天助之。遇到问题时，不要抱怨，不要依赖别人，自己积极地动脑筋，想办法，一切困难都会迎刃而解的。

谁也无法带给你成功，除了你自己。当你懂得自立自助时，就开始走上了成功的旅途。抛弃依赖之日，就是发展自己潜在力量之时。外界的扶助，有时也许是一种幸福，但更多的时候，情况恰恰相反。只有依靠自己的力量，才是长久之计。有句话说得好，“想喝甜水自己挑”。

海尔集团的张瑞敏谈到当初创业时的艰辛，总是感慨万千。那时的海尔仅仅是一个生产电动葫芦的小厂，且亏损高达 147 万元，接手这样的烂摊子对于任何人来说都是需要极大的勇气的，但是张瑞敏没有退缩。1984 年，为了签订与德国利勃海尔公司的电冰箱制造技术合同，海尔人于立民顶风冒雪用两个小时的等待叩开了项目合同的大门；1985 年 8 月，为了能够申请到外汇，赵敦国和张瑞敏出差到山东经贸委，囊中羞涩的他们省吃俭用，住蒸笼一样的简易招待所，用借来的破旧自行车终于跑成了外汇批文；1985 年春节，张瑞敏想方设法给每一个员工发了 5 斤鱼，但是过年不能不发奖金啊，为了能给职工发点奖金，他派人向大山大队三次“磕头”求援，用一颗赤诚的心感动了村公社党委书记王栋贵，终于在腊月廿八将奖金发到了职工的手中……那段日子，虽然很艰苦，但是勤奋的海尔人却都玩命似的跟着张瑞敏干，“领导敢为大伙儿借钱过年，咱也要争口气，好好跟他干，挣了钱把钱还回去”！就这样，海尔在张瑞敏的带领下艰苦奋斗、自力更生，仅仅用了

几个月的时间就使得濒临破产的厂子起死回生了。

正是由于这种自力更生、艰苦奋斗的精神，海尔开创了中国家电行业的新纪元。而现实中的我们，也总会遭遇各种各样的困难，在很多时候，我们却总是习惯于求助他人，却忘却了自己。其实我们身上都有很多尚未开发的潜力，并拥有把难题变成机会的能力，为什么我们不去主动地主宰自己的命运，却要祈求他人的怜悯和帮助呢？

拿破仑年轻的时候，一次到郊外打猎，突然听见有人喊救命，他快步走到河边一看，见一男子正在水中挣扎。这河水并不深，拿破仑端着猎枪，对准落水者，大声喊道："你若不自己游上来，我就把你打死在水里！"那人见求救无用，反而增添了一层危险，便只好奋力自救，终于游上岸来。

拿破仑拿枪逼迫落水者自救，是想告诉他，自己的生命本应该由自己负责，唯有自己对自己负责的生命才是真正有救的生命。

在我们处于困境，没有人救援和帮助时，就应该靠自己寻求生存。为了活下去，战胜困难，我们就要用自己的心智和困境作斗争，在某些危急时刻，就会激发出自己的潜能，发挥出超常的力量。

坐享其成是人性的弱点，更是人的劣根性。很多人在取得一点点成就之后，不是乘胜追击，借助良好的外界条件努力开创更伟大的事业，而是骄傲自满，忘乎所以，将自身的优势消耗殆尽，最终失败了。他们都忘却了一个真理：自己才是最有威力的那个法宝。

许多从艰苦的环境中奋斗出来的人，他们并不比我们拥有更多的天赋，而他们之所以能取得成功，完全是因为他们能够战胜自己、坚强独立。即使我们最终没能到达彼岸，但只要我们努力了，用自己的力量征服痛苦，渡过难关，也能体会到一种快乐。

相信自己，你本身就有无限的潜能。只要能挖掘出潜能，发挥长处和优势，你的人生就会获得意想不到的精彩，创造出更大的价值。

第十三章

岁寒知松柏，患难见真情

礼貌人不怪，多笑惹人爱

做事并不是有“理”就够。很多人因为有“理”在身，所以“理直气壮”地办事情，结果往往适得其反。这其实是因为他们的做事方法太直接了，往往会让人感到不舒服，所以即使有“理”也要变通行事，再多一些“礼”，这样才能顺利方便，百试不爽。

无论是“有‘礼’走遍天下”，还是“伸手不打笑脸人”，都是在强调“礼”的重要性。时时不忘以“礼”待人的人，人际关系才能良好。

一个刚刚走出大学校门的女孩，接到一家大企业的面试通知，她在兴奋之余又非常紧张。在面试那天，尽管做了充分的准备，她还是没能够表现出自己应有的水准，她实在太紧张了，说话结结巴巴、语无伦次，对面的几个考官都皱起了眉头。这时，一位中年男士走进办公室和考官耳语了几句，在他离开时，女孩听到人事主管小声说了句“经理慢走”。那位男士从女孩身边经过，给了她一个鼓励的眼神，女孩非常感激，立刻站起来，毕恭毕敬地对他说：“经理您好，您慢走！”她看到了经理眼中些许的诧异，然后他笑着点了点头。等她再坐下时，她从人事主管的眼中看到了笑意……

一个星期后，她竟然获得了这份宝贵的工作。就是因为她对经理那句礼貌的称呼，让人事部觉得她对行政客服工作能够胜任，所以才改变了对她的印象，决定给她一个机会。

一句礼貌的称呼为女孩赢得了一次难得的机会。这看来很简单，我们每个人都能做到，但很多人忽略了它。

正是因为“礼”在长期规范和维系着人与人的交往。礼在某种意义上就是情，礼节少了，情也就淡了。所以，不管是做人还是处世，多些礼数总没有错，正如那句老话所言“礼貌人不怪，多笑惹人爱”。

在商界，有很多成功的经商之道就是打“微笑牌”。

阿尔米公司是美国钢铁公司和国民制酒公司的一家子公司，是一家生产钛产品的联合企业。几年前它的经营成绩低于一般水平，生产效率和利润都很低，但最近5年来，阿尔米公司获得了引人注目的成功，究其原因是因为“大块头”吉姆·丹尼尔出任总经理的时候实施了“微笑计划”。

《华尔街日报》把这项计划形容为“一个由感人肺腑的口号、相互交流和满脸堆笑组成的大拼盘”。丹尼尔的工厂里到处贴着告示，上面写着：“倘若你看到有谁脸无笑容，那就请对他报以微笑吧。”用心微笑才能让你的工作充满活力。

阿尔米公司的标志就是一张笑脸，信笺上、厂门口、厂徽、工人的安全帽上，这张笑脸无处不在。“大块头”吉姆·丹尼尔花费大量时间用于骑车巡视工厂，他和工人们打招呼，相互微笑，倾听他们的意见，彼此称兄道弟。此外，他也很关心工会，当地的工会主席充满敬意地说：“他让我们出席各种会议，让我们了解工作的进展情况，这在别的行业真是前所未有的。”这样做的结果是，在最近3年里，阿尔米公司几乎未加任何投资，但生产率差不多提高了80%。

无独有偶，同样打“微笑牌”的，还有美国希尔顿酒店。它创立于1919年，在不到90年的时间里，从一家酒店扩展到一百多家，遍布世界五大洲的各大城市。几十年来，希尔顿酒店的生意如此之好，财富增长如此之快，其成功的重要秘诀就是要求员工用心微笑，让顾客有宾至如归的感觉。

希尔顿在创业之初对员工的要求就是：“微笑，记住了，我们要让顾客有回家的温暖，微笑是很重要的，以后我检查你们工作的重要标准就是，今天你对客人微笑了吗？”

1930年是美国经济萧条最严重的一年，全美国的酒店倒闭了80%，希尔顿的酒店也一家接着一家地亏损，一度负债达50万美元。希尔顿并不灰心，他召集每一家酒店的员工，向他们特别交代和呼吁：“目前正值酒店亏空靠借债度日时期，我决定强渡难关。一旦美国经济恐慌时期过去，我们希尔顿酒店很快就能进入云开日出的局面。因此，我请各位记住，希尔顿的礼仪万万不能忘。无论酒店本身遭遇的困难如何，希尔顿酒店服务员脸上的微笑永远是属于顾客的。”事实上，在那纷纷倒闭后只剩下的20%的酒店中，只有希尔顿酒店服务员的微笑是美好的。经济萧条刚过，希尔顿酒店就领先

进入了新的繁荣期，跨入了经营的黄金时代。

不管是做事要懂礼数，还是要微笑待人，它反映的不仅是一个人的教养问题，还反映出一个人的生活态度问题。

人生在世，我们无法阻止岁月的流逝，却可以阻止活力的消失。很多人在年轻时就已经进入了夕阳般的衰老疲惫的工作状态，这都是因为他们忘记了用心微笑。奥利弗·霍尔姆斯 80 岁的时候，人们问他活力依旧的秘诀是什么，他回答说：“要保持愉快的态度，要对自己满意。我从来没有感到愿望得不到满足的痛苦……躁动、野心、不满、忧虑，这些都使皱纹过早地爬上了额头。皱纹不会出现在微笑的脸庞上。微笑是年轻的讯息，自我满足是年轻的源泉。”

如果一个人随时保持乐观的微笑状态，保持心灵永远年轻，那么即使他进入了老年也能够像年轻人那样充满活力。“老骥伏枥，志在千里；烈士暮年，壮心不已。”年龄不是区分衰老与否的主要标志，“笑一笑，十年少；愁一愁，白了头”，无论是处在什么年龄阶段，只要永远保持微笑，你就比别人活得更快乐、更幸福，也更有工作热情。所以，从今天开始用心微笑吧，你会发现原来周围的一切都那么可爱，工作是那么愉快的事情。

话多不如话少，话少不如话好

女人的唠叨对丈夫来说是一场不折不扣的灾难，同样，在人际交往中，爱唠叨的人也是不受人欢迎的。

在现实生活中，很多人都是人群中的活跃者，喜欢以自我为中心，夸夸其谈，当然不会得到好人缘。还有一些人，总是将自己的生活泡在“苦水”里。无论大事还是小事，他们都像“祥林嫂”一样，不遗余力地向人倾诉，向人抱怨。然而，这样做，不仅不会换来同情，还可能惹来别人的厌弃。

俗话说：“话多不如话少，话少不如话好。”话多的人不一定有智慧，话少倒有可能更让人接受。下面这个故事就是最好的说明。

开始时，王艳向别人推销时总是赖在别人面前不走，直到把对方累垮，业绩却毫无起色，久而久之，她对自己的推销能力也产生了怀疑。后来在别人的帮助和指点下，她决定：“并不一定要向每一个我拜访的人推销保险。如果超过预订的时间，我就要转移目标。为了使别人快乐，我会很快离开，即使我知道如果再磨下去他很可能会买我的保险。”

谁知这样做竟然产生了奇妙的效果：“我每天推销保险的数目开始大增。还有，有些人本来以为我会磨下去的，但当我愉快地离开他们之后，他们反而会到另一间办公室来找我，并且说：‘你不能这样对待我。每一个推销员都会赖着不走，而你居然不再跟我说话就走了。你回来给我填一份保险单。’”

沟通不是一件容易的事情。人是复杂多样的，各有各的癖好，各有各的脾性。

在与人相处时，或许你就有这样的感触：当有人想用言辞来引起你的重视的时候，反而他说得越多，在你看来这个人就越是平淡无奇，或者越是觉得他啰啰唆唆惹人讨厌。

这是因为，说得越多，说出愚蠢的话的可能性也就越大。很多时候，如果能保持缄默，或者把话说得简洁一点、直观一些，或者保留一些，给对方留一点遐想，那么可能更受欢迎。

常言道："言多必失。"也是指说话太多的害处。清朝宰相刘墉就曾体验到这样的害处。

提起"刘罗锅"刘墉，人们脑海里立刻出现了一个聪明机智、正直勇敢，且不失几分幽默的人物形象。他凭着自己的正直和聪明周旋于危机重重的官场。但很少有人知道，刘墉也曾遭遇重大转折，受到乾隆皇帝的申斥，本该获授的大学士一职也旁落他人。

究其原因，不过是刘墉守口不密，说话不周，酿成了祸患。一次乾隆谈到一位老臣去留的问题，说若老臣要求退休回籍，乾隆也不忍心不答应。刘墉便将这话泄露给了老臣，而老臣真的面圣请辞。乾隆大为恼火，认为这是刘墉觊觎大学士的明证，是谋官的明证，因而训斥一通，将大学士一职改授他人。

因此，足见言语谨慎对于一个人在职场生存立足具有很重要的意义。职场处世戒多言，多言必失。刘墉由于说话不慎，而将到手的大学士丢了，就是最好的明证。

当然了，与人相处，话要少说更要说得好。在我们的人生中，不但要学会适时地沉默，还要学会优美而文雅的谈吐。少说话固然是美德，但是在该说的时候，要注意所说的内容、意义、措辞、声音和姿势，要注意到什么场合说什么话。无论是探讨学问、接洽生意还是交际应酬、娱乐消遣，我们要尽量使自己说出来的话重点突出、具体而生动。

古语说：兵不在多而在精，说话也应以"精"为好。《墨子闲话》中记下这样一个故事：

子禽有一次问他的老师墨子："多言有什么好处吗？"

墨子回答说："青蛙日夜都在鸣叫，弄得口干舌燥，却不为人们所爱听。而晨鸡黎明按时啼，天下不都被叫醒了！多言有什么好处？话要说到点子上才好。"

事实正是如此。要把话说到点子上，说到对方的心坎儿里，这样才能给交际架起绚丽的彩桥。

主雅客来勤

古人说“人和天地阔，主雅客来勤”，说的就是做人和待客之道。“人和天地阔”表示主人家与人相处之道；意思就是为人和善，注重和谐，能与客人和平相处，宽容待人，正所谓家和万事兴就是这个道理。而“主雅客来勤”讲的就是主人气节高雅、品德高尚、文雅大方，对待客人热情周到，那么不用自己到处宣扬，自然就可以吸引各方宾客前来。

这里所说的雅，指一个人有品位、有学问或者素质高，别人与之交往往往能够感到心情愉悦，或者在谈话交往的过程中能学到一些知识或者在其他方面有所收获。对于这种人，人们也常用“与君一席话，胜读十年书”来表达对他们的赞美与喜爱。

战国时期，齐国的相国孟尝君就是一个雅士，广交天下贤士，共同商讨强国富民的政策。因其名声而前去投奔他门下的门客最多的时候有三千多人。在那个战乱纷纷的时期，正是在这些门客的出谋划策之下，孟尝君在齐国当了几十年相国，没有受到丝毫祸患的影响。

孔子说：“有朋自远方来，不亦乐乎？”说的是有志同道合的朋友自远方而来，不是很高兴的事情吗？每当有客人前来拜访的时候，作为主人应该以诚相待，热情地接待客人，这样客人一定会心情愉悦，也愿意再来拜访。而尊重是待客时最起码的礼貌，如果没有了尊重，也不会有勤来的客人。

以前美国有一对老夫妇，穿着简单朴素的衣服去见哈佛大学的校长。因为没有事先约好而且夫妇二人穿着又比较朴素，校长秘书就武断地认为这二人不会与哈佛有什么业务上的往来，于是很不高兴地说：“我们的校长是非常忙的。”女士说：“没关系，我们可以等。”过了几个小时，实在没办法，校长只好很不情愿地出来见了夫妇二人。这对老夫妇告诉校长：“我们的一个儿子曾经在贵校读过一年书，他非常喜欢这所学校，他在这个学校生活得非常开心。但是不幸的是他去年在意大利游玩时不幸染病离开了我们，所以我们想在学校为他留一个纪念物，以纪念我们的儿子。”

哈佛大学的校长非但没有被这对老夫妇的举动和他们儿子的不幸而感动，反而是非常不屑地说道："我们可是世界名校，每年有无数的优秀学生在这里学习。我们不可能为每个学生都建立一个纪念碑的，那样我们这里不就成了墓地了吗？"这对老夫妇说："我们不是那个意思，我们只是想为学校捐一个教学楼，而以我们儿子的名字为这个教学楼命名。"

校长看了一眼穿着朴素的老夫妇，觉得这对老人是在开玩笑，然后轻蔑地说："你们这对没见过世面的人，还想捐个教学楼，知道在我们学校建一座教学楼要花多少钱吗？我们学校的建筑物价值现在可是超过了 750 万美元。"于是老夫妇二人默默地离开了哈佛大学。校长当时还很高兴，以为自己总算打发走了这对讨厌的夫妇。

但是这对老夫妇默默离开之后，用自己的钱在美国加州投资建立了一所私立学校，并用自己儿子的名字为他们的学校命名，这就是后来的斯坦福大学。现在斯坦福大学已经是世界著名的大学之一，每年为美国加州带来无数的财富，也为世界培养了无数的人才。

仅仅是一次对别人的不尊重，不仅使哈佛失去了一次大大提升自己实力的机会，还因为这次的不尊重从此多了一个实力强劲的竞争对手。这就是不尊重别人付出的代价。

随着科技的进步，社会分工日益细化，做任何事情都需要有别人的配合和帮助，这时就更看出朋友的重要性。如何才能广交四方好友呢？"主雅"是关键，那么关键中的关键又是什么呢？那就是要学会尊重，否则勤上门的朋友也会因为不被尊重而离你远去。

人不在大，要有本事；山不在高，要有景致

刘禹锡曾在《陋室铭》中写道：“山不在高，有仙则名。水不在深，有龙则灵。”说的意思是，一座山，出不出名，不在于其是否高大，一条河出不出名不在于其是否够深，如果山里有仙，不高也会闻名，如果水里有龙，不深照样为人所知。而作为人也一样，就像刘禹锡在后面说的“斯是陋室，惟吾德馨”。他居住的虽然是一间简陋的小房子，但是由于他的品性高尚，一样可以让这座房子闻名。

其实，这不仅是刘禹锡个人的看法，古人也早就总结出了这个道理。有句老话是这样说的：“人不在小，要有本事；山不在高，要有景致。”说的也是这个道理。而且，古往今来，也确实有无数的人在用自己的实际情况证明着这个道理。

翻开史书，我们能看到很多这样的事情，一些看起来不起眼的人，却取得了很大的成就，这其中，有一个典型，就是晏子。

晏子是春秋时齐国人，历任齐灵公、齐庄公、齐景公三朝的卿相，辅政时间长达50余年，是一名出色的政治家和外交家。晏子逝世后，孔子称赞他说：“救民百姓而不夸，行补三君而不有，晏子果君子也！”可谓是对他非常高的肯定了。

晏子虽然有大才，但是外形上并不出众，甚至可以说有些拿不出手，他个子很矮，长得也不好看。在那个人们经常以貌取人的年代里，自然会受到很多轻视，不过，晏子总能用自己的智慧来化解这些不快。

一次，晏子将要出使楚国。楚王听到了这个消息后，对手下说：“我早就听说晏婴是齐国的善于言辞的人，可最近一打听竟然是个矮个子，那肯定就没有什么能耐了，看来传言也未必可信。如今，他就要来了，我想要侮辱他，你们说，用什么办法好呢？”楚王手下们马上回答说：“大王，等他来时，我们绑一个人从大王面前走过。此时，您就问我们：‘绑着的是什么人？’我们回答您‘他是齐国人’，然后大王再问‘犯了什么罪’，我们回答‘犯了偷窃罪’。然后您说‘哦？齐国人都好偷盗吗’，不就侮辱了他吗？”

没过几天，晏子就来到了楚国，楚王表示欢迎之后，请晏子喝酒，就在酒喝得正高兴的时候，两个小官吏绑着一个人从众人面前走过。楚王见状，问道：“绑着的是什么人啊？”小吏说：“大王，这是一个齐国人，犯了

偷窃罪，我们押他去受刑。”楚王听了后，摆了摆手，让两个小吏走了，然后看着晏子问道：“先生，你们齐国人很善于偷东西吗？”晏子听了楚王的话，离开了座席，恭敬地回答道：“大王，我听过这样一件事：橘生长在淮河以南结出来的就是橘子，生长在淮河以北结出来的就变成了枳，两者形状相似，味道却截然不同。橘子甘甜，枳则奇苦。之所以有这样的差别，是因为水土不同。如今，这个人在齐国的时候不偷东西，一到了楚国就偷东西，莫非楚国的水土能让百姓喜欢偷窃吗？”

楚王听了晏子的话后，很尴尬，苦笑着说：“圣人不是能随便开玩笑的，那是在自讨没趣。”从那以后，楚王再也不以貌取人了。

相信很多人都看过这个故事，我们看故事的时候，都会为晏子的机智拍手称快，觉得痛快淋漓，而对楚王，则会觉得他是罪有应得，就该被羞辱。

记住那句话，“人不在大，要有本事；山不在高，要有景致”。

而同时，我们也要从另一方面认识到，真正能够让我们不同于众人的，是能力，是智慧，而不是外貌。因此，我们在改变自己的时候也应该是注重自己的修养而不是注重外貌。不要因为自己的某些外在的东西不如别人就对自己丧失信心，而是应该奋起努力，从内在上充实自己，最后取得成功。

加拿大第一位连任两届总理的让·克雷蒂安小的时候说话口吃，讲话时嘴巴总是向一边歪。

为此，克雷蒂安很伤心，没有自信。后来，妈妈听人说说话的时候嘴里含上一粒石子，可以纠正口吃的毛病，就决定让小克雷蒂安试试。于是，小克雷蒂安就开始了艰苦的训练。

时间长了，克雷蒂安有点懈怠，不想再练了。妈妈看出了他的抵制态度，跟他说：“每一只漂亮的蝴蝶，都是冲破束缚它的茧之后才变成的。如果你能够克服困难，也可以成为一只漂亮的蝴蝶。”

那以后，小克雷蒂安更加认真了。终于，功夫不负有心人，经过长久地磨炼，克雷蒂安能够流利地讲话了。而且，也对自己有了信心。最后，他参加了全国总理大选，并一举夺得总理的位置。在竞选演说中，他曾诚恳地对选民说：“我要通过刻苦努力，带领国家和人民成为一只美丽的蝴蝶。”后来，他成功了，为祖国作了很多贡献，加拿大人民亲切地称为“蝴蝶总理”。

我们要学习的就是克雷蒂安的这种精神，不要因为自己暂时的失意，或是外在条件的不足而对自己失去信心，记住，只要肯努力，就一定能够成功。

我想，看到这里大家已经明白了。外表，或者说外在，并不能证明一个人的真正实力，于己如此，于人亦然。我们不要因为别人外在的不如意而去嘲笑他，也不要因为自己外在的不如意而灰心。看人要看内在，做人一样要做内在。如果你做到了这些，于人来说，你必将是个受欢迎、受尊重的人；于己来说，也肯定能够实现自己的人生价值，做到不虚此生。

请牢牢记住这句话吧：“人不在大，要有本事；山不在高，要有景致。”

花香不在多，室雅不在大

评价一个人的标准有很多，品格，绝对是其中最重要的一个。一个有良好品格的人，必定是热心的，能够急人之困，同时肯定也是正直的，能够坚持自己的操守，看到别人遭遇不公时会挺身而出，去维护正义。他们更是能起到表率的作用，不仅让自己的人生更加精彩，还能照亮别人。好品格就像是一朵鲜花，花朵不多，但香气浓郁；也像是一间屋子，面积不算大，但是却十分雅致。也就是人们常说的“花香不在多，室雅不在大”。

“花香不在多，室雅不在大”这句话是郑板桥说的，指的就是一个人只要有好品格，那么，他不需要有多么高的地位，也不需要有多么多的财富，一样能够得到人们的尊重，受到别人的赞美。事实上，郑板桥不仅是这样说的也是这样做的。在他为官的生涯中，做了很多好事，为很多穷苦的人伸张正义，主持公平，他用自己的行动证明了自己的品格，让人们知道，他是一个言行合一的人。

我们要学习的就是郑板桥这样的人，做一个有品格、有道德的人。哪怕我们只是人海中普通的一员，也要有不俗的气质，坚守自己，影响他人。做一朵平凡但香气浓郁的花朵，做一间不大但雅致的居室。

孔融是东汉末年的大学问家，小时候才思敏捷，聪明好学，反应很快，大家都夸他是神童。孔融4岁时，就已能背诵许多诗赋，并且懂得礼节，父母兄长都非常喜爱他。

这天，父亲的朋友来孔融家做客，带了一盘梨子，送给孔融兄弟们吃。父亲接过篮子后，就交给了孔融，叫孔融分梨。孔融挑了一个最小的梨子给自己，其余的按照长幼顺序分给了兄弟们。父亲和朋友都很惊讶，就问孔融为什么要这么分。小孔融说："我年纪小，是家里的小弟，就应该吃小的梨，把大梨让给哥哥们。"父亲听后十分高兴，又问道："可是，弟弟也比你小啊？为什么也要给他大的。"孔融回答："因为弟弟比我小，所以我才应该让着他啊！"这便是家喻户晓的孔融让梨的故事。

如今，孔融早已作古，但他的这种懂得谦让的品格，却早已印在我们的文化和传承当中，被我们一代又一代的人所铭记。由此，也可以看出品格之于人的作用，它可以穿越千古，让后世铭记一个人的所为所行，通过传承让品格高尚的人得到千代万代的称颂。同时，也能让一个人的价值得到升华，让人脱离低级趣味，超越自我。

我国有五千年的文明，在这文明长河中，有很多品格高尚，为民族、为他人奉献自我的人，这些人就是文明历程中的那些花朵，虽不多，但香气浓郁。在这其中，有一个是值得大书特书的，她就是王昭君。

王昭君，名嫱，字昭君，汉朝人，生于南郡兴山县。因聪慧丽质，貌美知礼，汉元帝时被选入宫中做"待诏"。

西汉晚期，汉王朝和匈奴议和，停息了长期的战乱，恢复了"和亲"关系。汉元帝竟宁元年，西汉王朝答应匈奴呼韩邪单于的要求，派王昭君出塞和亲。从此出现了汉匈和好、互不侵害的局面，王昭君在其中起了很大作用，也因此受到历代人民的称赞。

王昭君自愿出塞，为两族的和平作出了巨大的贡献。她还从西汉带去了很多农作物的种子，并亲自交给匈奴人耕种的方法，让他们在牲畜不够吃的时候，还能存有一定的食物，以解生计之困。同时，王昭君还大力在匈奴推广汉文化，增加匈奴人对汉人的了解，这也为两族的和平共处起到了很大的作用。

王昭君一生基本都是在匈奴度过的，可以说是为了两族的和平贡献了自己的全部青春。但她始终无怨无悔，从未抱怨，也从未想过要逃避，而是始终兢兢业业，真正尽到了一个"使者"的责任。她之所以能做到这样，靠的就是其个人的品格。正是这种品格的支撑，才让她在没有亲人、习俗也不同的异乡度过了自己那漫长而又波澜壮阔的一生。也正是这种品格，让她成了我们的巾帼英雄，成了家喻户晓的名人，为历史所铭记。

通过这些古人的言行和事迹，我们看到了品格对一个人的

重要性。一个有良好品格的人，不仅能让自己的价值得到彰显，更是能够影响别人，成为别人的榜样。我们的民族正是因为有千千万万个这样的人，才会有辉煌灿烂的五千年文明，才会有悠久的历史文化传承。作为一个现代人，我们要做的就是继承古人传统文化的精华，以他们为榜样，并努力超越前人，为继承和传播中华民族的文化传统贡献自己的那一份力量，同时也让自我的价值得到最大的体现。

人人都喜欢鲜花，都喜欢雅室，但光喜欢是不够的，更重要的是，变喜欢为拥有。只有通过自己的努力，提升自己的品格，才能变成社会中的鲜花和雅室，才能得到更多人的认可，也才能让我们的人生更有意义。而想要做到这些，就要从日常的小事开始，慢慢积累，功夫到了，境界自然就到了。

当然，我们也必须要看到，在这个过程中，肯定是会有很多的困难的，我们会经受各种各样的干扰。不过不要怕，只要坚持住了，自然就能成功。到那时，你将会感受到品格给你带来的益处。那不仅是自我的愉悦，更有别人的赞扬和鼓励。所以，从现在开始，努力提高自己的品格吧，努力做一朵鲜花，一间雅室。虽然你可能只是一朵，只是一间，但并不影响你散发香气，散发雅致。

远亲不如近邻，近邻不抵对门

常言道：“远水不解近渴，远亲不如近邻。”和谐的邻里关系也是良好家风的一部分。

晚清名臣曾国藩对邻里关系就十分重视。他在给儿子纪泽的信中写道：李申夫（曾国藩幕僚）的母亲曾经说过，“（有些人家）用钱和酒款待远方的亲戚，可一旦遇到火灾、盗贼，却只能央求邻居帮忙”，这是告诫富贵人家不能只知道善待远方的亲戚而怠慢近在眼前的邻居啊。

在处理邻里关系方面，曾国藩非常注重一些细节。咸丰二年（1825 年）八月，在太湖县任职的曾国藩接到母亲病故的噩耗，连忙返乡奔丧。途中，他怕弟弟和儿子因此事影响邻里关系，就写了一封信给他们，特别叮嘱他们不要催讨亲族乡邻欠他们家的款项，并强调即使送来也可退还。欠债还钱本是天经地义的事，何况在曾家遭遇考妣之丧的大事的时候呢？但曾国藩也借过钱，知道借钱的人都是极为窘迫的，万不得已才开口借钱。所以，曾国藩不催讨是体谅借钱邻里的难处。正是这种想人所想、急人所急的做法，为曾家换来了和谐的邻里关系。

善待邻居也可以说是我们中华民族的优秀传统，这方面也有很多家喻户晓的故事，清代“六尺巷”的故事就是礼让待邻、促进邻里和谐的美谈。

清朝康熙年间，当朝宰相张英的家人打算扩建府宅，与邻居叶家产生了冲突，两家互不相让。张英的家人就给远在京城的张英写信，想请他出面干涉。张英对家人倚官欺人的做法很不满意，就写了一首诗作为回信：“千里家书只为墙，让他三尺又何妨？万里长城今犹在，不见当年秦始皇。”意思是说：“你千里迢迢写来家书，原来就是为了一面墙的事情。就让别人三尺的地方又会怎样呢？你看万里长城今天还在吧，但是修建长城的君王秦始皇早就作古了。”家人看到信后受到感化，打消了锱铢必较的念头，按照张英的意思后退三尺筑墙。叶家一看深受感动，也后退了三尺。结果在张、叶两家之间便让出了一条方便乡邻的六尺小巷。于是就有市井歌谣云：“争一争，行不通，让一让，六尺巷。”“六尺巷”的故事从此就成为和谐邻里关系的最佳教材。

《南史》中记载了一则“高价买邻”故事：

有个叫吕僧珍的人，生性诚恳老实，又是饱学之士，待人忠实厚道，从不跟人家耍心眼。吕僧珍的家教极严，他对每一个晚辈都耐心教导、严格要求、注意监督，所以他家形成了优良的家风，家庭中的每一个成员都待人和气、品行端正。吕僧珍家的好名声远近闻名。

南康郡守季雅是个正直的人，他为官清正耿直、秉公执法，从来不愿屈服于达官贵人的威逼利诱，为此他得罪了很多人，一些大官僚都视他为眼中钉、肉中刺，总想除去这块心病。终于，季雅被革了职。

季雅被罢官以后，一家人都只好从壮丽的大府第搬了出来。到哪里去住呢？季雅不愿随随便便找个地方住下，他颇费了一番心思，离开住所，四处打听，看哪里的住所最符合他的心愿。

很快，他就从别人口中得知，吕僧珍家是一个君子之家，家风极好，不禁大喜。季雅来到吕家附近，发现吕家子弟个个温文尔雅、知书达理，果然名不虚传。说来也巧，吕家隔壁的人家要搬到别的地方去，打算把房子卖掉。季雅赶快去找这家主人，愿意出1100万两的高价买房，那家人很是满意，二话不说就答应了。

于是季雅将家眷接来，就在这里住下了。

吕僧珍过来拜访这家新邻居。两人寒暄一番，谈了一会儿话，吕僧珍问季雅："先生买这幢宅院，花了多少钱呢？"季雅据实回答，吕僧珍很吃惊："据我所知，这处宅院已不算新了，也不很大，怎么价钱如此之高呢？"季雅笑了，回答说："我这钱里面，100万是用来买宅院的，1000万是用来买您这位道德高尚、治家严谨的好邻居的啊！"

季雅宁肯出高得惊人的价钱，也要选一个好邻居，这是因为他知道好邻居会给他的家庭带来良好的影响。

家家都有作难的时候，和谐的邻里关系此时就显得尤为重要，正如《教儿经》中所言：莫把邻居看轻了，许多好处说你听。夜来盗贼凭谁赶，必须喊叫左右邻。万一不幸遭火灾，左右邻舍求纷纷。或是走脚或报信，左右邻居亦可行。或是耕田并作地，左右邻居好请人。或是家中不和顺，左右邻居善调停。

生活中就有很多这样感人的事例：

一天，家住广西柳州的蒙先生在看摊时，发现一名小偷进入自己居住的居民楼，陆续搬下来邻居的冰箱、彩电，装在了外面等候多时的小货车上。蒙先生赶紧拨打110报警，并拦住了那辆准备离开的小货车。这时邻居们也纷纷上前，把小偷的车团团围住。几分钟之后，民警赶到现场，将企图逃跑的小偷制伏。

邻居的作用有时候是无可替代的。家住沈阳和平区的陈女士丈夫去世了，上学的儿子又住校，平时就自己一个人。一天晚上，陈女士肾结石发作，疼得几乎昏死过去。邻居侯女士知道后，立即拦车将她送到医院，掏钱帮忙办手续，直到半夜还守在她身边。陈女士醒来后，第一个见到的就是她，“如果没有侯姨，我儿子就成了孤儿了，她的恩情我终生难忘。”陈女士感激地说。

“邻居好，无价宝。”邻居在很多时候，比亲人更能帮助我们解决燃眉之急。好邻居对我们生活的益处，相信大多数人都体验到过，从中受过益，与邻居友好相处，也是生活中必做的功课。

济人须济急时无

人们常说“济人须济急时无”，这句话讲的是锦上添花的事情，做的人多，没必要去跟风；雪中送炭，才是急人之所急，才是真心实意地帮助别人。

很多年前一个感恩节的早上，别的家庭都在喜气洋洋准备丰盛的早餐，而有一家人却极不愿醒来，因为年轻的父母不知道如何庆祝这么重要的一天，虽然他们有感恩的心，但是他们实在穷得可怜，这一天连吃顿饱饭都是一个问题，大餐更是想都别想，如果早点儿和当地的慈善团体联络，或许就能分得一只火鸡及烹烤的佐料，可是他们没这么做，这是为什么呢？原因是他们有骨气，不愿意这样做，所以造成了现在的局面。

生存有了问题，那么矛盾就无可避免了，没多久这年轻的父母就争吵起来，为的也是关于食物领取的事情。随着双方越来越激烈的争吵，孩子们都捂紧了耳朵，在最大的男孩的眼里，此时只有深深的无奈和无助。

然而，这个时候命运开始改变了。

沉重的敲门声在耳边响起，男孩前去应门，眼前出现一个满脸笑容的男人，他的手中提着一个大篮子，里面满是各种所能想到的应节食物：一只火鸡、配料、厚饼、甜薯以及各式罐头，这些全是感恩节大餐所不可少的。男孩的父母也听着声音出来了，眼前的场景让大家一时都愣住了，不知道是怎么一回事，男人随之开口道：“这份礼物是一位好心人要我送来的，他希望你们知道还是有人在关怀和爱你们的。”开始的时候，男孩的父亲还极力推辞，后来，那人说：“不要难为我了，我也只不过是个跑腿的。”然后，他说了一句“感恩节快乐”后就离开了。

就在那一瞬间，小男孩的生命从此就不一样了。虽然这只是一个小小的关怀，却让他对人生始终抱有希望，在他内心深处有了一股对生活的感恩之情，他发誓日后也要以同样方式去帮助其他有需要的人。

男孩到了18岁的时候，他终于有能力来兑现当年自己的誓言。虽然此时他的收入还很微薄，但是在感恩节时他还是买了不少食物，打算去送给极为需要的家庭。那一天，他穿着一条老旧的牛仔裤和一件T恤，假装是个送货员。当他到达那破落的住所时，前来开门的是位妇女，女人带着提防的眼神望着他。她的六个孩子，也都在背后。这位年轻人开口说道：“我是来送货的，女士。”

说完他便回转身子，从车里拿出装满了食物的袋子及盒子，里面全是感恩节的必需品。见此，那个女人当场傻了眼，而孩子们也爆出了高兴的欢呼声。女人的眼眶湿润了，她抓住年轻人的手，一直不停地说谢谢。

年轻人有些腼腆地说道："噢，不，不，我只是个送货的，是一位朋友要我送来这些东西的。"随之，他便交给这位妇女一张字条，上头这么写着：

我是你们的一位朋友，愿你一家都能过个快乐的感恩节，也希望你们永远幸福！今后你们若是有能力，就请同样把这样的礼物转送给其他有需要的人。

年轻人把一袋袋的食物不停地搬进屋子，使得兴奋、快乐和温馨之情达到最高点。当他离去时，那种人与人之间的亲密感和相助之情，让他不觉热泪盈眶。回首瞥见那个家庭的张张笑脸，他对自己有余力帮助他们，感到非常高兴。

就从那一次的行动开始，年轻人继续以行动回报当年他及家人所得到的帮助，提醒那些受苦的人们天无绝人之路，总是有人在关怀他们，不管所面对的是多大困难，即便是自己所知有限、能力不足，但只要坚信生活还有希望，只要肯拿出实际行动，寻找自我成长的机会，最终能够获得长远的幸福。

帮助别人是一种精神的传递，只要你真心地帮助别人，那么你自己也同样能得到帮助，因为爱心是无限循环的，帮别人也是等于帮自己，生活中哪怕是一个小小的恩惠、一声简单的问候，哪怕是微不足道的小事，都是给人以爱的鼓舞。

生活中，在我们看来，给予别人的或许只是一点儿小小的帮助，但是在得到帮助的人眼里，这种帮助却无异于天降甘露，甜美万分。被帮助的人会将这份恩惠牢牢铭记于心，也许在未来的某一个时间，在我们需要别人帮助的时候，说不定他人会以数倍甚至数百倍的回报回馈给我们。

第十四章

活着一分钟，战斗六十秒

世上无难事，只要肯攀登

没有人能一步到达山顶。真正达到人生顶峰的人，是一步一个脚印往前迈进，不管路途有多么的崎岖。“世上无难事，只要肯攀登”，成功路上，不会都是坦途，总会遇到一些难事，但是遇到了困难的事，我们也不能就此被打消了锐气，从此畏首畏尾。要坚信，世上没有困难的事，路在自己脚下，不要畏惧艰难，勇往直前走下去，总会克服困难的。

1940 年，对英国人来说那是一段非常艰难的日子：敦刻尔克大撤退后，希特勒已将自己的纳粹势力扩展到了西欧的大部分地区。在这种情形下，丘吉尔为了鼓舞英国人民的斗志，安慰他们恐惧和不安的心灵，发表了重要的演讲。

这些演讲甚至在我们今天阅读它们的时候，也让我们内心充满面对人生任何困难永不放弃的决心。

“虽然欧洲的大部分土地和许多著名的古国已经或可能陷入了盖世太保以及所有可憎的纳粹统治机构的魔爪，但我们绝不气馁、绝不言败，将战斗到底。我们将在法国作战，我们将在海洋中作战，我们将以越来越大的信心和越来越强的力量在空中作战，我们将不惜一切代价保卫本土，我们将在海滩作战，我们将在敌人的登陆点作战，我们将在田野和街头作战，我们将在山区作战。我们绝不投降。”

这些演讲让每个听演讲的英国人内心充满坚定的信念，这些演讲字字真谛，进入了英国人的灵魂深处，唤起了每个英国人的雄心。

爱迪生说：“我最需要的，就是做一个能尽我所能的人。尽我所能，那是我的问题；不是拿破仑或林肯的所能，是尽我所能。我能够在我生命中贡献出最好的，抑或是最坏的，能够利用我能力的10%、15%、25%，抑或90%，这对于世界、对于自己，都可以生出很多差异来。”

在我们日常生活中，很多人是登山运动的爱好者，但很少有人能挑战自我，达到顶峰。关于“人为什么要去登山”这样的问题，英国人乔治·马洛里的回答一直被全世界奉为经典，“因为山在那里”——的确，我们人生的道路上，山存在了，我们要做的就是勇攀高峰，才能继续下面的路。如果我们见到了山，退缩了，那么我们永远走不到终点，跟着远山的呼唤，向山的那一边进发。

一位熨衣服的工人，周薪只有几十美元，他们一家住在拖车改造的房子里，他的妻子收入也很低，他们的生活很艰苦。

一天，他们的孩子耳朵发炎，他只好把家里的电话撤掉，省下钱来为孩子买抗生素治疗。

虽然日子清贫，但这位工人有个远大的梦想，就是希望成为一名作家。于是他利用自己工作之外的时间不停地写作，家里要是省下点儿钱也被他拿来打印稿件，用来付邮费，寄稿子给出版社。但是他的稿子都被退了回来，理由很简单，小说结构死板，没有新意。

一天，他读到一部小说，这部小说风格与自己以前写的一本小说风格很类似。于是，他把自己的小说寄给了出版那本小说的出版社，那家出版社把他的这本小说拿给了皮尔·汤姆森。

几个星期之后，这个工人收到了汤姆森的来信，信中大意是：这份原稿瑕疵太多，但是他觉得此书作者很有作家的天分，不要气馁，要坚持写下去。

在此后的两年内，他先后又写了两部小说，但都被出版社退回。他还是坚持着，开始写自己的第四部小说，不过由于生活的窘境，他开始怀疑自己的写作之路到底对不对。

一天夜里，他偷偷把自己的小说，扔进了垃圾桶。第二天，他的妻子又把它捡回来，对他说："你是很有天分的，不要为了别人不赏识你就中途退缩，尤其是你快要成功的时候。"

他听了妻子这话，虽然还在犹豫，但是最终坚持下来，因为他认为只要有人相信自己能行，那就要坚持下去，不管这个路多难。

他写完自己的第四部小说，把它寄给了汤姆森，但对此没抱多大希望。

他没想到自己成功了，汤姆森出版公司预付了 2500 美元给他。这部小说就是大名鼎鼎的史蒂芬·金的《嘉莉》。这部小说后来卖掉了 500 万册，并被拍摄成电影，成为 1976 年最卖座的电影之一。

斯蒂芬·金，在攀登了人生的第一座大山之后，一发不可收拾，先后出版了几十本恐怖小说，成了现今最为流行的恐怖小说家之一。

人生如同攀登高峰，在你奋力向上攀爬的时候，可能遇到狂风，也可能会有雪崩，但不要害怕，心中只要有勇敢的信念，就一定能到达顶峰，俯瞰芸芸众生。

工作中，我们也不可能总是阳光灿烂，必然会有乌云密布的恶劣天气，也会有崎岖泥泞的险路。这时候，你更需要的就是坚定的信念。如果你不甘平庸，那你更应该懂得，能够在华山论剑的，一定是有着"天不怕，地不怕"信念的勇士。我们也要养成，在难题面前绝不退缩，在疲惫之时绝不懈怠，在闲暇时间绝不松弛的习惯，时刻准备着往自己的人生巅峰进发，相信在不久的将来，一定会有拨开云天见明月之时。

不怕百事不利，就怕灰心丧气

人的一生会经历很多的挫折，每个人都会遇到这样或者那样的困难。当我们遇到挫折时，我们不应该感到灰心丧气，知难而退；而是应该积极面对挫折，努力去战胜挫折，从而让成功降临。

每个人的一生或多或少或大或小都会遇到磨难和坎坷，而每一个人面对这些磨难和坎坷时都会有不同的态度，有的人百折不挠、一往无前，有人则犹豫不前甚至退避三舍。这不同的人生态度会导致不同的人生道路，甚至会塑造完全不同的个人命运。

“我的人生中只有两条路，要么赶紧死，要么精彩地活着。”这是无臂钢琴师刘伟的励志名言。刘伟10岁的时候，他因一场事故而被截去双臂。在他12岁的那年，他在康复医院的水疗池里学会了游泳，2年后，刘伟在全国残疾人游泳锦标赛上夺得了两枚金牌；16岁他学会了打字；19岁学习了钢琴，一年后就达到了相当于用手弹钢琴的专业七级水平；22岁他勇敢地挑战了吉尼斯世界纪录，一分钟打出了233个字母，成为世界上用脚打字最快的人；23岁时他就登上了维也纳金色大厅的舞台，让全世界都见证了中国男孩的奇迹。当袖管两空的刘伟走上舞台时，所有人都知道他要表演什么，但是没人能想象他究竟要怎样用双脚弹奏钢琴。当他坐到特制的琴凳上之后，优美的旋律就从他的脚下流了出来，他的十个脚趾在琴键上灵活地跳跃着，顿时，全场陷入了一片安静，每个人都在用心聆听这用毅力演奏的天籁之音。当刘伟表演结束之后，所有观众都起身为他鼓掌。刘伟的身后，站立着他伟大的母亲。一个普普通通的家庭妇女，识字不多，但是懂得一个最基本的道理：这个世界没有什么可以依赖，除了他自己。刘伟没有让母亲失望。

令人欣慰的是，刘伟的自述《活着已值得庆祝》已经出版。而根据他的真实故事创作、由他和倪萍等主演的电影《最长的拥抱》已经杀青，倪萍说：“我要买十本送给那些有胳膊的人看。”

感动中国推选委员易中天这样评价刘伟：“无臂钢琴师刘伟告诉我们：音乐首先是用心灵来演奏的。有美丽的心灵，就有美丽的世界。”

推选委员陆小华是这样说刘伟的：“脚下风景无限，心中音乐如梦。刘伟，用事实告诉人们，努力就有可能。今天的中国，还有什么励志故事能赶上刘伟的钢琴声？”

而感动中国组委会的颁奖词是这样说的：“当命运的绳索无情地缚住双臂，当别人的目光叹息生命的悲哀，他依然固执地为梦想插上翅膀，用双脚在琴键上写下：相信自己。那变幻的旋律，正是他努力飞翔的轨迹。”

刘伟面对生命给他的挫折，面对人生对他的严酷考验，面对没有双臂的巨大缺陷，他没有选择低头，没有惧怕挫折，他没有退缩。相反地，他勇敢地面对现实，他勇敢地回击了命运对他的折磨考验。面对人生的痛苦，他没有灰心丧气，他用自己的坚毅诠释了生命的重量。

一个人不怕起点低，不怕遭遇失败，就怕消极，怕灰心丧气。一个人千万不能被困难和挫折吓倒，相反地要鼓励自己去奋斗，要用实际行动来改变别人的看法。万事不利，不应该成为甘心平庸的托词，相反，应以此激励自己加倍努力、要奋发向上。能改变自己人生的只有自己，而不是别人。无论处于何种生活境地，如果自己乐观开朗、积极上进，努力学习和工作，那么人生会变得五彩缤纷、绚丽多彩；如果自己悲观消极、失望落后、无所事事，不肯好好去学习和工作，那么人生会变得漆黑一片、苦不堪言。每个人都不要让自己生活在黑暗当中，而应该生活在阳光之下。

发明大王爱迪生出生于一个普普通通的劳动人民家庭，虽然他只读了3个月的书，但是他却非常喜欢发明。有一次，爱迪生在火车上做实验。因为他的不小心，很多的化学物品都倒在了地上，化学物品在遇到了空气后导致了火车起火。因此，火车司机给了他一记重重的耳光，把他的耳朵都打聋了，并且把他的化学物品全部扔了。但他并没有因为这些而放弃发明，经过许许多多的失败，经历多次的困难，终于成为一名发明大王。其中爱迪生发明电灯就经历了多达1600次的失败后才最终成功。

他从白炽灯开始着手试验。他把一小截耐热的东西装在玻璃泡里，当电流把它烧到白热化的程度时，便由热而发光。他首先想到碳，于是就把一小截碳丝装进玻璃泡里，可刚一通电马上就断裂了。

经过思考，爱迪生又想到用白金进行试验。紧接着，爱迪生和他的助手们用白金试了好几次，可这种熔点较高的白金，虽然使电灯发光时间延长了好多，但不时要自动熄掉再自动发光，仍然很不理想。

爱迪生并不气馁，继续着自己的试验工作。他先后试用了钡、钛、铟等稀有金属，效果都不是很理想。

接下来，他与助手们将这1600种耐热材料分门别类地开始试验，还是采用白金最为合适。由于改进了抽气方法，使玻璃泡内真空。灯的寿命已延长到2个小时。但这种由白金为材料做成的灯，价格太昂贵了，谁愿意花这么多钱去买只能用2个小时的电灯呢？

爱迪生看到用棉纱织成的围脖，脑海中突然萌发了一个念头：棉纱的纤维比木材的好，能不能用这种材料？

他急忙从围巾上扯下一根棉纱，小心地把这根棉纱装进玻璃泡里，效果果然很好。爱迪生非常高兴，制造了很多棉纱做成的灯丝，进行多次试验。灯泡的寿命延长到13个小时，后来又达到45小时。

但是爱迪生仍旧没有满足，他的目标是希望亮1000个小时，最好是能够亮16000个小时，于是爱迪生不停地试验，终于让电灯亮的时间更长了。

就像爱迪生一样，做事一定要勇往直前，不怕艰苦，不怕困难，不管经历了多少次失败，都不放弃，最后你才能获得成功，并从中获得经验。在遇到同样的事情中，才能完成得更好，更出色。

“不怕百事不利，就怕灰心丧气”，各种挫折不可怕，可怕的是一颗屈服的心。面对各种困难时不要灰心，勇敢地去面对，你会发现只要有毅力坚持下去，困难最终会被踩在脚下。

刀不磨要生锈，人不学要落后

一只蜜蜂要酿造 1 千克的栀子花蜂蜜，需要采集 100 万朵栀子花的花蜜，假若采蜜的花丛与蜂房之间的平均距离是 1.5 公里，它就得累计飞行 45 万公里，差不多等于地球赤道总长的 11 倍。这正体现了“勤奋”。

这只蜜蜂要酿造 1 千克的油菜花蜂蜜，也需要采集 100 万朵油菜花的花蜜，只是油菜花丛距离蜂房更远，已经越过小河的对岸去了，这只蜜蜂仍然像往常一样飞行 1.5 公里，在小河这边的枯萎的栀子花丛中寻找油菜花。结果这只蜜蜂没有完成采蜜任务，失望地错过了整个油菜花采蜜季节。这样就不仅仅是“勤奋”二字能够解决的问题了。

这只蜜蜂的错误有二：

其一，栀子花丛已经枯萎，已经不可能采到花蜜，采蜜光靠勤劳是不行的。

其二，这只蜜蜂的任务是采集油菜花花蜜，它没有探索新的路线，结果还是按照自己旧的思路去做，必定是要失败的。

正如一个人，虽然懂得勤奋对于一个人成长的重要性。如果不时刻保持清醒的头脑，与时俱进，就不能掌握最新的科学技术，就会对周围环境反应迟钝，不能适应环境的新变化，最后会被社会所淘汰。因此我们不能放松自己，应该时刻保持旺盛的学习劲头。

列夫·托尔斯泰说过：“要有生活的目标，一辈子的目标，一段时期的目标，一个阶段的目标，一年的目标，一个月的目标，一个星期的目标，一天的目标，一个小时的目标，一分钟的目标。”

总之，人生就要有目标。我们在执行目标的时候，也不要一味固守先前的经验或已获得的知识，要按照时代或环境的需要，随时不断学习和实践，这样才能在完成自己目标的道路上，时刻保持与时俱进的头脑，才能成功而不是事倍功半。

罗德岛围墙已经存在了一个多世纪了，这堵墙是由大理石一块一块砌成的，之所以有名，不仅在于它坚固的外观，更多的在于它的艺术价值。一块块大理石在能工巧匠的手中，变成了精美的雕像，直到现在仍然令人惊叹。这堵墙是住在罗德岛的一个人耗费大量时间砌成的，挑选的每一块大理石都是经过他自己考虑，研究它们的特征，最后斟酌着把它们放在最佳的位置上。等到砌成后，他又对这堵墙进行不同角度观察分析，倾尽后半生才最终完成这个巨大的“作品”。

石墙完成之后，吸引了世界各地的人，前来一睹石墙的艺术魅力，他也很乐意为大家讲解每一块石头的来历，似乎这些石头每块都有它们特有的生命力。

他用自己的双手，为自己赚来了很多的财富。他认为，以后他的孩子继承的不应该是这些财富，而是自己隐含在物质财富之中的技巧、洞察力和创新的思维。因为财富是可以用尽的，可是这种创造财富的精神是取之不竭的。

上面这位罗德岛的人，他在雕琢这些雕像的时候，要是仅仅关注每一个雕像的特点，没有在砌成石墙之后，再整体上把握每块石头在石墙中的合适位置，那也是不能有这么完美的作品问世的。因此我们在做每件事情的时候，不能觉得一开始完美，就始终是完美的，我们要用发展的眼光看待周围的世界，要不断地学习。因为“刀不磨要生锈，人不学要落后”。

工作宜赶不宜急

工作是忙不完的，所以工作要“赶”，但不要“急”，应该忙中有序地赶工作，而不要紧张兮兮地抢时间。任何事积累到一定程度都会形成压力，心中背负着太多东西的人往往容易乱了分寸，无法静下心来理清思路，所以容易焦躁、抱怨，甚至愤怒。与其被忙不完的工作所驱使，不如在自己的能力范围之内，坦然面对，做得到的去做，做不到的不强求。

积极的职场人，总是能够将手头的工作理出大小内外，轻重缓急，从而按部就班，有次序地一件一件解决，这样做，既可以保证工作速度，又能保持从容不迫的心情。

有一个农夫挑着一担橘子进城去卖。天色已晚，城门马上就要关了，而他还有二里地的路程。这时迎面走来一个僧人，他焦急地赶上前去问道：“小和尚，请问前面城门关了吗？”

“还没有。”僧人看了看他担中满满的橘子，问道，“你赶路进城卖橘子吗？”

“是啊，不知道还来不来得及。”

僧人说：“你如果慢慢地走，也许还来得及。”

农夫以为僧人故意和自己开玩笑，不满地嘀咕了两声，又匆忙上路了。他心中焦急，索性小跑起来，但还没跑出两步，脚下一滑，满筐橘子滚了一地。

僧人赶过来，一边帮他捡橘子，一边说：“你看，不如脚步放稳一些吧？”

农夫急于求成，一味求快，结果却恰恰相反。工作亦是如此，积极与速度并非同义词，速度与效率也往往不成正比，与其在手忙脚乱中浪费时间，不如张弛有度、井然有序地设计好每一步要踏出的距离。一味求快，往往会造成恶果。

“涓流积至沧溟水，拳石垒成泰华岑。”这一出自宋代陆九渊《鹅湖和教授兄韵》的诗句劝喻人们：涓涓细流汇聚起来，就能形成苍茫大海；拳头大的石头垒砌起来，就能形成泰山和华山那样的巍巍高山。只要我们一步步勤勉努力地往前赶，就能够到达梦想的彼岸。

有一个小和尚，在树林中坐禅时看到草丛中有一只蛹，蛹已经出现了一条裂痕，隐约能看见正在其中挣扎的蝴蝶。

小和尚静静地观察了很久，只见蝴蝶在蛹中拼命挣扎，却怎么也没有办法从里面挣脱出来，几个小时过去，小和尚依然坐在那里静静地看着。

这时候，护林人家的孩子跑了过来，看到地上挣扎的蛹，不由分说地捡起来将蛹上的裂痕撕得更大了，小和尚甚至来不及阻止。

小孩子数落着小和尚："师父，你是出家人，怎么连点儿慈悲心也没有呢？"

小和尚无奈地叹了口气，说道："你为何这般性急呢？蝴蝶还没有着急，你为什么这么鲁莽地改变它的生命呢？"

果然，当蝴蝶出来之后，因为翅膀不够有力，变得很臃肿，飞不起来，只能在地上爬。

孩子本想帮蝴蝶的忙，结果反而害了蝴蝶，正是"欲速则不达"。由此不难看出，急于求成只会导致最终的失败。所以，我们不论是在工作，还是在生活中，都不妨放远眼光，注重积累，厚积薄发，自然会水到渠成，实现自己的目标。

很多人在工作中都会像那个孩子一样，急于求成，急于看到结果，恨不得揠苗助长，最后导致工作做得一塌糊涂。

现代职场人，并非高速运转的现代机器，莫不如以一种骑士精神尽展潇洒，纵横驰骋于纷乱的生活，却保持一种美丽的心情，采一柱大漠的孤烟映照黄昏的落日，捉一轮浑圆的清月放飞自由的心灵！

三分苦干，七分巧干

人们常说：一件事情需要三分的苦干加七分的巧干才能完美。意思是行事时要注重寻找解决问题的方法，用巧妙灵活的方法解决难题，胜于一味地蛮干。也就是说，“苦”的坚韧离不开“巧”的灵活。一个人做事，若只知下苦功，则易走入死胡同，若只知用巧，则难免缺乏“根基”，三分苦干加上七分巧干才能达到自己的目标。

王勉是一家医药公司的推销员。一次他坐飞机回家，竟遇到了意想不到的劫机。通过多方努力，问题终于得以解决。就在要走出机舱的一瞬间，他突然想到：劫机这样的事件非常重大，应该有不少记者前来采访，为什么不好好利用这次机会宣传一下自己公司的形象呢？于是，他立即从箱子里找出一张大纸，在上面写了一行大字：“我是 ×× 公司的 ××，我和公司的 ×× 牌医药品安然无恙，非常感谢救了我们的人！”他打着这样的牌子一出机舱，立即就被电视台的镜头捕捉到了。他成了这次劫机事件的明星，很多家新闻媒体都争相对他进行采访报道。

等他回到公司的时候，受到了公司隆重的欢迎。原来，他在机场别出心裁的举动，使得公司和产品的名字家喻户晓了。公司的电话都快打爆了，客户的订单更是一个接一个。董事长当场宣读了对他的任命书：主管营销和公关的副总经理。之后，公司还奖励了他一笔丰厚的奖金。

王勉的故事说明了一个非常深刻的道理，就是做任何事情都要将“苦”与“巧”结合起来。“苦”在卖力，“巧”在灵活地寻找方法，只有这样，才最容易找到走向成功的捷径。

陈良出生在一个穷困的山村，从小家里就很困难。17 岁那年，他独自一人带着 8 个窝头，骑着一辆破自行车，从小山村到离家 100 公里外的城里去谋生。他好不容易在建筑工地上找到了一份打杂的活儿。一天的工钱是 2 元钱，这对他而言只够吃饭，但他想尽方法每天省下 1 元钱接济家人。尽管生活十分艰难，但他还是不断地鼓励自己会有出人头地的一天。为此，他付出了比别人更多的努力。2 个月后，他被提升为材料员，每天的工资加了 1 元钱。

靠着自己的不懈努力，他逐步站稳了脚跟。他认为：要想更多地得到大家的认可，就不能只靠苦干默默地付出，更要靠巧干努力地寻找办法，以尽快地得到提升。那么，怎样才能做到这点呢？冥思苦想之后，他终于想到了一个点子：工地的生活十分枯燥，他想，能不能让大家的业余生活过得丰富一点儿呢？想到这点，他拿出自己省下来的一点儿钱，买了《三国演义》《水浒传》等名著，认真阅读后，讲给大家听。这一来，晚饭后的时间，总是大家最开心的时间。每天，工地上都洋溢着工友们欢欣的笑声。

一天，老板来工地检查工作，发现他有非常好的口才，于是决定将他提升为公关业务员。

一个小点子付诸实践后就能有这样的效果，他备受鼓舞。于是，他便将主动找方法的特长，运用到工作的各个方面。

对工地上的所有问题，他都抱着一种主人公的心态去处理。夜班工友有随地小便的习惯，怎么说都没有用，他便想尽各种方法让大家文明解决；一个工友性格暴躁，喝酒后要与承包方拼命，他想办法平息矛盾，做到使各方都满意……

别看这些都是小事，但领导都看在眼里。慢慢地，他成了领导的左膀右臂。

由于他经常主动找方法，终于等来了一个创业的良机。有一天，工地领导告诉他，公司本来承包了一个工程，由于各种原因，难度太大，决定放弃。

作为一个凡事都爱“三分苦干，七分巧干”的人，他力劝领导别放弃。领导看他充满热情，突然说了一句话：“这个项目我没有把握做好。如果你看得准，由你牵头来做，我可以为你提供帮助。”

他几乎不敢相信自己的耳朵：这不是给自己提供了一个可以自行创业的绝好机会吗？他毫不犹豫地接下了这个项目，然后信心百倍地干了起来。不久，他便成立了自己的建筑公司，并且事业做得越来越大。

世上没有什么事是只凭蛮劲就能成功的，要加入自己的聪明才智，这样才能取得自己想要的结果。职场之中也是同样的道理，要想使自己的工作得到同事的赞赏、老板的表扬，就要多用智慧。

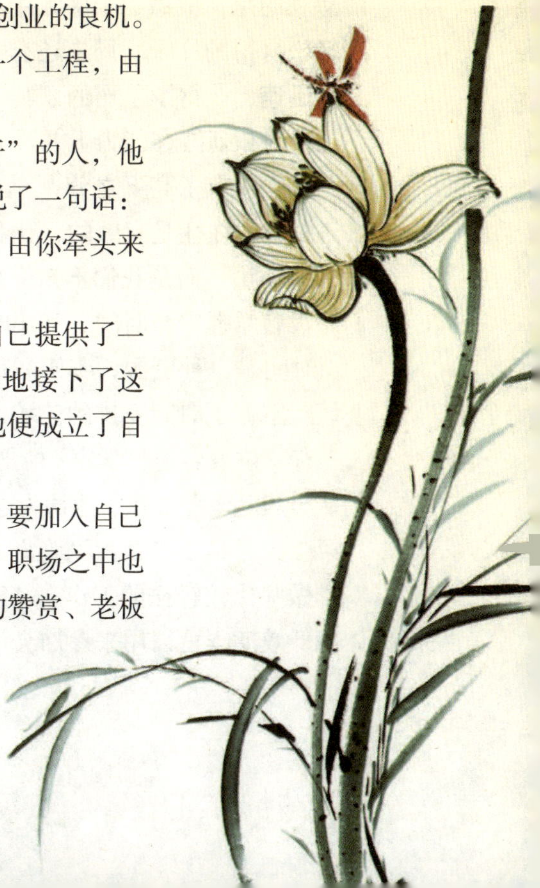

时间就是金钱，效率就是生命

在所有的资源中，时间不同于其他资源，它没有弹性，找不到替代品，而且永远是短缺的。时间既不能停止，也不能保存。如何合理利用时间将成为每个人一生的必修课。

有人认为自己是时间的奴隶，有人埋怨时间过得太快，每天都在差不多结束时，才发现应该做的事情还没有做完……

张路和刘波是同一家企业的两个部门主管。他们每天都要工作八九个小时。张路离开办公室时总要带着一公文包文件，他要利用自己的业余时间继续完善自己未完成的报告。他总是觉得很累，基本没有什么时间可以用来放松和休息。

与张路相反，刘波坚守一个原则：绝不把任何工作问题带回家。在上班的 8 小时，他就尽可能认真地做好当天的工作。当然，时间总是有限的，他会首先完成最重要的工作，其余琐碎的小事要么不做，要么就授权下属去做。

一段时间以后，两人的业绩差别变得非常明显。张路越来越力不从心，最悲哀的是，他做了很多无用功，真正重要的事情却没有做好。刘波还是那副轻松自得的样子，周末还有时间和家人一起出去游玩，他所分管的业务增长很迅速，获得了上司的嘉奖。

张路和刘波在能力上并没有特别大的差异，然而，能否对时间合理利用让两人立刻有了高下之分。

简单的往往是有效的，让我们忙得晕头转向的往往并不是那些所谓的巨大的劳动量，而是我们不知道自己有多少工作，该先做什么。这就是因为我们还没有掌握安排时间、利用时间的艺术。

时间是一种资源，善于利用时间就能节约成本、提高效率，带来巨大的业绩。掌握了时间安排的艺术，时间便会生机无限。

有一位著名的科学家，他把自己的每个工作日都分成“三天”。“第一天”是从早晨到下午 2 点，他认为这是最宝贵的时间，用来安排做最重要的工作。“第二天”是下午 2 点到晚上 6 点，这时身体已经比较疲倦，这段时间用来安排做些比较轻松的工作。“第三天”是从晚上 6 点到午夜，这段时间是身体的低效期，可以用来参加会议、看书，等等。

我们虽然不一定要把一天当作三天去用，但至少也要学会有效地利用时间，全力去生活。

你可以为自己制定一套时间计划。经常检查某一短期目标是否如期完成，用工作日记将完成每件事花费的时间记录下来。只要拥有成熟的计划、行程表，原本凌乱不堪的工作，就会显得条理井然起来。在你每天早上走进办公室的时候，就开始计划一天的工作，把所有事项按重要性程度进行排列，然后尽可能一有时间就去干最重要的工作。

当你开始学着合理利用时间的时候，你会发现，你的时间宝藏还有很大的潜能等着你去发掘。

效率就是生命。集中你的时间做最核心的、最有生产力的事情，把重要的事情摆在第一位是时间管理的要诀所在。而所谓重要的事情，是指真正有助于达到我们目标的事情，是让我们的工作与生活更有意义、更有成就的事情。

成功者总是从容不迫地在做着最重要的事情，很多人却急急忙忙做着紧急而不重要的事情。你必须学会如何把重要的事情变得很紧急，这时你就会立刻开始做最重要、最有生产力的事情了。

第十五章

休将我语同他语，未必他心似我心

三思而后行

人生就像一盘棋，一着不慎，满盘皆输。棋局可以重新来过，人生却没有再来一次的机会。请重视你自己的每一个决定，要用心地再三思考，不要因为草率行事而滑入命运的深渊。

一个人无论做什么事都需要“三思而后行”，否则就会出现不堪设想的后果。与其为了日后的不如意而痛悔，何不在行事前谨慎、再谨慎一些？

赵兵大学毕业后不久便顺利地找到了一份比较理想的工作。公司负责人口头承诺为他报销出租车发票，赵兵抓住这个“难得的”机会，能“打的”就“打的”，半年下来，居然累积了数额达几千元的出租车发票。他将发票拿到财务科报销，却被告知公司有报销额度限制，而且新员工不享受这项待遇。赵兵勃然大怒，认为公司领导言而无信，他连招呼也不打，就愤怒地离开了公司。

令赵兵万万没有想到的是，这一时的“潇洒”会让他付出惨痛的代价。他满以为能很快再找到一份新工作，事情却没有他想象得这么顺利。相对应届大学毕业生，许多工作单位更青睐具有 3 年以上工作经验的人，而赵兵那段不太光彩的辞职经历也成了他的“致命伤”，每当一些单位问起他为什么这么快就辞职的原因，他都不知道如何回答。在经历多次求职失败后，他自嘲已成为职场上的“弃儿”，至今也没有找到合适的工作。为什么当初不先考虑周全再做决定呢？他常常这么问自己。

赵兵之所以会有这样的遭遇，是因为他还缺乏容纳社会、完善自我的心态，盲目贪图“便宜”，出了问题就一走了之，根本不去思考这样会给自己带来什么样的后果。这是一种缺乏经验和历练的典型表现，是一种不成熟的处世作风。

如果赵兵能够在做每一件事之前，留些思考的时间和余地，问问自己什么能做，什么不能做，就不会走到这么困窘的地步。

“三思而后行”的古训出于《论语》，这句话的意思非常明确，就是说我们要养成做事前多思考的好习惯。

“三思而后行”并不是胆小怕事、瞻前顾后，而是成熟、负责的表现。做事比较冲动的人，往往凭第一感觉，凭一时的冲动，结果有很多时候考虑问题不是很周全。比如有的事，是自己找当事人去说，还是让领导出面去说，效果就有很大的不同。

因此决定做一件事的时候，特别是面临重大问题时，必须要进行全方位的考虑，拿不准的时候多听听旁人的意见，也很有好处。

在行动之前，必须用心去观察和思考，选准自己的方向。否则，盲目行事，见到利益就跟上，只会因小失大。

“三思而后行”对问题的解决有很大的帮助。但是在这个快速多变的社会中，稍一犹豫，机会便会瞬间错失。所以考虑得太多也不好。正如鲍威尔曾经讲过的：决策需要在掌握 40% 至 70% 信息的时候做出。信息过少，风险太大，不好决策；信息充分了，你的对手已经行动了，你就出局了。

但你必须清楚一点，“三思而后行”与快速地把握时机并不矛盾，做事情要学会把握时机，同时在决策的时候还要多去思考。这样的人才有希望达到成功的彼岸，才能立于不败之地。

不与人抢风头

贪图一时的风光有时候会招来不必要的麻烦。

法国国王路易十四的财政大臣富凯是一位生性爱挥霍的人，他的生活充满着奢华的宴会、漂亮的女人及笙歌宴舞。富凯精明干练，是国王不可或缺的左右手，因此在首相马萨林去世时，他满心以为自己会被任命为继位者，没想到国王竟决定废掉首相的职位。富凯怀疑自己已失宠，因此他决定策划一场前所未有、最壮观的宴会来讨国王欢心。

当时欧洲最显赫的贵族以及最伟大的学者都参加了这场盛大的宴会，莫里哀甚至为了这次盛会写了一出剧本，并亲自表演。宴会上的佳肴珍馐令客人们大开眼界，富凯为了向国王致敬而聘人制作的音乐流泻其间。宴会一直延续到深夜，宾主尽欢，除了国王，所有人都认为这是最令人赞叹的盛事。

遗憾的是，富凯的地位并没有因这场奢华的宴会而获得提高。第二天一早国王就下令逮捕了富凯。不久富凯被控窃占国家财富，他被送进一所最与世隔绝的监牢，在单人囚房里度过了人生最后的时光。

为什么会有这样的结局？很简单，因为国王傲慢自负，他希望自己

永远是众人瞩目的焦点，永远高高凌驾于臣民之上，他无法容许任何人在任何方面超越自己，掩盖了他的王者光芒。然而天真的富凯却抢尽了主子的风头，用这种方式向主子示好，无异于自取灭亡。

如果你的内在如明珠般熠熠生辉，那么你就必须学会回避爱慕虚荣的人，否则就得找到方法，在做好本职工作的同时，尽力隐藏自己身上那些最为闪光的特质。通过众多历史的教训，你会发现掩饰长处并非弱点，也许开头会让其他人抢尽风头，但总好过成为他人不安全感下的牺牲品。等时机成熟，你再脱颖而出，就不会有危险和阻力了。

伤人之言，深于矛戟

老人言："与人善言，暖于布帛；伤人之言，深于矛戟。"意义是说：出自好心的话，会令人感觉比布帛还要温暖；伤人的话，比用矛伤人还要厉害。人在与别人相处的过程中，一定要注意自己的言行，一定不要戳到别人的痛处。说话避开别人的要害，不仅是技巧，也是一种修养。

杰克是一个坏脾气的孩子，他父亲给了他一袋钉子。告诉他，每当他发脾气的时候，就自觉地钉一个钉子在后院的围栏上。

第一天，杰克就钉下了 37 根钉子。慢慢地，每天钉在围栏上钉子的数量减少了，因为他发现控制自己的脾气比钉那些钉子容易得多。

终于有一天，杰克再也不会失去耐性，乱发脾气。他把这件事告诉了父亲，说从现在开始，每当他可以控制自己脾气的时候，就拔出一根钉子。一段时间之后，杰克告诉父亲，他终于把所有钉子给拔了出来。

父亲很高兴，拉着杰克的手，来到后院说："你做得很好，我的孩子，但是你看看围栏上那些被钉子戳的洞，又深又丑陋。这些围栏将永远不能回复到从前的样子了。这就如你生气的时候说的话，就像钉子一样会在别人的心里留下疤痕。如果你拿刀子捅了别人一刀，不管你说多少次对不起，那个伤口将永远存留在身上。话语的伤痛，有时候比真实的伤痛更令人无法承受。因为身体的疼痛只是存在一段时间，而言语的伤痛可能是一辈子。"

人与人之间可能会造成一些不必要的伤痛，有些可能是无意识中的一句话，有些可能是一时冲动，但造成的伤痕，可能很久都会记在心里。如果我们从自己做起，试着宽恕和原谅他人的过错，不要说一些过激的言语，别人可能也同样对待你。世界是公平的，你为别人开了一扇窗的同时，别人也可能会为你开另一扇窗，这样我们就可以看到更广阔的外部世界。

很多年前，有位老人当时还是一个正当壮年的年轻人。他像那个年代的普通农民一样，祖祖辈辈生活在山脚下的村子里，靠山吃山，靠水吃水。他也继承了农村的一些相对保守的思想，比如，重男轻女。没办法，他一辈子没出过大山，不知外面的世界怎样，只能遵守父辈们传承下来的一些东西，他以为这就是绝对的真理。

他们村里有一位去山外学过医术的医生。这个医生为人很好，待人接物总是客客气气，好像从来没有烦恼似的。村里人生病了，没钱付医药费，他也总是不计较。为此村里人都很敬重他。

那时候，老人最小的儿子在半夜突然发起了高烧，哭闹得厉害。他心里很着急，于是，就半夜去敲医生的门。很久之后，他听见医生的老婆喊："医生没在家，去镇上进药品去了，没回来。"

没办法，他只好回到家了，眼看着儿子脸蛋烧得红彤彤的，嘴唇干裂，心里很是难受，好不容易熬到天亮，就去医生家里，看看回来了没。到了之后发现医生正在吃饭，他顿时火冒三丈，说："我的儿子烧得那么厉害，就等着你回来救命呢，你反倒吃起饭来了？真是事不关己不着急啊！"

医生听完这话，愣了一下，也没说什么，放下碗筷，背起药箱，就跟着他来到了家里。医生给孩子打完针，烧很快就退了，医生也嘱咐几句，不要吃生冷的、多穿衣服等，就回去了。

后来，他才知道，是医生的老婆没有告诉医生孩子生病的事，以为吃完饭去也不晚，结果造成这个误会。从此之后，他每次见了医生都很尴尬，但是也没好意思去道歉。关系就这么一直尴尬地悬着，医生还和没事人一样照样和和气气的，但是老人的心里可是愧疚死了。不几年，医生的老婆得了癌症，不治而亡，医生从那以后，就很消沉。过了几个月之后，医生全家搬到山外大城市的大女儿家去了。

从医生搬走后，老人就一直想："医生要是回来探亲，我一定向他道歉……"可是医生再也没有回来过，这已经成了老人一生的痛，他当时用言语戳伤了别人，到头来伤得最深的是自己。

我们在工作中，一定要养成宽以待人的好习惯，不说伤害别人的话，不随意嘲笑不如自己的人，要多看到别人的长处。你这样做了，别人才可能这样对你。

一个篱笆三个桩，一个好汉三个帮

俗话说："一个篱笆三个桩，一个好汉三个帮。"还有句古话说得好："三个臭皮匠，胜过一个诸葛亮。"个体不同，就各有各的优势和长处，所以一定要善于发现别人的优势和长处，取之所长，补己之短。

一个人不能单凭自己的力量完成所有的任务，战胜所有的困难，解决所有的问题。须知借人之力也可成事，善于借助他人的力量，既是一种技巧，也是一种智慧。

《圣经》中有这样一则故事：当摩西率领人们前往上帝那里要求赠予他们领地时，他的岳父杰罗塞发现，摩西的工作实在超过他所能负荷的。如果他一直这样的话，不仅仅是他自己，大家都会有苦头吃。于是杰罗塞就想办法帮助摩西解决问题。他告诉摩西，将这群人分成几组，每组 1000 人，然后再将每组分成 10 个小组，每组 100 人，再将 100 人分成两组，每组 50 人。最后，再将 50 人分成五组，每组 10 个人。然后杰罗塞告诫摩西，要他让每一组选出一位首领，而且这个首领必须负责解决本组成员所遇到的任何问题。摩西接受了建议，并吩咐负责 1000 人的首领，只有他才能将那些无法解决的问题告诉自己。自从摩西听从了杰罗赛的建议后，他就有足够的时间来处理那些真正重要的问题，而这些问题大多数只有他自己才能够解决。简单一点儿说，杰罗塞教给摩西解决问题的方法，其实就是要善于利用别人的智慧，善于调动集体的智慧，用别人的力量帮助自己克服难题。

很多事情就是这样的，当我们无力去完成一件事时，不妨向身边可以信任的人求助，也许对我们来说费力不讨好的事情，对他们来说却可能不费吹灰之力就能轻松搞定。与其自己苦苦追寻而不得，不如将视线一转，呼唤那些有能力解决问题的人。

所谓孤掌难鸣、独木不成桥，在这个世界上没有完美的人，你不完美，他不完美，但如果你们可以完美地结合在一起，就能取得意想不到的成功。

我们时常看到有些没有血缘关系的人，结成亲兄弟般的友谊，互相帮助、互相提携。

一个人，无论在工作、事业、爱情和休闲哪方面，都离不开这种人与人

之间的相互关系。因为各人的能力有限，人际关系有所不同，可以互相帮助。借他人之力，正是一个人高明的地方。

就社会和自然状况来看，单人，赢不了一伙人。一个人在社会中，如果没有他人的帮助，他的境况会十分艰难。普通人如此，一个成就大事业的人更是如此。如果失去了他人的帮助，不能利用他人之力，任何事业都无从谈起。

善于借助别人的力量，善于利用别人的智慧，广泛地接受多家的意见，多和不同的人聊聊自己的构想，多倾听别人的想法，多用点脑子来观察周遭的事物，多静下心来思考周遭发生的一些现象，将让你受益匪浅。

忍一时风平浪静

中国传统理念所强调的“忍”，是针对人的品性修养而言的。因为人活在世上，难免会遇到各种问题。如果我们能很好地控制自己，那么就会少一些麻烦，多一些包容。“猝然临之而不惊，无故加之而不怒”，这就是问题出现时，人应该具备的个人修养。

欧玛尔是英国历史上著名的剑手。在他的30年职业生涯中，他有一个与他势均力敌的强劲对手，两个人决斗了这么多年也不分胜负。

在一次决斗中，对手从马上摔了下来，欧玛尔持剑跳到他的身上，按照剑术规则，一秒钟就可以刺死他。

但是正在欧玛尔犹豫的时候，对手却往他脸上吐了一口唾沫，按照常理，一般人都不会再犹豫，直接采取行动。欧玛尔此时，却做了一个惊人的举动，停住了，说：“你今天处在劣势，我们明天再打。”

欧玛尔自己也说：“30年来，我一直在克制自己，修身养性，让自己不带着一点怒气作战，所以，我才能常胜不败。刚才你吐口水的瞬间，我动了怒气，但我多年培养出来的修养，使我克制住了。如果在那时杀了你，我就失去了一个好的对手，成功对我还有什么乐趣？”

对手很感动，从此甘拜下风，做了欧玛尔的学生。

苏洵在自己的文章中说：“一忍可以支百勇，一静可以制百动。”由此可见，能够自我克制的人才能真正把握好自己的生活。志之难也，不在胜人，在自胜。战胜自己是人的意志所不容易做到的事，而一旦做到了，就意味着掌控了自己的人生航行。如果达到这个境界，世上什么难事我们不能解决？

黎元洪清末在湖北任职时，一直屈就于张彪之下。张彪是张之洞的心腹，张彪心胸狭小、嫉贤妒能，对黎元洪十分反感。于是他常在张之洞的面前进谗言，诋毁黎元洪。

然而，黎元洪也非池中之物，也不甘于为人之下。他明知张彪背后进谗言诋毁自己，但是也不迎其锋芒，而是“平敛锋芒，海涵自负，绝不自显头角，以防异己者攻己之隙”。

1907年9月，张之洞任命军机大臣，东三省将军赵尔补授湖广总督。赵尔看不起张彪，要用黎元洪代替张彪，黎元洪没有接受。之后不久，黎元洪把这件事告诉了张彪，并建议他致电张之洞，让张之洞处理此事。很快，张之洞来函，才保住了张彪的位置。为此张彪很是感激黎元洪，张之洞也认为黎元洪颇有诚心。

张之洞很看重黎元洪的“笃厚”，说：“黎元洪恭慎，可任大事。”

黎元洪通过“忍”以及极力帮助张彪，使张彪改变了对自己的态度，这样等于在湖北有了自己的力量，在关键时刻，可堪大用。

能做大事者，一般不拘小节。有可能此人欺负到自己的头上，还要笑脸相迎，黎元洪就是做到这一点。忍者无敌，那些在历史上有所作为的人，绝不会做因小失大、得不偿失的事。

韩信是汉朝初期的一员大将，很小的时候就失去了父母，主要靠钓鱼换钱维持生计，因此也经常受到周围人的歧视和冷遇。有一次，一群街头恶霸当众羞辱韩信，其中有个屠夫说：“你虽然长得又高又大，也喜欢佩剑到处招摇，但其实你胆子很小。有本事的话，你敢用你的佩剑来刺我吗？如果不敢，就从我的裤裆底下钻过去。”韩信自知势单力孤，硬拼很可能会吃亏。于是，当着众人的面，从屠夫的裤裆下钻了过去，这事一直被许多人所耻笑。不过后来韩信跟了刘邦成了一番大事业，史书上将这段故事称为“胯下之辱”。

有人分析说：韩信若想保住自己的人格尊严不受胯下之辱，只有三条出路可供选择：一是拔剑拼杀，可能因此惹上官司；二是装作若无其事，可能被毒打一顿；三是夺路而逃，但对方不会善罢甘休。这样看来，只有忍辱负重，才是生存之道。

常言道：“忍一时风平浪静，退一步海阔天空。”韩信只是不与胸无大志的人一般见识罢了。心怀大志的人，都是善于冷静地处理问题、能够权衡轻重、以最小的代价换取最大利益的人。

在职场中，我们也会遇到嫉贤妒能的人，也会遇到言语刻薄的人，甚至会遇到对我们使用武力的人，那么我们应该做的并不是以牙还牙、以眼还眼，而是要克制自己，凡事先“忍”之后，再仔细谋略，而后行动。这样我们做事才能想得更全面周到，从而把一些事情的不好影响降到最低。

试想，我们工作不就是为了能有一个更好的生活。美好生活的前提就是有一份自己喜欢的工作或事业，能实现自己的人生价值。这些达到了就够了，至于那些烦恼事情的出现，都是其中的一些小插曲，我们完全没必要计较太多。

无声胜有声

如果想成为一个讨人喜欢的人和一个成功的人，应该学会在说话之前先倾听别人的意见。

有一位美国管理学专家说过，高效经理人的秘诀之一，就是先倾听别人的意见。这一方面体现了对别人的尊重。作为下属，如果他的老板能够专心倾听他说话，他会感到幸福。作为合作伙伴，如果对方给他首先说话的机会，他会对其马上产生好感。另一方面，只有听了别人的意见，才能够知道他心里想的是什么，也就能相应地作出反应，有利于决策的优化。而如果不愿意倾听别人的话，则会让人非常不快，弄不好还会闹出冲突来。

在商场上应该遵循先倾听别人说话的原则，在日常生活中也是一样。人们都喜欢别人认真倾听自己的话，然后根据听到的来表达自己的意见。是否在说话之前先倾听，在处理人际关系上差别是非常大的。

格林先生从商店买了一套衣服，很快他就失望了，因为衣服会掉色，把他的衬衣领子染成了黄色。他拿着这件衣服来到商店，找到卖这件衣服的售货员，想说说事情的经过，可他在失望之上又加了一层愤怒。售货员根本不听他的陈述，只顾自己发表意见。

“我们卖了几千套这样的衣服，”售货员说，“从来没有出过问题，您是第一位，您想要干什么？”她的语调似乎表明：你是在撒谎，你想诬赖我们。

他们吵得正凶的时候，另一个售货员走了过来，说：“所有深色礼服开始穿的时候都多多少少有掉色的问题，这一点儿办法都没有。特别是这种价钱的衣服。”

“我气得差点跳起来，”格林先生后来回忆这件事的时候说，“第一个售货员怀疑我是否诚实，第二个售货员说我买的是便宜货，这能不让人生气吗？最气人的还是她们根本不愿意听我说，动不动就打断我的话。我不是去无理取闹的，只是想了解一下怎么回事，她们却以为是上门找碴儿的。我准备对他们说：你们把这件衣服收下，随便扔到什么地方，见鬼去吧。”这时，商店的负责人沃特女士过来了。

首先，沃特女士一句话没有讲，听格林先生把话讲完，了解了衣服的问题和他的态度。这样，她就对格林先生的诉求做到了心中有数。结果，她对格林先生道了歉，说这样的衣服有些特性没有及时告诉顾客，请求他把这件

衣服再穿一个星期，如果还掉色，她负责退货。当然，对被染色过的衬衣，她送给了格林先生一件新的。

艾萨克·马科森大概是世界上采访著名人物最多的人之一。他说，许多人没有能给别人留下好印象，是由于他们不了解别人的意见，只是自顾自地发表意见。“他们如此津津有味地讲着，完全不听别人对他讲些什么。许多知名人士对我讲，他们重视首先听别人意见的人，而不重视只管说的人。然而，看来人们听的能力弱于说的能力。”

小姜和几个同学代表系里参加学校组织的辩论赛，在辩论过程中他们慷慨发言，说理举例都非常独到，把对方同学压得根本插不上话，获得现场的阵阵掌声。但是结果他们却输给了对方。主持辩论赛的老师在解释原因的时候说：“政治系的同学确实很有水平，口才也非常好，这是值得称赞的。但是他们好像太善于表达自己的意思，而不善于倾听别人的意见了。结果，两个系的同学各说各的，反而不像在辩论了。同学们应该记住，在表达自己意见之前，先要搞清楚别人的想法。要达到这个目的，就要注意倾听，不会听的人很难成为一个成功的表达者。”

每个人都有很强烈的表达欲，但是要想让别人对自己更有好感，同时让自己的表达更有针对性更能被别人接受，一定要暂时压抑这种表现欲，听听别人是怎么想的。

第十六章

智者千虑必有一失，愚者千虑必有一得

选对行业，成就一生

三百六十行，行行出状元。但其“状元之才”之所以能够浮出水面，为世人称颂，就是因为他选择了适合自己的位置。

有些人做事，从一开始就注定了要失败，不是因为他们能力不够、机会不多，而是因为他们上错了船、进错了门，始终在做着自己并不擅长的工作。

在生活中，这些人出于惰性，或者出于这样那样的担心，明知目前的工作根本不适合自己，明知在目前的环境中绝无发展机会，仍然恋恋不舍。对着一份毫无兴趣的工作，做一天和尚撞一天钟，只求应付了事，其结果，不但荒废了岁月，还彻底消磨了斗志。

一份工作的好坏，以能否发挥特长、能否提升自己为判断依据。每个人的兴趣、才能以及追求目标都不一样，一些人如鱼得水的职业，却能将另一些人“淹死”。所以，最重要的不是适应行业——这只是不得已而为之的做法，最明智的做法是选择适合自己的行业。

鞋子合不合脚，只有脚知道；这个行业是否适合自己，只有自己心里最清楚。对一个有志者来说，不能指望别人给自己一个最适合自己发展的机会，应该根据自身需要和喜好，去寻找适合自己的发展空间。

刘铭从小就渴望成为一名创作型歌手。在学校时，他就很努力地自己作词、编曲，他带着自己组建的乐队在各大高校巡回演出，令他沮丧的是，演出没能引起轰动。毕业前夕，他想卖掉手边的一些CD，于是选出了几位对这方面有兴趣的朋友，分别写信问他们，看谁愿意买。其中一位朋友看了信之后非常愿意购买，于是立刻回信，在这封回函里，这位朋友不断地夸赞他文笔流畅，颇具说服力。因此便建议他，既然能写出这么有魅力的推销信函，为什么不投入广告界从事撰写广告的工作呢？

朋友的这封信，就像一块小石头丢入水中，激起了他心中的阵阵涟漪，“投入广告界立志做个出色的广告人”这个想法点燃了他的激情，一个崭新的天地展现在他眼前……5年过去，他成为当地首屈一指的业界精英，他的广告作品在全省乃至全国都有不小的影响力，不少广告语甚至成为人们的口头流行语……他终于找到了最适合自己的那个位置。

选对行业能够成就一生，这的确是一条颠扑不破的真理，在最适合你、你也最有兴趣的地方，才能够发挥出你的全部能量。不管你从前是怎样评估自己的身价的，只要你能稍稍改变一下内心的想法，就能够彻底改变自己的人生。

对你而言，现阶段最重要的不是在你既有的能力上再加入一些新奇的力量，而是如何将你现在所拥有的潜能百分之百地运用发挥。

也就是说，人生的第一要务并不是要立刻学得新的本领，而是应先将我们现有的才能发挥到极限。

每个人都有自己特殊的才能，如果你因为技不如人而心生愧疚，那可能是因为这个行业更适合他人而不是你。你要做的不是怨天尤人，而是开始发掘身上的闪光点，找到最合适你的那个位置。

不能成为一流科学家的阿西莫夫成了举世闻名的科幻作家，研究工程科学的伦琴最终成为物理学家……他们的成功始于一个人生的抉择——找到最适合自己的位置。那么，你的位置又在哪里呢？

成功者之所以成功，就在于选好了最适合自己的行业，选好了属于自己的位置；失败者为什么失败，只因为他可能一生都在从事自己不擅长的事务，以致天赋全被埋没。

人生总有一个最适合你的位置，它能让你的才能发挥得淋漓尽致。让你置身其中，即使忙忙碌碌也不知疲倦，即使面对千难万险也不会想到退缩。你会为它痴狂，为它心醉，为它倾其一生、死而后已。

人的兴趣、才能、素质是不同的。如果你不了解这一点，没能把自己的所长利用起来，你所从事的行业需要的素质和才能正是你所缺乏的，那么，你将会自我埋没。反之，如果你有自知之明，善于发掘自己，选择从事你最擅长的工作，你就会获得成功。

眼望高山，脚踏实地

麦当劳创始人克罗克在考虑人才时，并不在乎学位。他甚至有些歧视有学位的人，他说：“大部分学位高的人都不肯努力工作，他们只想坐在银行的桌子后面，以为这样便是进入商界了。我喜欢愿意努力工作、不怕艰难、脚踏实地的人。”

许多早期的麦当劳员工不但没有大学学位，而且可能根本进不了其他公司，但他们在麦当劳取得了成功，这是因为他们从实际出发，脚踏实地努力工作的结果。

一位哲人说过：“好高骛远会导致盲目行事，脚踏实地则更容易成就未来。”年轻人往往充满梦想，这是件好事情。但年轻人还要懂得，梦想只有在脚踏实地的工作中才能得以实现。

有一位老教授说：“在我多年来的教学实践中，发现有许多在校时资质平凡的学生，他们的成绩大多在中等或中下等，没有特殊的天分，有的只是安分守己的诚实性格。这些孩子走上社会参加工作，不爱出风头，默默地奉献。他们平凡无奇，毕业后，老师、同学都不太记得他们的名字和长相。但毕业后几年、十几年后，他们却带着成功的事业回来看望老师，而那些原本看来会有美好前程的孩子，却一事无成。这是怎么回事？

“我常与同事一起琢磨，认为成功与在校成绩并没有什么必然的联系，但与踏实的性格密切相关。平凡的人比较务实，比较能自律，所以许多机会落在这种人身上。平凡的人如果加上勤能补拙的特质，成功之门必定会向他大方地敞开。”

一个人如果做事脚踏实地，具有不断学习的主动性，并积极为一技之长下功夫，那么他便容易获得成功。一个肯不断加强自己能力的人，总有一颗热忱的心，他们肯干肯学，多方向人求教，他们在不同职位上增长了见识，学到了许多不同的知识。

脚踏实地的人，能够控制自己心中的激情，认认真真地走好每一步，踏踏实实地用好每一分钟。他们甘愿从基础工作做起，在平凡中孕育和成就梦想。无知与好高骛远是年轻人最容易犯的两个错误，也是导致他们失败的原因。许多人内心充满梦想与激情，却不能脚踏实地去干。

很多年轻人在谋职时，总是盯着高职、高薪，总希望英雄能有用武之地，可一旦当他们对工作厌烦时，就会抱怨工作的枯燥与单调，当他们遭受挫折与失败时，就会怀疑工作的意义。

那些有所成就的人士，都具备务实的心态，都是踏踏实实地从简单的工作开始，通过一些微不足道的小事找到自我发展的平衡点和支撑点。

所以，只有踏实肯干，一个萝卜一个坑，最终才能有所成就。

十个空想家，抵不上一个实干家

成功就像爬山，不要妄想着飞到顶峰，而要靠一滴滴汗水加上一个个脚印去攀登，一蹴而就只能是一厢情愿的臆想。那些不想付出却幻想坐享其成的人永远是被讽刺的对象。一个人如果只会想，却不能做，那他永远不可能成功。

梦想在任何时候都是一种支持生命的力量，失去它，生命就会枯竭。梦想是每一个奋斗者的热烈企盼和向往，是每一个奋斗者为之倾心的夙愿。在它的推动下，人就能够被激励、鞭策，处于一种昂扬、激奋的状态中，去积极进取，向着美好的未来挺进。

人应当志存高远，但梦想的价值是指引行动，从而使梦想成为现实。梦想如果缺乏行动的支持，就会成为空想。满脑子空想的人是最可悲的，穷尽此生，他们将一无所获。

一位乡下小伙子登门拜访一位老诗人。小伙子自称是一个诗歌爱好者，从 7 岁起就开始进行诗歌创作，但由于地处偏僻，一直得不到名师的指点，因仰慕老诗人的大名，故千里迢迢前来寻求文学上的指导。

这位青年诗人虽然出身贫寒，但谈吐优雅、气度不凡。老少两位诗人谈得非常融洽，老诗人对他非常欣赏。

临走时，青年诗人留下了薄薄的几页诗稿。

老诗人读了这几页诗稿后，认定这位乡下小伙子在文学上将会前途无量，决定用心指点他，于是，他们开始书信往来。

但是，这位青年诗人以后再也没有寄诗稿来，信却越写越长，奇思异想层出不穷，大谈特谈文学问题，语气越来越傲慢。

老诗人忍不住了，在信中提出想看看年轻人有什么新作问世，但年轻人总是含糊其辞，说自己正在创作一部长篇史诗。几个月过去了，这部“巨作”似乎还只是停留在他的脑海里……

转眼间，一年过去了。

青年诗人继续给老诗人写信，但从不提起他的大作品。信越写越短，语气也越来越沮丧，直到有一天，他终于在信中承认，长时间以来他什么都没写，以前所谓的大作品根本就是子虚乌有之事，完全是他的空想。

很久以来他就渴望成为一个大作家，周围所有的人都认为他是个有才华、有前途的人，他认为自己是个大诗人，必须写出大作品。在想象中，他感觉自己和历史上的大诗人是并驾齐驱的。空想似乎已经耗尽了他的激情，他现在什么也写不出了。

从此后，老诗人再也没有收到这位青年诗人的来信。

十个空想家也抵不上一个实干家，因为空想家将生命浪费在构建空中楼阁的时候，务实的人们早就一步一个脚印，开始创造属于自己的一切了。两者的区别显而易见。幻想写出长篇巨作的年轻人，从未真正开始着手实现自己美好的愿望，最终贻误了自己的一生。空想对于我们的人生是多么危险，由此可见一斑。

这个世界上有太多思想的巨人、行动的矮子。行动面前，自己的空想就已经把自己打败了。而那些“思想单纯”的人呢？他们绝没有这样丰富到多余的想法。他们想到一件事，而且想去做，便做了，边做边想，有了问题修正，有了经验总结，原本 20% 的希望，却成就了 100% 的结果。

天地如此广阔，世界如此美好，我们不仅仅需要一对梦想的翅膀，更需要一双踏踏实实的脚，去开创我们的未来。

空想者原地踏步，一事无成；唯有行动，才能让自身不断超越，变得越来越优秀。

再精巧的算盘也有算错的时候

古今中外，耍小聪明误事的，甚至丢掉性命的人比比皆是。

和珅由一名当差的升为户部郎兼军机大臣，官至文华殿大学士，封一等公。和珅为官，弄权耍奸，朝野骂声不绝。故而当他的靠山乾隆帝死后不久，就被嘉庆皇帝宣布 20 条罪状，令其自裁，抄没家产约值 8 亿两，等于朝廷一年收入。这“8 亿两”乃种种祸国殃民、巧言令色的诸般“前事”的积累和“物化”。“百年原是梦，卅载枉劳神”，总结得何等正确。恋生惧死，人之常情，和珅“伤感”于“前事”，他身陷囹圄之际，最终才明白是他的那种以权谋私的作为，“误了自身，罪有应得，没啥冤枉”。

《红楼梦》中的王熙凤才智过人，手腕灵活，口才出众，大权独揽，营私舞弊，并且纵欲、自恃与狠毒，结果是聪明反被聪明误，反送了卿卿性命。

观古可以鉴今。到头来感伤嗟叹，恨“才”“误”身，那种欲说还休的复杂心绪，是何等悲哀与无奈。

聪明之人拥有令人羡慕的条件，但聪明也应审慎用之，聪明用于邪则误入歧途，有才是好事，但也别“身死因才误”。

做人必须要吃透很多学问，例如“聪明反被聪明误”，即为其一。“聪明”是一个带有限定性的词，处理不好，即会被聪明误，因为物极必反，任何事情都有一个限度。

常言道：聪明一世，糊涂一时。不可否认，胡雪岩是个聪明人，可是在替清政府跟洋人借钱的时候，他这个聪明人却干了一件糊涂事。

一个人发展越顺的时候，越应该更加小心。人一旦太顺了，就容易觉得万事皆在必得。这可能会滋生骄傲、自大之心，长此以往则容易出现差错。

这正如胡雪岩所说：“再精巧的算盘，也有打错的时候。”所以，在现实中，一定不能以为自己聪明，就对什么事情都掉以轻心。

灾难常常是在我们最不经意的时候来临的，所以做事情一定要小心谨慎，不能太过自我感觉良好，到头来承担恶果的是自己。

失败是块磨刀石

失败就像一块磨刀石，磨炼的是坚强的意志、不屈的决心、永恒的信心，经过失败之后，你的人生之剑才会变得更加锋利。

失败与成功是一个我们与生俱来的、每天都要面对的问题，有关这个问题的知识已经非常的完善和系统，以至于每一个人随口都能说出一大套理论。比如，“失败是成功之母”之类。可是，有多少人可以不惧怕失败？有多少人可以真正面对失败？有多少人可以始终保持奋斗的激情呢？

有一个普通的年轻人，从很小的时候就立志要成为一名受人尊敬的作家。贫寒的家境无法支持他去接受专业训练，他只能自己摸索着锻炼写作技巧。

他用干零活赚来的钱买了许多世界名著，并为自己列了一个非常详细的学习计划。每天从早到晚，他都钻在书和稿纸堆里。周围的人对他的“不务正业”根本无法理解，他努力调整心态，对那些讽刺和讥笑不予理会。

他开始动笔写自己的第一本小说，用了将近一年的时间，写了又改，改了又写，他总是觉得不够满意。当写不下去时，他从不勉强自己，而是放下笔，拿出世界名著，来到郊外空旷的田野里，坐在那儿静静地读、细细地想。一旦灵感出现，他会抱起书，以百米冲刺的速度跑回家，趴在桌子上写起来。终于，书稿完成了，他极其兴奋地重读一遍，为自己花费无数心血培育出来

的“婴儿”激动不已。

然而，这份激动只能属于他自己，因为没有一个出版商肯为他出版作品。尽管如此，他仍然没有气馁，他更加刻苦地去学习名家的作品，把每一点儿想法和火花都记录下来。到了晚上，夜深人静，他便坐在台灯下写起小说来。就这样，他又学了5年，写了5年，然而，5年来的辛勤劳动仍然没有得到任何一个出版商的承认，那厚厚的一摞摞稿子，不曾有一个字变成铅字。这一切使他非常失意、灰心。

在又一次打击之后，他忽然感到，有一种强烈的悲伤在胸中流淌，他有一股冲动要把这种感觉写下来。他再一次拿起笔，尽情地抒写着，那是一个年轻人的成长故事，命运的不公、人生的坎坷，他有很多的话要说，因为，那就是他自己的生活，就是他自己的遭遇。他找到了长久以来自己作品中缺少的东西——真挚的感情和自我的风格，他在模仿别人的路上已经走得太远了。

将书稿寄出的时候，他的心情非常平静。他想，就是再失败他也不怕了，因为他是在为自己写作，笔下流淌的是自己的心声。

两个星期无声无息地过去了，他早就拿起了笔，开始创作另一部作品。一个下午，他接到了电话，一个温和的声音对他说：“你的小说内容很好，非常令人感动，我们准备出版它。”

他终于成功了。长达数年的奋斗，不怕打击和失败，这样的经历，给了我们一些启示：只有不畏艰难、不怕失败的人，才能取得真正的成果。

人的一生要找的东西很多，而真正能找到的却很少，重要的不是找到什么，而是你是否一直在寻找。其实，人生是由失败与成功交互堆叠而成的，差别只在两者的次数多寡而已。失败并不可耻，可耻的是雄心壮志因挫折而失去。

失败一般意味着反省，意味着策略的调整、意识的清醒、方案的检讨。失败不能失去元气，更不能丢了性命，也不能心死，这样才有可能化腐朽为神奇，把失败过程中获得的经验、结识的朋友、取得的各种阶段性成果，加以同化、重组，以便再战。失败正是在这个意义上被称为成功之母，否则，失败就只能是失败。只有卷土重来才能给过去的一切重新赋予新的意义，才能给过去的一切以新的说明。

人生往往都是进两步、退一步。失败是代价，成功是结果。许多人之所以能够成功，就是受教于先前的屡屡失败。假使他没有遭遇过失败，他恐怕反而不能得到大胜利。对于有骨气、有作为的人，失败反而会增加他的决心与勇气。

跌倒了以后，就立刻站立起来，要学会从失败中求取胜利，这就是古往今来成就伟大人物的一个秘诀。

只有大意吃亏，没有小心上当

在任何时候，对那些看似容易的事情都应小心，因为你的任何一个不注意都可能会让你吃亏。

古语说：谨慎能捕千秋蝉，小心驶得万年船。它告诉我们，做任何事情都要小心谨慎，才能保持一定的成功局面。比如开车路过一处窄道，你无法估计道宽，没有百分之百的把握确信自己可以顺利通过，这时你一定不要嫌弃麻烦亲自下车查看，如果不确定是否能通过而抱着侥幸的心理想碰碰运气，那多半会蹭车身，带来你本可以避免的损失。

时常保持警醒的头脑，心有城府，常常能让你在生活中避免吃亏上当。

如果不小心做事，不但做人做事会吃亏，还有可能危及到人身安全。

林风是一名煤矿工人，每逢阴雨天，他的右胳膊都会隐隐作痛，这是18年前的一次违章留下的后遗症。他常想，如果当时能按安全操作规程去敲帮问顶，可能事故就不会发生了。

18年前，他在山西的一家煤矿工作。一天夜班，林风与工友们和往常一样进入工作面，进行了“四位一体”的安全检查，班长安排工作时让他们一定要敲帮问顶，看看单体支柱有没有打结实，小心炸帮煤等。检查时，林风发现在距离工作面2.8米高的地方，在单体支柱的空隙处有一块顶板突出，他用工具敲了敲，还算结实，就没有找撬棍把它撬下来。当时林风只想着早点开机，多割几刀煤，多挣点工分。

在林风操作割煤机割到第二刀时，有几块大煤块卡在了转载运输机上，他上去把皮带溜子停了，拿起大锤走了过去，还没抡起锤来，就听见顶板响了一声。林风下意识地想，不好！赶快躲！但已经来不及了，垮落的一小块矸石正好砸到了他的右胳膊上，很快，鲜血顺着袖筒流了出来。这时，还有更多的矸石不停地往下掉，他想，要是再垮一次顶，自己就没命了。

后来，林风被送到医院，医生诊断右胳膊两处骨折。林风在病床上整整

躺了半年。班长到医院看望时对他说：“安全生产不能心存侥幸，那么多的安全操作规程都是用血的经验总结出来的，在井下工作一定要养成按安全操作规程办事的习惯。”

这起事故和班长语重心长的话语让林风牢记至今。十几年过去了，林风现在不管干什么工作，都牢牢记住班长那句话：一定要养成按安全操作规程办事的习惯。

“只有大意吃亏，没有小心上当”是一句金玉良言。无害人之心，但不可无防人之心，不马虎不大意，泰然处之小心防备才是处世的根本。

做事要分轻重缓急

你应该找到那件最重要、最关键的事情，去做好它，而不是被纷繁芜杂的假象所蒙蔽，因小失大，酿成祸患。

有一个笑话，说的是一对馋嘴的夫妻一起分 3 个饼，你一个，我一个，最后还剩下一个，两人互不相让，于是决定从现在起都不说话，谁坚持的时间长，就能得到最后的饼。

两人面对面坐下，果然都不开口。到了晚上，一个盗贼溜进屋里，看见夫妻俩，先是有点害怕，看他们毫无反应，就放心大胆地搜罗起财物来。盗贼将家中稍微值钱点儿的东西一件一件地搬出门去，妻子心里虽然着急，看丈夫一动不动，便只好继续忍耐。盗贼有恃无恐，干脆连最后一个米缸也搬走了。妻子再也坐不住了，高声叫喊起来，并恼怒地对丈夫说："你怎么这样傻啊！为了一个饼，眼看着有贼也不理会。"丈夫立刻高兴地跳了起来，拍着手笑道："啊，蠢货！你最先开口讲的话，这个饼属于我了。"

在这个笑话中，这一对愚蠢的夫妇就是没有分清事情的轻重缓急，没有找到当前最重要的问题，结果因小失大，闹出了笑话。当两人打赌争饼时，遵守赌约、闭口无言是双方的主要问题，应着力解决。可是，当盗贼进屋盗窃财物时，如何联手赶走盗贼，保护家中财产，则成为新的主要问题，赌饼约定已经不再重要。此时此刻，夫妇二人就应该抓住最主要的问题，齐心协力，抓住盗贼，保护财产。然而，夫妇二人因为牢记赌约，对盗贼不予理睬，让盗贼有了可乘之机，将财物盗走，从而丧失了抓贼的大好时机，为了一只饼失去了全部财产。

古人常说："射人先射马，擒贼先擒王。"想问题、办事情，就是应该牢牢抓住最主要的问题，不能主次不分，因小失大。在实际工作中，我们也必须弄清当时当地客观存在的最重要的问题是什么，从而采取正确的解决方法，以收到事半功倍的效果。

英国前首相撒切尔夫人对抓住重点有深刻而简洁的见解。有人问她："在

日理万机的情况下还能照顾好家庭，你的秘诀是什么？”她回答说：“把要做的事情按轻重缓急一条一条列下来，积极行动，做好之后，再一条一条删下去就成了！”

真理是朴素的，也是容易被忽视的。加强计划，抓住重点，积极突破，这就是各个领域普遍、适用的重要方法，也是常被忽视的重要方法。

一个人每天都有很多事情要做，有大事、有小事，有令人愉快的事、有令人心烦意乱的事。但是哪些事才是你最重要的呢？不弄明白这个问题，你就会浪费许多精力，空耗许多时间，结果给你带来痛苦，使你身心疲惫。

当然，所谓“重要”，必须是出自你自己的想法、感觉，你认为什么对你才是重要的。在某种意义上，人生就是选择对自己最重要的事情，然后去努力完成它、实现它。

如果你不希望被纷繁芜杂的大小问题弄得手忙脚乱，你就必须学会合理有序地安排事务处理的次序。根据事情的“轻重缓急”，你可以将自己的行动分成四个层次：

1. 重且急

这些是最优先处理的，应当高度重视并且立即行动。

2. 重但缓

可以稍后再做，但也要进入优先处理的行列，一定不要无休止地拖延下去。

3. 急但轻

这些表面上看起来非常紧急的事务，往往会被错误地列入优先行列中去，使真正重要的工作被拖延。

4. 轻且缓

其实大量的工作是既不紧急也不重要的，我们却常常由于各种原因，本末倒置，耗费了不必要的时间和精力。

当你依照这个程序执行一段时间之后，你就会获得有形的成果及回馈，最终，你将拥有所有你想要的东西，甚至更多。

第十七章

君子藏器于身，待时而动

逢强智取，遇弱活擒

在战争中讲究的是：“逢强智取，遇弱活擒。”在为人处世中也是如此，面对强大的对手，就得多动动脑筋，用最有效的方法将他“制服”；遇到问题时，一定要仔细地分析问题，从而找到最好的解决办法。

只要肯想，办法总是有的。但是办法一定要对路，要能够见招拆招。只有开动脑筋，逢强智取，遇弱活擒，在不同的情况下想出不同的可以解决问题的好方法，只有这样才能够真正地解决问题，最终助你达到成功。

暑假来了，张平想要出去打工，一来可以锻炼自己，二来还可以缓解家里的经济危机。张平买了一份找工作的报纸，他在广告栏上仔细寻找，终于选定了一个很适合自己专长的工作，广告上说应聘者可以拿着简历在第二天早上 8 点钟到达公司设定的面试地点。张平很想试一试，于是就在第二天的 7 点 45 分到了那儿。可是他看到居然已经有 20 个男孩排在那里，而他则排在队伍的最后面。

看到这种形势，他感到非常担心。他心里想：“这样下去的话，我面试上的概率非常的小，我得想个办法，怎样才能引起特别注意而竞争成功呢？”张平就是有一股不服输的劲头，他始终相信只要认真思考，办法总是会有的。终于，他想出了一个办法。

张平拿出了一张纸，然后在上面写了一些东西，折得整整齐齐，走向面试官，然后恭敬地说：“先生我希望您可以看一下。”

面试官看到了纸条后突然大笑了起来，因为纸条上写着：“先生，我排在队伍中的第 15 位，在你没看到我之前，请不要早早地作决定。”

最终，张平得到了这份工作。

张平开动了自己的脑筋，他想到自己排队面试成功的概率非常小的情况，没有同别人一样无所作为，而是想出了一个非常高明的办法，从而使自己如愿以偿地获得了工作。

李小龙是我国著名的功夫大师、功夫电影明星。他曾经自创了截拳道，为我国武术的发展作出了杰出的贡献。他是一个非常善于思考、精于谋划的人，因此他在处事时，总是能够分清局势，成功地绕开危机，并能最终获得成功。

有一次，李小龙去宣传自己的截拳道，在表演前他首先作了一番讲演，仔细阐明了截拳道的优势，同时也分析了其他武术门派的弊病。李小龙的言论立刻激起了一名在场的日本武师山本的强烈不满，这名武师属日本空手道黑带三段，在另一所大学就读。听了李小龙的演讲，他立即不服气地走到场边，然后以污言秽语羞辱李小龙，他戳着李小龙叫道：“你的截拳道既然如此厉害，那么你敢不敢接我的空手道呢？”

李小龙原本想将他的截拳道招数表演完毕再和他理论，见此情景不得不中止，他忍无可忍地接受了对方的挑战。李小龙对山本说道：“空手道是从中国武术演变而来的，我哪有怕空手道的道理呢？”

于是，双方摆下了架势，李小龙立刻闪电般地贴近山本跟前，他的攻势迅猛凌厉，在短短的 11 秒内就结束了这场比武。再看山本，则被李小龙打得满脸鲜血，倒地不起。

后来李小龙知道这名日本武师的功夫属于上乘，名气也非常大。然而李小龙还是轻而易举地将他击败，从此李小龙声名鹊起，名声大噪，这次比武为他自己做了一次非常成功的广告。此后，慕名投奔李小龙门下的学生也越来越多，他的武馆从此大见起色。

李小龙是聪明的，他认真分析了局势，考虑到对方是练习空手道的武师，而空手道是从中国武术演变而来的，且自己的截拳道也吸收了空手道的经验，于是很自信地认为自己可以打败他，这样也为宣传自己的截拳道起到非常好的效果。于是他立刻凭借自己的能力打败了那名武师。

在做事情时一定要多思考、多分析。逢山开路，遇水搭桥；兵来将挡，水来土掩；只有这样才能够使问题更好地更有效地解决。

东汉末年，魏、蜀、吴三分天下。蜀国丞相诸葛亮受到刘备托孤的遗诏，立志北伐，以重兴汉室。然而，蜀国南方的孟获又率兵来犯，诸葛亮当即点兵南征。双方首战诸葛亮就大获全胜。他亲率主力大军进入益州。这时雍闿已被高定的部下杀死，孟获代替雍闿为主，召集雍闿余部抵抗诸葛亮。

孟获虽然有勇无谋，但是却在当地少数民族中威望很高，所以诸葛亮根据自己的既定方针，决定生擒孟获，使他心服归降。

于是他下了一道命令，只许活捉孟获，不能伤害他。于是诸葛亮七次抓到孟获，又七次把他放掉，最终让孟获降服。

诸葛亮七擒孟获平定南中，不仅解除了蜀汉的南顾之忧，稳定了后方，而且从南方调拨了非常多的人力物力，从而充实了蜀汉的财政力量，让其可以专心于北伐。

诸葛亮平定南中后，命令孟获和各部落的首领照旧管理他们原来的地区。有人对诸葛亮说："我们好不容易征服了南中，为什么不派官吏来，反倒仍旧让这些头领管理呢？"

诸葛亮说："我们派官吏来，没有好处，只有不方便。因为派官吏，就得留兵。我们如果要留下大批兵士，那么我们的粮食就会接济不上。再说，刚刚打过仗，难免死伤了一些人，如果我们留下官吏统治，一定会发生祸患。现在我们不派官吏，既不要留军队，又不需要运军粮。让各部落自己管理，汉人和各部落相安无事，岂不是更好？"

诸葛亮想到了战后的统治问题，因此不能杀死孟获，而应该让其归顺，然后令其臣服蜀国，一举两得。

因此，做事情千万不能盲目地去做，而是应该结合具体的情况，想出一个可以对症下药的方法来，只有这样事情才会被很好地解决。

将计就计，其计方易

每个人的一生都会遇到敌手的，为了胜过别人你就一定要多动脑、多努力。虽然“消灭自己敌人的最好办法就是把他变成你的朋友”这句话说得很好，但是我们并不能把每一个对手都变成好朋友，这就要求我们学会去面对他们、去战胜他们。

有时候，面对对手的小伎俩，我们应该学会将计就计，借力打力，才能够很好的回击。“将计就计”如果能够圆满完成，不仅能让自己摆脱困境，更能让对手的计划落空，从而成功地制服敌人。

将计就计就是要利用对方的计策然后向对方反击。要想将计就计，首先就得先识破对方的计谋，知道他的意图所在，然后才能“就计”而行，从而战胜对手。

《三国演义》里，贾谊也曾搞了一次将计就计，当时曹操发兵攻打张绣，张绣在南阳死守。曹操攻打了很久也没有打下来，于是曹操便骑马围着南阳城转了 3 天。不久，他发现南阳城的东南城墙非常不坚固，于是便公开传令让兵将们在城西北堆积柴薪，接着会集诸将，摆出了从西北处攻城的架势，而暗地里却命令军中秘密准备攻城的器具，企图从东南角攻入城内。

谁料，城中张绣的谋士贾谊识破了曹操“声东击西”之计，他经过分析，决定将计就计，他让饱食轻装的精壮士兵全部藏在城东南的房屋之内，让老百姓假扮成军士，登上城西北角，不断地摇旗呐喊。曹操以为张绣中计，于是就白天在城西北进行佯攻，到了晚上则悄悄带着精兵从东南角爬入城内，结果却反中了贾谊的计谋，最后被杀得丢盔弃甲，损失了几万兵力。

贾谊正是在识破了曹操的计谋后，再根据曹操的计划制订一个可以击败他的计划，从而把曹操打得一败涂地，进而解除了曹操围城的困境。

将计就计的关键就在于能否看透第一个“计”，如果看透了，你就可以认真地想出一个得当的方法来对付它，而如果你看不懂对方的意图，那么你就无法将计就计了，而是只能中计了。

韩襄毅名雍，谥号襄毅，一次，有个郡守准备了丰盛的酒宴进献给他，这酒宴用一个大盒子装上，并且有一个美女也藏在了盒子里，然后直接进献到韩襄毅所住的营帐中。

这必定是当地的郡守想借此来窥探韩公的。韩襄毅知道这里面一定有不可见人的东西，但是他又不好违背郡守请他饮酒的好意，更不能若无其事地处理他派来的窥探者。思来想去，他决定将计就计。于是他就请郡守进入军帐，然后打开盒子，让在盒子里的美女献完酒之后，就依旧回到盒子里，最后又把盒子还给了郡守，让美女随着郡守一起出去。

韩襄毅识破了郡守的意思，但又无法直接拒绝，于是他就将计就计地让美女敬了酒，然后又把美女完好地送回，不但接受了郡守的好意，也表明了自己的态度，实在是高啊。

因此在与对手接触时，不能仅仅借助于自己的蛮力，更要开动自己的脑筋，努力去了解对手的计划，然后根据他的计划，布置一个自己的计划，让对手在实施他自己计划的过程中就不知不觉地落入你自己的计划之中，从而实现打败对手的目标。

机会从来不等人

“机会从来不等人”。当你做了充分准备，机会来临时就是你的；如果你没有做好准备，任何机会都不会是你的。

机会不会向每个人冲奔而来，有的时候机会来到我们身边仅仅是短暂的瞬间。谁错过了这一瞬间，它绝不会再恩赐第二遍。

机会从来不等人。在通往失败的路上，处处是错失了机会、坐待幸运到来的人。

抓住机会，见机而动，这个道理并不难理解。但许多人却令人遗憾地失去了机会。错失机会的原因恐怕体现在两个环节上，一个是识机，一个是择机。

时机来到，有的人能及时发现，有的人却视而不见，有的人虽然有所发现，但认识不清、把握不准。

致使良机丢失的另一个原因，是多谋少决，不敢决断，不能当即择机。这固然受到对时机认识不明的制约和影响，但与决策者的心理素质也有很大关系。有的人天生意志软弱，缺乏决断力，面对几种互相矛盾的选择方案，不知取舍，无所适从。

可见，机遇并不是赐给每个人的。无论在社会生活还是社会斗争中，机遇只偏爱那些有准备的人，只垂青那些深谙如何追求它的人，只赐给那些自信必能成功的人。机遇稍纵即逝，犹如白驹过隙，常言道，机不可失，时不再来。在进退之间，不能把握时机者，必将一事无成、蹉跎终身。

机会总是来去匆匆，它从不为任何人稍作停留，但这并不是说，机会可遇而不可求。机会可遇亦可求。所谓可求，就是说每个人都可以为自己制造机会。机会常常会出现在你面前，你完全可以把握住机会，将它变为有利条件。而你需要做的事情只有一件：行动起来。

软弱和犹豫不决的人，总是找借口说没机会，他们总是喊：机会！请给我机会！

弱者等待机会，强者创造机会。即使做不成强者，至少也要抓住机会。

事实上，你缺乏的不是机会。而是辨别机会的慧眼和抓住机会的双手。

世界上最小的门是机会之门，只要你关闭、拒绝接受，就是连一根针也插不进去；世界上最大的门也是机会之门，只要你打开，它可以创造无数奇迹。其实，一个人生活中的每时每刻都充满了机会。学校里的每一堂课是一次机会；每一次考试是一次机会；每一个工作任务是一次机会；每一次都是展示你的优雅与礼貌、果断与勇气的机会，更是表现你诚实品质的机会。

在这个世界上生存，本身就意味着你拥有奋发进取的特权，你要利用这个机会，充分展示自己的才华，去追求成功，那么这个机会所能给予你的东西，要远远大于它本身。

不打无准备之仗

俗话说得好："好的开始是成功的一半。"做每一件事的时候，如果准备充分的话，往往会有事半功倍的效果。"不打无准备之仗"，在做事情的时候一定要规划好、准备好，这样才会使成功更加顺利地到来。

著名的作家梁晓声曾接到过一位大学生写来的信。在信中他倾诉自己对文学的虔诚与热爱，以及想成为作家的愿望，只是由于自己是学工科的，因此不能将大量的精力花在自己热爱的文学上，所以他感觉自己是世界上最不幸的人。

梁晓声在回信中坦诚地说道："与同龄的青年相比，能够考入一所名牌的大学，你已经是最幸运的人了。目前对你来说，努力学习是最合适的事情，学习应当成为你生活的全部，即使你要成为作家，大学的学习对你也是非常有益的积累。我劝你还是先按下当作家的迫切愿望，等到将来大学毕业了，再从业余作家做起，然后当半专业作家，直到进入专业作家的行列。"

令人遗憾的是，这位大学生根本听不进梁晓声的劝告，他把所有的心思都用到了写作上。结果，他没有一篇"作品"发表，相反地学习成绩却一天天地下滑，甚至于连续几次补考都没有及格，最后不得不离开了大学校园，回家去了。

再后来，梁晓声听说他精神失常了，便非常痛惜地说道："这实在是太可惜了。"

这名大学生没有听从梁晓声的建议，一心只想着写作，但是他没有写作的天分，又不去为当一名作家而做准备、积累经验，而是急于求成最终落了个令人痛惜的下场。

我们再来看另外一个例子：

著名的女作家铁凝曾经接触过一位文学爱好者。她是一位四川乡村的女青年，她为了文学，竟然不远万里地找到铁凝。她希望在铁凝的指导下早日成为一名作家。

但是铁凝心里非常清楚，一个人仅仅靠一个作家的培养而成为作家的概率是非常小的。福楼拜是莫泊桑母亲的老友，他曾经对莫泊桑进行过极其严格的写作训练。但是莫泊桑在以《羊脂球》而留名文坛之前，他一直在一个默默无闻的小职员的位置上奋斗了十余年。

铁凝了解了女青年的大致情况后，善意地向她提出建议："你最重要的是工作问题，因为有了工作才能有工资，有了工资才能活着。只有活着才能去写作，去追求梦想。"

那位女青年听从了铁凝的劝告，回到家乡。在一个小县城里找到了一份最普通的工作。以后她常把她的习作邮寄给铁凝指导。终于，她的文章开始在地区的小报刊上连续发表了。渐渐地，她开始引起人们的注意，并最终实现了她的梦想。

同样热衷于文学，两个青年却有着截然不同的结局，出现这种情况的原因是因为前者对写作这件事没有准备充分，急于求成。而第二个青年则听从了铁凝的建议为自己的梦想积极地做准备，最终实现了自己的梦想。

一个年轻的猎人带着充足的弹药和擦得锃亮的猎枪去打猎。

老猎手们都劝他在出门之前把弹药装好再去寻找猎物，但他还是带着空枪走了。他对老猎手们说道："我到达打猎的地方需要一个钟头，到了那儿再装子弹也有的是时间。"

他走到了开垦地，就发现了一大群野鸭密密麻麻地浮在水面上。以往在

这种情景下，猎人们一枪就能打中六七只，这足够他们吃上一个礼拜的了。可这个猎人却需要忙着装子弹，此时野鸭发出一声鸣叫，一齐飞了起来，很快就飞得无影无踪了。

他徒然穿过曲折狭窄的小径，在树林里不停奔跑搜索，这片树林是个荒凉的地方，他连一只麻雀也没有见到。更不幸的是，这时天空霹雳一声，然后下起了倾盆大雨。

猎人浑身上下都是雨水，袋子里空空如也，最后只好拖着疲乏的双脚回家去了。

在看到猎物的时候才去装弹药，连作为一名猎手连最起码的准备工作都没有做好，当然就不可能有什么收获了。如果他在出发前做好充分的准备，那肯定会满载而归。

北宋大画家文同，字与可。他画的竹子远近闻名，每天总有很多人登门求画。那么文同画竹的妙诀在哪里呢?

原来，文同在自己家的房前屋后种上各种各样的竹子，无论春夏秋冬，阴晴风雨，他经常去竹林观察竹子的生长变化情况，琢磨竹枝的长短粗细，叶子的形态、颜色，每当有新的感受就回到书房，铺纸研墨，把心中的印象画在纸上。日积月累，竹子在不同季节、不同天气、不同时辰的形象都深深地印在他的心中，只要凝神提笔，在画纸前一站，平日观察到的各种形态的竹子立刻浮现在眼前，所以每次画竹，他都显得非常从容自信，画出的竹子，无不逼真传神。

当人们夸奖他的画时，他总是谦虚地说：“我只是把心中琢磨成熟的竹子画下来罢了。”

文同竹子画得传神，是因为他在画竹子之前，对竹子做了大量的观察，使得他对竹子的特性了如指掌，因此就可以画出惟妙惟肖的竹子了。

总而言之，做任何事情之前，一定要做好充分的准备，只有做了充分的准备，才能更加自信地去做事情，从而更加顺利地去实现目标。

求人不如求己

每个人都会遇到这样或者那样的事情，每个人都会有求于别人，但是我们不能总是靠着别人的力量来完成一件事，而且别人也不会帮助我们完成每一件事。这就要求我们做事情时仍要靠着自己的力量去努力完成，而不是一遇到问题就寻求别人的帮助。所谓“求人不如求己”，别人不可能总会为你做好每一件事，事情终究是你的，最终仍要凭借着你自己的能力去完成。

别人的帮助有的时候可以为我们开辟一条新的道路，让我们更加顺利地渡过难关、解决问题，但我们绝对不能过分依赖着别人的帮助，别人的帮助只能起到辅助的作用，而真正起到主导作用的还应该是我们自己。一个人如果把别人的帮助看得太过重要，久而久之，他的做事能力就会严重下降，而每当出现问题时，他首先想到的不会是靠着自己的智慧和力量去解决问题，而是去寻求别人的帮助。慢慢地，他就会严重依赖别人的帮助了，这样他就对自己更没有信心了。

佛印禅师和苏东坡是至交，他们两个人经常在一起参禅论道、游山玩水。

有一天，他们出去游玩，在路过杭州的中天竺寺时，两人便进去参礼。

当他们礼拜完毕后，苏东坡看着千手观音菩萨手中持着的念珠，就问佛印道：“禅师，观音既是菩萨，为什么还要数手里的那串念珠呢？”

禅师答道：“她也像凡夫们一样在祷告啊。”

苏东坡很是不解地问道：“她向谁祷告呢？”

禅师笑着答道：“呵呵，她当然在向观音菩萨祷告呀！”

东坡又追问道：“她自己不就是观音菩萨嘛，为什么还要向自己祷告呢？”

佛印接着笑了笑，说道：“求人不如求己嘛！”

另一则关于观音菩萨的故事是这样说的：

有一个人在路上行走着，突然天空下起了大雨。这个人于是就在屋檐下躲雨，这时他看见观音菩萨打着雨伞在雨中走着。于是他对打着雨伞的观音说：“观音度我一度。”观音说：“你在屋檐下，我在雨中，谁能够度谁呢！”这个人听观音这样一说，就从屋檐下走入雨中。然后他对观音说：“现在我也在雨中了，请观音度我一度吧。”观音说道：“你在雨中，我也在雨中，只不过我手中有伞，你手中没伞。你应该要伞度你，而不是叫我度你。”

这个人听了观音的话后非常郁闷，很无奈地回家去了。

连一向普度众生、救苦救难的观音菩萨都在向着自己祷告，劝诫别人要靠自己的力量做事情，可见人最终还是要靠自己啊。

求人不如求己，做事情的时候，我们应该先问一问自己是否可以做，然后我们再努力地靠自己去完成，而不是一有问题就去寻求别人的帮助，请求别人伸出援助之手。如果一个人，从来都不相信自己，不磨炼自己、发展自己，让自己做自己的救世主，那他还能做什么呢？对自己都没有信心的人，还能指望别人帮得了多少呢？一味地否认自我，寄希望于他人，这个人就永远无法在竞争中占据主动，而只能受制于人。

海伦·凯勒来到世间才 16 个月，猩红热就夺去了她的视觉、听觉和语言能力。她既看不到五光十色的世界，也听不到山鸣谷应，更无从表达她内心的忧郁，但她硬是凭借着惊人的毅力，踏踏实实、一点点地学习，终于有所成绩。她不仅练就了正常人的思维能力，还创造了常人难以达到的辉煌。她掌握英、法、德、希腊和拉丁语，还发表了大量的文学作品，使得她成了全美国最受尊敬的文学家、教育家。

当有人问她："是什么让你这样坚持地走下去？"她只是淡淡地说道："因为我一直告诉自己，不管遇到多大的困难，只有自己才能拯救自己。"

海伦·凯勒从来都没有向命运低头，她没有乞求别人的帮助，而是靠着自己的力量一点点的让自己走向成功，从而使自己的人生绽放出了夺目的光芒。

从美国哈佛大学毕业的女学生布露柯·艾莉森成为哈佛大学的第一位四肢瘫痪的学生。

21 岁的艾莉森在 7 年级开学的第一天就发生了严重的车祸，在那次车祸里她几乎丧失了性命，她在医院里昏迷了 36 小时后奇迹般地苏醒过来，但四肢却全部瘫痪。她醒后首先不是关心自己怎么样了，而是急切地询问什么时候可以去上学，她甚至还在担心功课是否会被落下。尽管她已经瘫痪了，但是不服输的精神点燃了她希望的火焰。此后，她以优异的成绩从哈佛大学毕业，并取得心理学和生物学两个学士学位。面对四肢瘫痪这种常人难以想象的痛苦，她仍无比坚毅地说："这就是我的生活，我一直感到，不管我所面对的情况如何困难，我都应该坚持下去，只有自己才可以拯救自己。"

因此，我们应该去借助自己的力量与智慧不断提高自己，脚踏实地地做好每一件事，为自己去奋斗，努力挖掘出自己最大的潜力，只有通过不断地努力与磨炼，才能够让自己在面对问题时信心百倍，并可以自信地达到成功。求人不如求己，一定要树立信心、坚定信念，变被动为主动、寄希望于自我才是最可靠、最有利的成功法则。

给自己一点点信心吧，要坚定自己的信念。遇到困难时咬紧牙关对自己说："我能做到，我可以的，我不能依赖别人的帮助，我自己帮助自己……"只有这样，才能在困难面前面不改色、自信十足。人的潜力是巨大的，相信自己，把自己潜藏的力量激发出来吧，你会发现，没有别人，每一件事情依然可以凭借自己的力量很好地完成。

磨刀不误砍柴工

做一件事的准备活动是非常重要的，一个良好的准备过程可以让事情做起来更加得心应手，甚至会达到事半功倍的效果。“磨刀不误砍柴工”，不要去吝啬那短短的磨刀时间，殊不知就是这短短的磨刀时间却能够给你带来更多的惊喜。

“磨刀不误砍柴工”表面的意思是在刀很钝的情况下，就会严重影响砍柴的速度与效率，在砍柴前虽然会浪费一些时间来磨刀，而致使不能立即去砍柴，但一旦当刀磨得很快，砍柴的速度与效率会大大提高，砍同样的柴反而用时比钝刀少。

从前有一个年轻人，他跟一个砍柴很久的师傅搭档，每天都一起进山砍柴。在每天上山砍柴之前，老师傅都会把斧子磨一磨，并还教育他砍柴之前最好要把斧子好好地磨一下。但是这个年轻人总是太心急，他认为磨斧子是一件很浪费时间的事，他认为如果把磨斧子的时间用在砍柴上就能够砍更多的柴。于是他就抱着这个思想每天都和老师傅一同上山砍柴。

刚开始，他的确是比老师傅砍得快，还砍得多。他心里沾沾自喜，觉得自己比老师傅还厉害，他觉得自己证明了磨斧子是没有用的想法。

第二天，他还是不磨斧子，早早地就进山了，并且劝老师傅也不要再浪费时间磨斧子，快点儿一起进山。老师傅却不为所动，依然认真地磨着自己的斧子。

结果，这一天年轻人和老师傅砍的柴是一样多。回到家以后，年轻人很不服气，他认为自己之所以砍得少是因为自己今天没有力气的缘故，并暗下决心明天一定要比老师傅砍得多。第三天，年轻人起得很早，在老师傅刚刚起来，还没有磨斧子的时候就进山了，并加倍地努力砍柴，他想要砍得比老师傅多，于是砍得比前两天还要卖力。但遗憾的是，他累了一整天，却比前一天还少。

回到家里以后，他觉得非常沮丧，甚至连饭也吃不下去了。老师傅看到了他的困惑，就过来开导他。对他说："年轻人，你想知道为什么你砍的柴越来越少吗？你想知道你砍柴为什么越来越吃力吗？"

年轻人非常想知道其中的原因，于是很认真地听着。老师傅语重心长地对他说："年轻人，干事情不能那么急躁，砍柴之前一定要磨好斧子，不要害怕浪费磨斧子的那点时间，当你把斧子磨好之后你就会更快地砍柴了，这就叫作'磨刀不误砍柴工'。"

年轻人听完以后将信将疑，于是他就决定听一次老师傅的话，并在明天验证一下。

于是，第四天早上，他没有早早地出发，而是和老师傅一起磨斧子，一直把斧子磨得又快又光之后才去砍柴。

结果令他欣喜的是，他又恢复第一天的水平。

在现实生活中，每个人都应该充分重视准备活动的重要性。所谓"工欲善其事，必先利其器"就是这个道理。如果平时不勤奋地"磨刀"而只是迫不及待地去做事情，等机会来临时就会发觉自己的能力远远不够，基础非常不扎实，这样的话再怎么临时抱佛脚，恐怕也已经晚了。

因此，我们应该注重自己平时的积累，注重做事情前的准备活动，为接下来做事情打下一个良好的基础。

要办成一件事，不一定要立即着手，而是先要进行一些筹划、可行性论证和步骤安排，做好充分准备，创造有利条件，这样会大大提高办事效率，做事情前一定要事先做好充分的准备，只有做好充分的准备才能使工作效率更高、做事速度更快。正所谓"兵马未动，粮草先行"，有了可靠的保障后，做事情就会胸有成竹了。

进攻才是最好的防守

商场如同战场，快一步则生，慢一步则死。面对困境，不能消沉沮丧，要像洛克菲勒一样积极主动寻求出路，将对方置于被动的地步，成功当然由你掌握了。

人生也是如此。处于困境时，不能坐以待毙，静等着对手将自己打败，要主动寻找走出困境的办法，快速进攻，不给对手任何逃脱的机会。

洛克菲勒使用大量资金扩大炼油生产量的同时，为了挤垮对手，他安排人去把一切可以装运石油的油罐列车以及油桶全部包租下来。但宾夕法尼亚公司垄断了油田和东部港口间的铁路货运，迫使洛克菲勒按其要求支付将煤油和其他产品运到东部市场的费用。洛克菲勒决定主动出击，解决这个问题。

1867 年下半年，洛克菲勒派人会晤了中央铁路公司的新任副董事长，告诉他洛克菲勒公司不再通过运河运输石油，而保证通过他的铁路每天装运不少于 60 节车皮的石油，不过条件是在运费上打折扣。而中央铁路公司当时正面临美国运输业大幅震荡，恰好需要一个“承包”者。

于是，中央铁路公司答应了洛克菲勒的要求：从石油区装运原油到克利夫兰每桶 35 美分，从克利夫兰装运精炼油到东部海滨每桶 13 美元。

仅此一举，洛克菲勒不仅打破了宾夕法尼亚公司的垄断，而且在运费上也得到了极大优惠。

面对阻力，大胆进攻，最后取得胜利，是洛克菲勒的一贯做法。

1870 年，美国铁路货车总装运量不断下降，那些受到经济不景气影响的铁路老板，为了解决困难，着手寻求为自由市场所能提供的更为有利的解决方法。他们设想：既然他们能够同最大的炼油商们合伙经营、分享利润，又何必忍受这种正在消耗着金钱的竞争局面呢？摸透了铁路老板们心理的洛克菲勒，立即与铁路老板们酝酿出一个方案。

根据该方案，各大铁路公司将与各主要炼油商们联合起来，共同安排石油的流通问题。运费将提高，但参加这个方案的成员则可以享受运费回扣，可以得到超过运费的补偿。

洛克菲勒立即将此方案付诸实施，着手组建了南方改良公司。该公司的运费以每桶 24 美分的优惠价格支付，而非成员的运费则要提高价格。

由于在南方改良公司的 2000 股中，洛克菲勒及其兄弟威廉占了 1180 股，这使得美孚石油公司在这个公司中享有的权利比其他任何一个股东都要多。洛克菲勒把这个方案视为一种手段，借以消灭美孚石油公司的竞争对手。

洛克菲勒的主动出击使对手们只有两个选择：要么把自己的企业解散并入美孚公司，要么最后在运费折扣制的压力下破产倒闭。

结果，洛克菲勒有效地垄断了整个美国的石油业。1880 年，整个美国生产出来的石油，竟有 95%出自洛克菲勒之手。

遇到阻力和困难时，选择退让只会让自己的“地盘”越来越小。在激烈的商战中，大胆进攻，扩大自己的市场份额，这样才会成功。

第十八章

人凭志气虎凭威

不怕无能，就怕无恒

人的一生会遇到各种各样的困难，而且人与人的能力也是有差别的，这就决定了每个人做事情的方法和思路是不同的。智商较高的人能够轻而易举做成的事情，也许对稍微笨一些的人来说就是非常棘手的问题。有的人常常会抱怨自己比别人笨，别人能够做好的事情自己却怎么也做不好。其实大可不必这样想。古人曾说，“勤能补拙”，如果你比别人笨的话，那么你就要付出比别人更多的努力，坚持不懈，奋战到底。“不怕无能，就怕无恒”。

有恒心的人往往能够获得别人不能获得的成就，他们也许并不聪明，甚至比别人差很多，但是他们相信只要努力就会有回报，只有努力才能够让自己成功。传说太阳神炎帝有一个小女儿，名叫女娃，是他最钟爱的女儿。炎帝不仅管太阳，还管五谷和药材。他事情很多，每天一大早就要去东海，指挥太阳升起，直到太阳西沉才回家。炎帝不在家时，女娃便独自玩耍，她非常想让父亲带她出去，到东海太阳升起的地方去看一看。可是父亲总是忙于公事，没有时间带她出去。女娃挨不住寂寞，终于有一天，女娃便一个人驾着一只小船向东海太阳升起的地方划去。不幸的是，海上起了风暴，像山一样的海浪把小船打翻了，女娃被无情的大海吞没了，永远回不来了。炎帝十分痛惜自己的女儿，但却不能用医药来使她死而复生，也只有独自神伤嗟叹了。

女娃死了，她的精魂化作了一只小鸟，发出“精卫、精卫”的悲鸣，所以，人们又叫此鸟为“精卫”。精卫痛恨无情的大海夺去了自己年轻的生命，她要报仇雪恨。因此，她一刻不停地从她住的发鸠山上衔起一粒小石子，或是一段小树枝，展翅高飞，一直飞到东海。她在波涛汹涌的海面上飞翔、悲鸣，把石子树枝投下去，想把大海填平。精卫飞翔着、鸣叫着，离开大海，又飞回发鸠山去衔石子和树枝。她衔呀、扔呀，成年累月，往复飞翔，从不停息。

姑且不谈精卫有没有可能把大海填平，光是她的这份决心就足以让人对她肃然起敬。只要有恒心，世界上就不会有什么可以阻挡一颗勇敢的心。

不要再抱怨自己没有别人聪明了，更不要把自己不如别人当作自己做不好事情的借口，再聪明的人也需要去努力奋斗，去不断提高自己。

如果你比别人笨的话，那么你就更应该去努力，只有用你的勤奋去弥补你的不足，你才能跟上别人的步伐。如果你只是每天抱怨着各种事情，那么你就会被别人越拉越远了。不要怕自己无能，只怕自己缺少恒心。虽然聪明但是却没有毅力，最后仍会一事无成。而如果你有坚持不懈的精神，即使再笨，你也会凭着自己的努力实现你的目标的。

大胆天下去得，小心寸步难行

做事情就应该大胆地去做，而不能畏首畏尾、缩手缩脚的。事情的变化往往会超过计划的预期，当面对预料之外的情况时，你是选择犹豫不前呢，还是选择抓住时机、当机立断呢？请记住这句话："大胆天下去得，小心寸步难行。"

武则天是中国古代的唯一一位女皇帝。她自幼聪慧伶俐、善于表达、胆识超人。父亲深感她是可造之才，于是就教她读书识字，使她通晓事理。

贞观十一年(637)，14岁的武则天因为长相俊美而被选入宫中，受封为"才人"。入宫之后，武则天行事干练，非常善解人意，再加上她姿色娇艳，于是颇得唐太宗的欢心，赐号"媚娘"。不久后，太宗又发现武则天学识非常好，并且懂礼仪，便把她从侍穿衣着的行列，调入御书房侍候文墨。这一变化使武则天开始接触皇家公文，了解了一些宫廷大事并能让她读到许多不易得见的书籍典章，她的眼界越发的开阔了，她也日渐通晓国事了。

贞观二十三年（649）太宗驾崩，按照当时宫廷的规矩，武则天被送进感业寺（供奉太宗灵位之处）出家，不许再度婚配。李治为太子时，曾与武媚娘私情甚笃，太宗忌日的时候，李治到感业寺上香和武媚娘不期而遇，于是旧情萌发。适逢宫内王皇后正与萧淑妃争宠，武则天意外受益，成了王皇后对付萧淑妃的一张牌而得以进宫，并得到李治宠爱。高宗即位两年后，把武则天从尼姑庵接出，封为昭仪。

没过多久，高宗害了一场病，成天感觉头昏眼花，他看武则天非常能干，又懂文墨，索性就把朝政大事全交给她处理了。

由于武后处理政务有章有法，不像高宗那样犹豫不决，因此让群臣非常

佩服。

公元683年，唐高宗李治病故，武则天先后把两个儿子立为皇帝——中宗李显和睿宗李旦，但是两人都不让她满意。于是她就废了中宗，软禁睿宗，自己则以太后名义临朝执政。

太后执政立刻遭到一些大臣和宗室的反对，但是都被武则天一一镇压平息，全国恢复了安宁，从此也没有人再敢反对她了。武则天巩固了统治之后，又不满足太后执政的地位。于是她决心称帝。

公元690年，武则天自称圣神皇帝，改国号为周。至此，她就成了中国历史上唯一的女皇帝。这年她67岁。

武则天前后执政近半个世纪，上承“贞观之治”，下启“开元盛世”，历史功绩昭然于世，但是过失错误也不可饶恕，总的来说她的成绩是值得肯定的。

武则天改唐为周长达15年。神龙元年（705），武则天被迫让位给庐陵王李显，由于特殊原因，又恢复了唐王朝统治。自此，武则天想当一个王朝创始人的志愿就此落空。

这个中国历史上唯一的女皇帝，给自己的身后立了一块“无字碑”，她不愧是杰出政治家，她明白历史功过自有历史去作出评判。

中国的皇帝全部都是男性，这也是中国古代男尊女卑思想的重要体现，但是偏偏出现了武则天这样一个大胆的女人。她敢于做大事，她敢于打破常规，她敢于用自己的力量去治理一个广阔的国家。也正因为她敢于做事，才使得唐朝出现了盛世的局面，如果她害怕别人的质疑而不去称帝，那么中国历史就缺少了她的壮丽篇章。

在一次拍卖会上，有大批的脚踏车等待出售。当第一辆脚踏车开始竞拍时，站在最前面的一个不到12岁的小男孩抢先出价：“5元钱。”可惜，最后这辆车被出价更高的人买走了。

紧接着，另一辆脚踏车也开始拍卖，这位小男孩又出价5元钱，但是脚

踏车还是被别人买走。接下来，他每次都出这个价，而且不再加价。但是，5 元钱毕竟太少了，那些脚踏车都卖到 35 或 40 元，有的甚至卖到了 100 元以上。因此他几乎没有机会得到一辆脚踏车。

暂停休息的时候，拍卖员问小男孩为什么不出高价竞争，小男孩无奈地说："因为我只有 5 元钱。"

不久后，拍卖继续，小男孩还是给每辆脚踏车出价 5 元，他的这一举动引起了所有人的注意，人们交头接耳地议论着他，经过漫长的一个半小时后，拍卖会快要结束了，只剩下最后一辆脚踏车，是非常棒的一辆，车身光亮如新，令小男孩怦然心动。拍卖员问道："有谁要出价吗？"这时，几乎失去希望的小男孩犹豫不决，他知道这辆车是最好的一辆，5 元钱肯定买不了的。但是他还是抱有一点点希望。可是面对众人的议论，他实在是没有信心喊出来，他犹豫不决，始终不能大胆喊出来。

他的心里仿佛过了一个世纪那么长，他真的喜欢那辆脚踏车，于是他咬咬牙鼓起勇气大声地说："5 元钱。"

拍卖员停止了叫价，静静地站在那里，观众也默不作声，没有人举手喊价。静待片刻后，拍卖员说："成交！5 元钱卖给那位穿短裤、白色球鞋的小伙子。"这时候观众纷纷鼓掌。

小男孩脸上洋溢着幸福的光辉，拿出握在汗湿的手心里揉皱了的 5 元钱，买下了那辆无疑是世界上最漂亮的脚踏车。

正是小男孩最后时刻大胆地喊出了自己的价格，才使得观众们感动了，最终把脚踏车让给了他。假如他最后一刻犹豫不决，这辆脚踏车最终就不会属于他了。

所以大胆地下定决心吧，大胆地去做事吧。犹豫不决的话，你会丧失掉转瞬即逝的机会；畏畏缩缩的话，你就抓不住成功的那一刻。只有大胆做事的人才可以走遍天下，那些做事情小心翼翼、畏畏缩缩的人到头来会错失良机。

宁走十步远，不走一步险

俗话说："宁走十步远，不走一步险。"这是非常有道理的。人们在做事情的时候需要稳中求胜，要稳扎稳打，而不是为了急于求成而铤而走险。

不要为了尽快成功而去冒险，成功不是靠冒险得来的，相反的成功是通过一点点地做事，经过不断努力才最终实现的。做事一定要稳扎稳打，知己知彼才能百战不殆；做到成竹在胸，掌控了大局后，循着自己所想的思路去一点点地实现，只有这样才可以成功。虽然说有的时候需要冒险精神，但是这并不意味着要靠着运气去做事情。为了做成某事而去冒险，结果往往是一着不慎，满盘皆输。

姚明是中国的篮球符号。他凭借着不懈的努力和自己出色的篮球技术在NBA打出了一片天空，姚明所在的休斯敦火箭队甚至成了中国球迷的主队，无数的人因为姚明而爱上了篮球。

火箭队的实力不是很强，尤其是替补球员表现总不令人满意。早期的火箭队主帅是范甘迪，他为了球队的战绩总是不敢重用替补球员，这使得主力球员的身体被过度使用，而过度疲劳使得伤病的概率增加。

《休斯敦纪事报》的火箭队专家弗兰·布林巴里曾经狠狠地批评了范甘迪，他对范甘迪说："你不是一个傻瓜，比赛还需要五个人之外更多人的力量！"这是在指责范甘迪在比赛中不安排替补球员上场的行为。常常还能够听到这样的批评："范甘迪是在让姚明一个人去对抗对手5个人！"很显然范甘迪不能把姚明当超人看，但是他的做法确是在把姚明当作超人来使用。为了赢球范甘迪不能不冒险，尽管冒险就一定会付出冒险的代价。好在姚明是全明星级别的表现，以及火箭在比赛中好运连连，也掩盖了范甘迪在用人上的缺陷。

也不能说范甘迪是在切断自己的后路，因为火箭替补们的表现的确很难让人满意。作为主教练范甘迪对此也非常窝火，但是他把一些队员禁锢在板凳上，而让姚明在球场上劳累奔波的行为确实值得商榷。姚明甚至出现了连续数场的出场时间都超过了40分钟。可以相信范甘迪绝对不想拖垮姚明的身体，但是他实际上是在冒险、是在拖垮姚明的双腿。

冒险终究会付出代价。在休斯敦火箭与洛杉矶快船的一场常规赛中，姚明跳起想封盖快船球员的投篮，落地时，右膝下方连续遭到队友海耶斯以及对方球员蒂姆·托马斯的撞击，姚明的膝盖甚至还被托马斯的身体压了一下，倒地后，姚明马上捂着自己的膝盖，表情极为痛苦。

姚明立即被送往休斯敦的赫尔曼纪念医院，接受核磁共振检查。据球队训练师琼斯透露，姚明右腿的胫骨出现骨折，火箭队方面原本估计姚明只是骨头被撞伤、出现瘀血，但实际情况要更严重一些，琼斯也表示，现在只能寄望无需动手术来治愈这次伤病。右腿膝盖下方出现骨折，姚明至少需要休战六周。没有了姚明的火箭，在这场比赛中，最终以 93 ：98 负于快船。失败的原因来自哪里？几乎不言而喻。就是因为主教练冒险地长时间使用姚明，使得姚明身体被累垮，那么受伤就在所难免了。假如主教练可以合理使用每一个球员，让球队稳扎稳打，而不是急于提升自己的战绩就不会出现这种情况了。

伯纳德·劳·蒙哥马利是第二次世界大战中英国的卓越将领。

1887 年蒙哥马利出生在伦敦肯宁顿的一个牧师家中。1907 年，他进入了桑德赫斯特皇家军事学院。他参加过第一次世界大战，并因作战勇敢而被授予优异服务勋章。第二次世界大战初期，蒙哥马利作为第 3 师师长成功地组织了敦刻尔克撤退。1942 年，他出任英

国驻北非第8集团军司令，在阿拉曼战役中打败德国著名将领“沙漠之狐”隆美尔，从而扭转了北非的战局。北非战役结束后，他率部与美军一起转战西西里和意大利，并于1944年1月升任第21集团军群司令，负责计划、组织和实施诺曼底登陆战役。1944年9月1日，蒙哥马利被授予元帅军衔，同年5月代表英国接受德国北方军的投降。1958年秋，蒙哥马利光荣退役，曾荣获各种高级勋章和外国勋章。

蒙哥马利戎马一生，征战时间长达50年，他服役的时间超过了英国的著名将领威灵顿，其卓越的指挥才能、无比的敬业精神、对战士细致入微的关心，使他在英国军界和广大人民中享有崇高的威望。人们都承认他是20世纪战争舞台上的一位卓越将领，是第二次世界大战中颇有建树的英国名将。至今，蒙哥马利指挥北非战役的铜像仍然是英国国防部广场上唯一的雕像。

蒙哥马利之所以百战百胜，是因为他从不打无准备的仗，他不会为了急于求成而冒险，他从不险中求胜，从来都不会靠运气打仗，他总是在稳中求胜，用自己有把握的方式作战。他把一切都计划好，然后稳扎稳打，让战局完全掌握在自己手上，正因为此，他才屡战屡胜，终成世界名将。

做好一件事是不能只靠运气的，就像下棋一样，下棋总会有输有赢。铤而走险，想要险中求胜往往会输得一败涂地。如果按照计划好的路子走下去，完全掌握大局，稳扎稳打，那么胜利虽然来得慢，但终究会到来的。因此，“宁走十步远，不走一步险”。宁肯一点点地有保证地向成功靠近，也不要破釜沉舟似的赌运气。

朋友可广交，但不可滥交

人是群居性的动物，因此每个人都不能离开人群而单独生存。人的群居性表现在每个人都需要别人的关怀和帮助，一个没有朋友的人是可悲的。一个人如果没有朋友，他就很难在社会上生存下去。没有朋友的人，他终究会被这个竞争激烈的社会淘汰。可见，朋友对于人来说是多么的重要。

每个人都需要朋友，心情好时，需要有朋友来一起分享自己的喜悦；心情糟糕时，更需要朋友的安慰和关心；有麻烦时，需要朋友的挺身而出；有目标时同样也需要朋友一道为之努力。总之，朋友是每个人的生活中必不可少的。朋友多了路才好走。

朋友固然是重要的，但绝对不能说朋友越多越好。朋友可广交，但是一定不能滥交。交朋友一定要交好朋友，要交那些信得过的人，而不能交那些平时称兄道弟、一有事情就装作不认识的狐朋狗友。

廉颇蔺相如二人冰释前嫌，握手成友，共同保卫着国家的安危；马克思恩格斯二人亦师亦友，肩并肩为无产阶级革命不断地贡献力量；许许多多的感人友情让我们赞叹。海内存知己，天涯若比邻。一个知己可以温暖一颗冰冷的心，一个好朋友可以让你重拾斗志。

在个人获取成功的道路上，自我奋斗固然必不可少，但是离开了朋友的帮助和支持，我们就会成为孤家寡人，各种麻烦、忧虑和烦闷就会接踵而来。所以，我们一定要存着广交朋友的心态，然后努力结识新朋友，不忘自己老朋友，这样路才更好走。

在现代社会中，人与人之间的交往变得越来越频繁。在社会这个大舞台上，一个人如果想要生存和发展下去就必须善于与他人建立良好的关系，必须以交朋友的心态为人处世。否则，缺少朋友、脱离社会，就会让你寸步难行。

但是，交朋友一定要慎重。好的朋友当然是一个人的财富，然而一个坏的朋友就会是你的心灵腐化剂了。知心朋友有一个就足矣。高山流水遇知音，俞伯牙钟子期二人互相倾慕，珍惜彼此的情谊，为世人颂扬。每个人的思想、生活方式都是不同的，这就决定了很难有非常投机的朋友，而得到知音就更不容易了。所以，不要认为朋友是越多越好的，拥有一两个知心的朋友，你就很幸福了。

交朋友一定要看清对方的底细，思索对方是不是值得交朋友的人，而不是秉承多多益善的原则而滥交朋友。俗话说“近朱者赤，近墨者黑”。朋友之间总是相互影响的，物以类聚，人以群分。如果你和品质高尚、富有修养的人交朋友，你自然就会受到其熏陶，从而促使你往更好的方向发展；相反地，如果你和品质低劣、不三不四的人保持频繁的往来，不久你就也会慢慢地染上像他们一样的恶习，甚至变得比他们还糟糕。因此，交朋友时，不光要看他与你的共同点有多少，还要看他为人的准则。总之一句话，交朋友万万不可疏忽大意。

朋友可广交，因为朋友越多，你能够得到的帮助和支持就越多。朋友不可滥交，交朋友一定要讲求原则，要明白什么人值得交朋友，什么人最好离他远一些。交朋友就一定要交那些有志向的、讲义气的人，只有这样的人才会促进你自身的进步。那些每天拉着你沉醉在酒桌上，总是拍胸脯、打包票，总是对你发出豪言壮语而当你需要帮助就消失不见的假朋友，就一定不能结交，因为他们只会阻碍你前行的路。因此一定要记住，朋友不在多，知己一个就好，朋友可以广交，但绝对不能滥交。

头脑要比手脚更勤快

人们在做任何事情的时候都应该付出自己辛勤的努力。但是，想要做成一件事并不能仅仅靠着手脚的勤快，而更应该活动自己的头脑。头脑一定要比手脚更勤快，因为如果只是一味盲目地努力，而没有动脑筋的话，事情就不会很轻易地完成。

思路可以决定出路，做事的时候多动动脑筋，往往就能够开出一片新的天地。做任何事情之前都要养成先思考的习惯，思考目标、做事的步骤以及可能出现的问题，然后想出周全的解决方法，这样在每一个阶段出现的任何情况，你都可以很从容地面对，而不会出现遇到问题就手足无措的情况了。

鲁班是我国建筑业的鼻祖，他的一生发明过非常多的方便实用的工具，锯子是他的伟大发明之一，而锯子的发明就源于他的善于思考。

鲁班是一个工匠，因此他经常到山上去寻找木材。在路上的时候，他看到工人们一斧头一斧头十分费力地砍着树，觉得他们实在太辛苦了。于是他就想：“我能不能发明一个新的工具来代替斧头，让砍树更省劲呢？”这个念头就一直在他的脑子里不断盘旋着。

有一天，鲁班又上山去了。当他在爬一段非常陡峭的山路时，突然滑了一下。情急之下，他伸手抓住了路旁的一丛茅草，这时他感觉到自己的手指被什么东西划破了，他打开手掌一看，鲜血都渗出来了。于是他俯身凑到茅草跟前仔细观察，只见茅草的边上儿有一排细细的利齿，而正是这些玩意儿把他的手指划破了。突然间，鲁班脑中灵光一闪，他一下子想到了制作新工具的灵感。这些天来他一直在思考用什么东西可以代替斧头砍伐树木。他想，这么细小的茅草都能将皮肉划破，那么应该也有东西可以将树木轻易砍倒。鲁班兴致一来，便忘了自己手掌的疼痛，他扯起一把茅草仔细地观察，他用草边儿在手背上轻轻一割，手背居然很轻易地被割开了一道口子。鲁班若有所思地站了起来，他想："何不让铁匠打制一些边儿上有锯齿的铁条，然后让人们把它放在树上来回拉动？这样不就可以把树割断了。"

根据这一想法，鲁班很快制成了第一批锯条。经过试用，锯条果然比斧头好用多了。

就这样锯子就被发明了出来，至今仍然被广泛地使用。正是因为鲁班勤于思考，不断地开动脑筋，才会有如此伟大的发明出现。

艾森豪威尔说过："只知道往前冲的不是一名好军人，最起码不是一名好军官。"这句话深刻地说明了思考的重要性。只靠蛮力而没有智力的人是无法胜出的。思考可以决定一个人的命运，而成功的人肯定是那些善于思考的人。

高斯是德国伟大的数学家，他从小时候就是一个非常爱动脑筋的聪明孩子。

当他上小学的时候，有一次一位老师想教训一下班上的淘气学生，于是他就出了一道数学题，让学生从 1 + 2 + 3……一直加到 100 为止。这个老师心想："这道题足够这帮学生算半天的，我也可以得到半天悠闲的时间了。"出乎他意料的是，刚刚过了一会儿，小高斯就举起手来，说他已经算完了。这个老师觉得算这么快肯定是不对的，于是头也不抬地说道："算的不对，回去重新算。"但是小高斯很自信地说道："老师，你看一下，我认为我算的是对的。"这位老师抬起头，然后去看高斯的答案，5050，完全正确。老师顿时惊诧不已，要知道这位老师曾经自己算过，他可是算了很长的时间才算出来的。于是他急忙问小高斯是怎么算出来的。

高斯说道："老师，我不是从开始一直加到末尾的，而是先把 1 和 100 相加，得到 101，再把 2 和 99 相加，也得 101，最后 50 和 51 相加，也得 101，这样一共有 50 个 101，结果当然就是 5050 了。"高斯说完，这位老师不断地表扬聪明的高斯。

遇事要开动脑筋，这说起来是件非常容易的事，可是做起来却是非常难的事。高斯的聪明之处就在于他能打破常规，跳出旧的思路，通过自己仔细观察、细心分析，从而找出一条新的思路，进而打破旧的思维模式带来的禁锢，在非常普遍的事物中发掘出新意来。

人的每一个进步，都与自己的思维能力息息相关。如果离开了思维，人就什么事情也办不成了。既然我们被自然赋予了“思维”这样神奇的力量，我们就应该积极开发我们的大脑。大脑就像是汽车的零件，是越用越灵的，我们每一次的思维都是在给脑子加油，而经过润滑的大脑更能适应自然的变化，人因此也就会有更强的能力了。

关羽手下有一个叫作周仓的人，这个人高大威猛、勇敢无比。他可以很轻易地杀死一头牛。但是周仓空有一身蛮力，却没有脑子。

有一天关羽和周仓路过一棵树，树下爬了很多的蚂蚁，关羽就对周仓说道：“你平时总是自负，认为自己很厉害，你能把这些蚂蚁打死吗？”周仓听了很不屑地说道：“区区一只小蚂蚁，打死又有何难，难道比一头牤牛还厉害吗？”说完就走到蚂蚁旁，抬起右脚在蚂蚁多的地方使劲踩了一下。他原本以为这一脚下去所有的蚂蚁都会死去，可是当他抬起脚却发现，被踩的蚂蚁依然快速地爬着。

周仓很是气愤，于是接连踩了好几下，但是就是踩不死这些蚂蚁，最后他筋疲力尽了也没有成功。

关羽看着他，语重心长地说道：“光靠强壮的身体是不能战无不胜的，真正的常胜将军是靠脑子来打仗的，只有会动脑筋的人才是最厉害的。”

说完，关羽下了马，走到蚂蚁前，伸出自己的手指按在一只蚂蚁上，然后用指尖轻轻碾了一下，那只蚂蚁就死了。

周仓看到这一切，顿时羞愧难当，从此再也不自高自大了。

真正厉害的人不是那些身体强壮、力大无穷的人，而是那些会开动脑筋的人。因此，开动你的脑筋吧，让自己的头脑动的比手脚快些，因为只有这样你才能够更好地去做每一件事。

一寸不牢，万丈无用

世间事，都是相互联系的，通常，一件事情当中的各个环节都存在一定的关系，彼此互为依靠、相辅相成，共同组成了一个整体。也正是因为这彼此的联系，才让这些事、这些物品，能够更加紧凑、牢固，显得更和谐。因此，我们在做事的时候，就不能漏掉任何一个环节，哪怕那环节是微不足道的。不过，话虽如此，想要真正做到就有些难了。特别是面对那些小事的时候，往往都由于不够心细而忽略了，结果导致整个事情都没有做成，甚至是造成让人扼腕的后果。这不是危言耸听，而是每天都在时时发生的事情。关于这点，我们的祖先早就注意到了，人们常说的老话“一寸不牢，万丈无用”，说的就是这个道理。事实也确实如此，哪怕一万丈中，有九千九百九十丈九分都是非常牢固的，只有剩下的那一分不够牢固，也很可能出问题。而这一分正是我们最容易忽视的那一部分。

在现代管理理论中，有一个著名的理论叫木桶理论，又称木桶原理或短板理论。它是由美国管理学家彼得提出，其核心内容为：一只木桶盛水的多少，并不取决于桶壁上最高的那块木块，而恰恰取决于桶壁上最短的那块。根据这一核心内容，“木桶理论”还有两个推论：其一，只有桶壁上的所有木板都足够高，那木桶才能盛满水。其二，只要这个木桶里有一块不够高度，木桶里的水就不可能是满的。这和我们所说的老话是一个道理。

那么，一个企业如果想成为一个结实耐用的木桶，首先要想方设法提高所有板子的长度。只有让所有的板子都维持“足够高”的高度，才能充分体现团队精神，完全发挥团队的作用。在这个充满竞争的年代，越来越多的管理者意识到，只要组织里有一个员工的能力很弱，就足以影响整个组织达成预期的目标。

在实际工作中，管理者往往更注重对“明星员工”的利用，而忽视对一般员工的利用和开发。如果企业将过多的精力关注于“明星员工”，而忽略了占公司多数的一般员工，会打击团队士气，从而使“明星员工”的才能与团队合作两者间失去平衡。而事例证明，对“非明星员工”激励得好，效果可以大大胜过对“明星员工”的激励。因为，虽然“明星员工”的光芒很容易看见，但占公司人数绝大多数的是非明星员工。

有一个普通华讯员工，由于与部门主管的关系不太好，工作时的一些想法不能被肯定，从而忧心忡忡、兴致不高。正巧，摩托罗拉公司需要从华讯借调一名技术人员去协助他们做市场服务。于是，华讯的总经理在经过深思熟虑后，决定派这位员工去。这位员工很高兴，觉得这是一个施展自己拳脚的机会。去之前，总经理只对那位员工简单交代了几句："出去工作，既代表公司，也代表我们个人。怎样做，不用我教。如果觉得顶不住了，打个电话回来。"

一个月后，摩托罗拉公司打来电话："你派出的兵还真棒！""我还有更好的呢！"华讯的总经理在不忘推销公司的同时，也着实松了一口气。这位员工回来后，部门主管也对他另眼相看，他自己也增添了自信。后来，这位员工对华讯的发展作出了不小的贡献。

通过华讯的这个例子，我们知道了对"短木板"的激励，可以使"短木板"慢慢变长，从而提高企业的总体实力。人力资源管理不能局限于个体的能力和水平，更应把所有的人融合在团队里，科学配置，好钢才能够用在刀刃上。木板的高低与否有时候不是个人问题，是组织的问题。

想必大家都听说过"千里之堤溃于蚁穴"这个成语。就是说酿成大祸的，可能就是一个小小的问题。"挑战者号"航天飞机事件就是个典型的例子。

"挑战者号"是美国正式使用的第二架航天飞机。开发初期，人们就对其投注了很多心血，不但有最尖端的科技、最专业的科学家，还投入了很多的财力和物力，同时，舆论对它也给予了非常多的关注，大家都把这当作是一件大事，是人类航天史上的一项壮举。"挑战者号"原本是被作为高仿真结构测试体的，但在完成初期测试任务后，科学家们把它改装成正式的轨道载体，并定于1983年4月4日正式投入使用，进行任务首航。1986年1月28日，"挑战者号"在进行第10次太空任务时，突然爆炸，一时引起轰动。

人们都为它感到惋惜，同时，也对那些在事件中丧生的人表示了极大的哀悼。

可是，任谁也没有想到，集各种高科技于一身、耗费了巨大资源的“挑战者号”，之所以爆炸是因为右侧固态火箭推进器上面的一个O形环失效，从而导致了一连串的连锁反应……

相信，很多人面对这一事实的时候，心里都是无法接受的。是啊！那可是航天飞机啊！是人类最尖端的科技，也是我们的智慧结晶，但是，它竟然毁于一个小小的O型环。航天飞机上的零件不止千万个，其中比这个小小的O形环重要的也是无法计数的，但是，正因为它的一点儿小小的问题，让整个机体都受到影响，最终爆炸，当时航天飞机上的7名工作人员也都意外身亡，这不能不说是一个彻底的悲剧。但愿以后这样的悲剧不再发生。

通过这些事例，我们应该明白。很多时候，那些看似不起眼的问题，或者某些我们觉得无所谓的东西，其实都是有着很重要的作用的。他们本身可能很微小，不足以让我们重视，但其很可能会引起巨大的反应。就像有科学家说的那样，一个小小的蝴蝶扇动一下翅膀，就可能引起很远处的一场风暴。

我们一定要记住这句老话“一寸不牢，万丈无用”，把它融入自己的意识当中，时时刻刻提醒自己。不但在做事的时候如此，做人也一样。我们要做就做各个方面都很优秀的人，不要让自己有各种小毛病，很多时候，这些小毛病可能就会成为那个溃堤的蚁穴，或者是引起爆炸的O形环。

总之，要以一种严格的标准来要求自己。不但做人要完美，做事也一样，对任何一件小事，都不要忽视其可能起到的作用。做到了，你就必将会走向成功。

卒子过河能吃车马炮

很多人都会下象棋，自然也懂得其中的规矩。一般来说，人们是不太在意象棋中的卒子的，认为它们没有大的用处，不但行动缓慢，杀伤力也极其有限，但是，经常下象棋的人都知道，看似没用的小卒子一旦过了河，就有了大的用处。它们就可以横冲直撞，可以吃掉车马炮，甚至可以吃掉对方的老将。

由此，我们能明白一个道理，不要小看那些不起眼的人，他们很可能是真正的人才。现在不如意，没有大的作用，不过是没有得到施展的机会罢了。一旦给他们机会，定会有一番作为。同样，如果我们正处在卒子的位置，也不要灰心丧气，要相信自己，要相信机会总有一天会降临到自己头上的，到那时，你就可以成就一番事业了。

不要小看那些平常的人，他们很可能是胸怀大志的英雄，也很可能是怀才不遇的勇士，今天的落魄，不过是一时不得志罢了。一旦时机成熟，他们定会翻身，成就自我，展现出自己的价值。所以，我们应该知道，不管是什么人，都是值得尊重的，以现在的处境来评价一个人是非常愚蠢的行为。因为你看到的只是他此时的表象罢了，至于其后来会发展成什么样，是谁也不敢确定的。

李君是一个很普通的人，她来自农村，有着农村人那最质朴的情感。她不怕苦不怕累，每天天快黑时，她和丈夫就从家里出来，开始张罗搭篷布、摆桌椅。然后老公掌勺，老婆招呼客人，卖那些最普通的小菜。他们的主要客人就是那些夜猫子和过路司机。两口子每天都是辛苦一晚上，天快亮时才收摊，赚的钱虽然不多，但也足以解决温饱。就这样，两口子勤勉而辛苦地工作着，既发不了家，也饿不了肚子。在李君两口子的眼里，自己就是一个最最普通的老百姓，要过的也是最最普通的日子。这样的情况持续了一年之久。两人心里开始打鼓了，因为他们看不到未来。城市里的高楼正一天天拔地而起，各色新的东西每天都在涌现，但两个人还是跟以前一样，没有半点改变，也看不到改变的可能。

他们也曾经想过去创业，但是保守的思想让两个人很难迈出那一步。就这样，日子一天天过着，平淡而又宁静。但是，人注定是有追求的，李君他们也一样。

突然的一个机会，改变了他们的生活，两个人打听到，在离他们住地不远的地方，有一家饭店不干了，正在以低价出租房子，那个房子地理位置很好，是开饭店的不二之选，而且，价钱也不贵。

两个人商量了很久，也没有作出决定，因为房租虽然相比别的地方不算贵，但对两人来说，依然是一笔不小的开支，差不多已经是他们全部的积蓄了。一旦生意失败，两个人连平淡的生活都过不了了。更重要的是，他们不认为自己有能够经营好饭店的本事，在他们眼里，自己就是个最最普通的老百姓……

最后，希望战胜了恐惧，两个人拿出了全部积蓄，租下了房子，很快，他们的饭店就开张了，两个人也忙碌了起来……

如今，李君已经是那座城市里的餐饮界名人了，他们家有很多的分店，也有很多的顾客。

事情往往就是如此，面对一个普通人的时候，我们不看好那人，觉得他不算什么，但很可能他几年后就会变成“韩信”。面对自己的时候也是，自然的以为自己就是一个小卒子，成不了大气候，但是如果你足够努力，就会发现，自己原来也是可以吃掉“车马炮”的，就像李君，如果不迈出那一步，她永远是个普通的小贩。

所以，我们要意识到，没有永远的失败，只有暂时的不成功。如今是小卒子的人不一定永远是小卒子，就算永远是小卒子，有一天过河之后，依然可以吃掉车马炮。对别人如此，对自己亦然。当我们看到平凡的他人时，不要去嘲笑，而是去尊重，当我们自己面对平淡或是困苦的生活时，不要丧失信心，而是应该努力去寻找那过河的机会。如果你做到了这些，那么，你就会认识更多能吃掉“车马炮”的卒子，你，也很有可能会变成一个能吃掉“车马炮”的卒子。到那时，你就已经成功了。

第十九章

人逢喜事精神爽，闷上心来瞌睡多

日图三餐，夜图一宿

人应该学会知足，只有知足才会常乐。人怎样过都是一辈子，为何不快快乐乐地过一生呢？日图三餐，夜图一眠。保持一颗知足的心会让自己更加快乐。

心理学原理告诉我们：快乐是一种心理活动，是一种精神状态。快乐的心情与心理的满足感是紧密联系在一起的。因为人们的成长经历和家庭背景不同，使得不同的人对同一件事的认知也就不同，有时甚至是完全相反的。

从前，城里面住着一位大财主，他拥有很多的房产，在乡下还有几百亩田地，他饲养了数百头牛羊。总而言之，这财主家大业大、腰缠万贯。

财主的生意都有其他人帮助打理，自己根本就不用操心。财主平时穿的是最好的衣服，吃的是山珍海味，住的是大屋阔院，睡的是最昂贵的高级床，盖的是罗帐锦被。然而即使如此，财主却从来都没感到快乐，他整天还在为家族的产业发展不理想、赚钱太少而烦恼。他总是独自一人唉声叹气，坐立难安，甚至经常失眠，久而久之，他的精神变得非常不好。

在他家隔壁住着一个理发师，名字叫阿贵。他三十多岁了仍没有妻儿，每天只能赚到“几个银钱”的理发钱，仅仅够日常的生活费用和小小开支，阿贵生活虽然过得清苦一点，但天天无忧无虑的，过得十分潇洒。每天晚饭后，阿贵便在小木屋里躺着放声地歌唱，直到午夜唱累了便喝一杯泡好的茶，接着一觉睡到第二天的9点钟后再起床，又开始给别人理发。

财主也许是因为过分忧虑自己的生意，或者因为阿贵晚上唱歌的声音太大了，让他更加难以入睡。有一天早上，财主便把掌柜叫过来问道："隔壁的阿贵每天都吃不饱、住不好，又没有妻儿，为什么他却能够这样开心，每天晚上都在唱歌呢？而我这么多钱为什么却快乐不起来呢？"掌柜听了财主的话便微笑地对财主说："因为他懂得知足常乐！"财主听了点了点头，然后对掌柜说："那么怎样才能够让他不会唱歌呢？"掌柜微笑地说："这非常容易，只要你能借给他十两银子就可以了。""这样就可以吗？"财主将信将疑地问。"绝对没问题"，掌柜非常有信心地对财主说。"那好，你明天就借十两银子给他，我倒要看看你说的对不对"，财主还是很怀疑地说。

第二天，掌柜就来到了阿贵的理发店刮胡子，他问阿贵："阿贵，你都剃了二十多年的头了，却仍然没存下几个钱，现在你已经三十出头了，却连个老婆都没有，你还不如改行去做一些小生意呢。"阿贵笑着对掌柜说："我每天只能赚几个理发钱，哪有本钱去做生意呢。""那你想不想做生意呢？我可以帮你。"掌柜很认真地问阿贵。阿贵无奈地说："当然想啊，可是我的确是没有本钱！"掌柜听了非常兴奋地说："如果你想做生意，我可以帮你向我老板借十两银子给你做本钱，利息还可以比别人借钱的稍低一点儿。"听了掌柜的话阿贵喜出望外，然后惊讶地问掌柜："是真的吗？""绝不会假的。"掌柜笑呵呵地说。阿贵又着急地追问："那么什么时候可以借钱给我啊？""明天上午就可以。"掌柜非常有把握地说。"好吧，如果这件事成了的话，今天帮你刮胡子的钱就不收了，以后还要请你喝酒呢！""好啊！"掌柜开心地说。不一会，掌柜刮完了胡子，阿贵便十分高兴地送掌柜出门口并对他说："那我明早上去找你。""好的。"掌柜对阿贵笑了笑。

这天晚上阿贵非常激动，他整晚都在想："有了这十两银子后，我就可以去做生意了，以后我就会赚很多的钱，有了钱可以盖房子，然后我就可以娶一个妻子，以后有人做家务了，还可以让她生儿育女，传宗接代……"

第二天天还没亮，阿贵就早早到了财主家门口。直到 8 点多，财主的店铺开了门，他就马上进去找到了掌柜，掌柜非常爽快地借了十两银子给他。拿着这十两银子，阿贵似乎看到了自己以后的生活。

从这天起，阿贵就不理发了。他开始琢磨做什么买卖好。也就是从这个晚上开始，阿贵的屋内再也没有了欢乐的歌声。而财主这晚也非常好奇地找掌柜一起到阿贵房前，来听一听阿贵是否还会唱歌。很久后，他们都没有听到阿贵唱歌的声音，然后就大笑着回去睡觉。

几天后的一个晚上，掌柜到阿贵家里找他聊天。掌柜说："阿贵，为什么这段时间没听到你唱歌呢？"阿贵非常苦恼地低声说道："别提了，自从你借给我十两银子之后，我真的不知道用来做什么生意才好？并且钱又不多，我又不懂做生意，到期后又要归还本息，以后我真是不知该怎么办了。现在烦还来不及，哪还有心情唱歌呢？"掌柜听了哈哈大笑，然后十分得意地走出阿贵的屋子。

这故事说明了"知足者常乐"的道理。这个财主本来应该是快乐的，就是因为他不知足，所以他快乐不起来。而阿贵本来生活艰苦，但他能知足常乐，所以他过得非常满足，然而当他得到了十两银子后，每天忧心忡忡的，最终变得苦不堪言。

人都需要进取心不假，但这并不是要你去事事必争，永不满足。人与人毕竟是不同的，如果你总是把别人的成就放大，把自己的优点缩小，你就会永远生活在处处不如人的阴影里，最终会影响到你的生活，让你的生活更加地烦恼、困惑。"日图三餐，夜图一眠"，放松心态，你会发现生活会变得非常简单、轻松。

欢娱嫌夜短，寂寞恨更长

俗话说得好："欢娱嫌夜短，寂寞恨更长。"一个人如果感到快乐就会觉得时间飞快，快乐的时光是如此的短暂。相反地，如果一个人心里烦闷，孤单寂寞，就会觉得时间是如此的漫长，是如此的难挨。人生不如意之事常八九，我们不能每件事都去抱怨、去悲伤、去烦恼。如果那样，人的一生就会被苦恼所占据，也就没了快乐可言。

人的一生很短暂，短暂到转瞬即逝。人的一生又非常漫长，漫长到让人感到可以做好多事情。其实，人生的长短是一样的，之所以不同人出现不同的感觉是因为他们的心态。

波尔赫特是世界著名的话剧演员，她在世界戏剧舞台上活跃了长达 50 年的时间。然而当她 71 岁在巴黎时，却突然发现自己破产了。更糟糕的是，当她在乘船横渡大西洋时，不小心摔了一跤，腿部受了很严重的伤，而且引发了静脉炎，人生对她似乎非常不公平。

不得已波尔赫特四处寻求医生。经过诊断，她的主治医师认为必须把腿截去才能使她转危为安。可是，医生却迟迟不敢把这个可怕的消息告诉给波尔赫特，生怕她听到这个噩耗后做出什么疯狂的举动。

但事实却出乎医生的意料。当他最后不得不把这个消息告诉波尔赫特时，波尔赫特竟然非常平静。波尔赫特注视着他，然后平静地对他说："既然没有别的更好的办法，那就按照你说的方法办吧。"

于是医生开始准备为她截肢。手术那天，波尔赫特高声朗诵着戏里的一段台词，显出一副乐观积极的样子，有人问她是否在安慰自己，她的回答是："不，我是在安慰医生和护士，因为他们太辛苦了。"

手术后，波尔赫特恢复得很快。不久后就又开始了话剧表演，她顽强地在世界各地演出着，在舞台上一演就又是 7 年。

波尔赫特的遭遇可以用"糟糕"来形容，然而波尔赫特以平常心待之，手术后依然在自己喜爱的话剧舞台上奉献着自己，她的乐观态度真的是值得我们学习啊！

生活得快乐与否全在于自己的态度，如果你能保持一颗快乐乐观的心，你就会发觉世界处处是快乐；反过来，如果你拥有一颗处处抱怨的心，你就会越来越觉得这个世界是如此的不公平、如此的不完美。"欢娱嫌夜短，寂寞恨更长”，夜的长短全在于自己的心态，快快乐乐的，你才会感受到生活的美满。

一个乐观者和一个悲观者聚在一起。

悲观者问道：“假如你连一个朋友也没有，你还会这么高兴吗？”

“当然。我会高兴地想，幸亏我没有的是朋友，而不是我的生命。”乐观者快乐地答道。

悲观者听了继续问道：“假如你正在行走，突然掉进一个泥坑，出来后成了一个脏兮兮的泥人，你还会高兴吗？”

“当然了，我会高兴地想，幸亏我掉进的是一个泥坑，而不是一个无底洞，否则我就会摔死了。”乐观者答道。

悲观者接着问：“假如你被人莫名其妙地打了一顿，你还会这样快乐吗？”

乐观者说道：“当然了，我会非常高兴地想，幸亏我只是被打了一顿，而没有被他们杀害。”

悲观者问：“假如你在拔牙时，医生错拔了你的好牙而留下了病牙，你还高兴吗？”

“当然，我会非常高兴地想，幸亏他错拔的只是一颗牙，而不是我的内脏，我还健康地活着。”

悲观者接着问：“假如你的妻子背叛了你，你还会高兴吗？”

“当然，我会高兴地想，幸亏她背叛的只是我，而不是我们的国家。”乐观者快乐地说。

悲观者又问：“假如你马上就要失去生命了，你还会感到高兴吗？”

“当然了，我会高兴地想，我终于可以高高兴兴地走完我的人生之路了。我可以随着死神，高高兴兴地去参加一个盛大的宴会。”

乐观者和悲观者的对话生动地说明了，一个人的人生是否快乐取决于他自己是否觉得快乐。快乐地看待一些事情，就会有快乐的感觉，而悲观地看待事情，则会产生悲观的感觉。

人的一生会遇到许许多多的困难和不平，你大可不必因此就感到悲观、泄气。如果遇见问题就失落的话，那么人生就会是一个永远没有快乐的过程。

从前在杞国，有一个人，他的胆子非常的小，他总是会想到一些特别奇怪的问题，让人觉得莫名其妙。

有一天，他吃过晚饭以后，拿了一把大扇子，然后坐在门前瞅着天空发呆，接着自言自语地说："假如有一天，天塌了下来，那该怎么办呢？我们岂不是无路可逃，而将活活地被压死，这不就太惨了吗？"想到这个问题，他顿时非常恐慌。

从此以后，他每天都会为这个问题发愁，他不停地烦恼着，终日茶不思饭不想。朋友见他终日精神恍惚、脸色憔悴，都很替他担心，于是都上前关切地询问。当大家知道了他哀叹的原因后，劝他说："老兄啊！你何必为这件事自寻烦恼呢？天空怎么会塌下来呢？再说即使真的塌下来，那也不是你一个人忧虑发愁就可以解决的啊。想开点吧，日子还是要过的，整天这样愁眉苦脸的也没有用啊。"

可是，无论人家怎么说，他就是不相信，仍然时常为这个不必要的问题担忧。久而久之，人也瘦了，变得萎靡不振，整天浑浑噩噩的，胡言乱语。他的朋友也渐渐地与他疏远了。

这个杞国人每天都为天塌下来这件不可能的事情而担惊受怕，使得自己的生活变得凌乱不堪，其实他大可不必这样，就算是天要塌下来了，整天的唉声叹气也是没用的，更何况天是不会塌下来的。假如他有一颗积极乐观的心，那么他就不会为此事烦恼了。

总之，要想让你的生活快快乐乐的，就保持良好的心态吧。态度决定一切，快快乐乐的也是一辈子，心事重重的也是一辈子，那么我们为什么不选择快快乐乐的、积极乐观的生活呢？

人非草木，孰能无情

“人非草木，孰能无情”。人之所以能够区别于其他的动物，原因是人能够思考，人是有情的动物。人的感情非常复杂，每个人都有自己的思想，每个人都有情，无论是亲情、友情还是爱情都是一个人心底最真实感情的表达。

人是有感情的，人更是需要情的，一个没有感情的人是悲哀的，一个没有感情的世界更是黑暗的，没有温暖的。人与人之间需要感情，社会需要感情。如果没有感情的话，四川汶川大地震后就不会有全国人民团结一致地抗击灾害的感人一面；如果没有感情的话，社会就不会出现互帮互助的现象；如果没有感情的话，就不会有那么多的慈善机构；如果没有感情的话，夫妻不会和睦，儿女不会孝顺，朋友就会互相欺骗……人没有感情的话，世界将是一片混乱。

阿明的好友住在另一座城市，虽然相隔将近三十里远，但是他每年必定会全家一起到朋友那里访问一次，甚至连小狗都带去。

有一次，阿明和朋友因为一点儿小事吵了起来，最后两人不欢而散。从此后，他们彼此伤了和气，再也没有了来往。

可是那只狗不会懂得人的世界，因此它仍然保持着访问的习惯。到了那天，那只狗照例跑到了主人的朋友家中，到达的时候已经是傍晚了。

“他们的狗来了，他们一定是要和我们和好，估计马上就要到了！”阿明的朋友顿时喜出望外，并吩咐妻子赶快去准备饭菜。饭菜做好了，夫妻二人等待着阿明及他的家人到来，然而，他们一直等到了第二天，也没等到阿明一家人的身影。

朋友见阿明一家人没有来，非常不放心。于是就跑到了他家询问，才知道原来是狗自己跑去的。

阿明和朋友顿时显得非常尴尬，狗尚且不忘旧情，何况人呢？他们对自己的吵架举动感到自责，于是二人和好如初。

有一对情侣，男的非常懦弱，做事情之前都让女友先去尝试，然后自己跟在女友的后面。为此，女友感到十分不满，她总是埋怨男友不够坚强，一点儿都不像男子汉。

有一次两人结伴出海，在返航时，海浪将他们的船摧毁了，多亏女友抓住了一块木板才保住了两人的性命。

面对这样的情况，女友大声地问男友：“你怕吗？”男友急忙从怀中拿出了一把水果刀很自信地说：“如果有鲨鱼来袭击我们，我就会用这个对付它。”听了男友的话，她只是苦笑着摇头，认为自己已经指望不上男友了。

过了一会儿，一艘货轮发现了他们，正当他们为即将获救而欣喜若狂时，一条大鲨鱼正向他们快速地靠近。女友立刻大叫：“我们赶快一起用力游，只要靠近货轮我们就会没事的。”男友大声说道：“已经来不及了。”接着他突然用力将女友推进了海里，然后他一个人抓着木板朝货轮游过去了，他一边游一边对水里的女友大声喊道：“这次我先尝试。”女友望着男友的背影，感到非常绝望，她没想到他是如此贪生怕死，为了他自己的性命竟然牺牲了自己。

此时鲨鱼却一点点地向男子接近，很快，鲨鱼凶猛地撕咬着男子。他发疯似地冲女友喊道：“我爱你。”男友死了，女友获救了。

甲板上的人见到这残忍的一幕全都在默哀，然后船长坐到被救上船的女子身边说：“小姐，你的男朋友是我见过的最勇敢的人。我们会为他祈祷的。”

“不，他是个胆小鬼，他见鲨鱼来了就只顾自己逃生，而竟然把我推到了水里，想不到最终鲨鱼还是吃了他。”女子冷冷地说。

“你怎么这样说你的男朋友呢？刚才我一直用望远镜观察着你们，我非常清楚地看到他把你推开后就立刻用刀子割破了自己的手腕。鲨鱼对血腥味非常敏感，如果他不这样做来争取时间，恐怕你永远不会出现在这艘船上了，是你的男朋友为了挽救你，牺牲了他自己，你男朋友真的很爱你，他真的是这个世界上最勇敢的人。”

听了船长的话，女子的泪水顿时浸湿了脸颊，她为男朋友的死去感到难过，更为自己错怪了他而悲痛欲绝。

是啊，人非草木，孰能无情。面对鲨鱼的攻击，男子毅然选择牺牲自己去挽救女友的性命，因为他的心里充满了对女朋友的真挚感情。

如果没有感情，人类社会就不会发展下去，人类社会之所以在不断地进步，就是因为人们相互帮助、互相扶持的结果。感情对于人的重要性就好比润滑油对齿轮的重要性一样，没有了润滑油的润滑作用，齿轮就不会流畅地运转，齿轮不能正常地运转的话，机器就不会很好的工作。同样的道理，如果人类社会没有了感情，彼此之间就不会互帮互助，而一个人只靠自己的力量是无法生存下去的，这样的话人类社会就不会一直存在在地球上了。

有这样一个真实的故事。这个故事发生在西部一个极度缺水的沙漠地区。在这里，每人每天的用水量被严格地限定在了三斤。人们日常生活中的饮用、洗漱、洗菜、洗衣，包括喂牲口，全都依赖这三斤珍贵的水，然而就是这么一点点儿的水还得靠驻军从很远的地方辛苦地运来。人缺水是活不下去的，牲畜也是一样。终于有一天，一头憨厚的老牛挣脱了缰绳，闯到沙漠里运水车必经的公路旁，无论村民们怎么打骂就是不肯离去。

这时运水的车来了，只见老牛非常迅速地冲上了公路，司机见一头老牛突然挡住了去路，立即紧急刹车，接着军车缓缓地停了下来。

老牛沉默着立在车前，任凭司机怎样呵斥驱赶，它就是不肯挪动半步。五分钟过去了，十分钟过去了，双方仍然这样僵持着。运水的战士以前也碰到过牲口拦路索水的情形，但是却没有遇到过如此倔强的老牛，因此也无计可施。人和牛就这样对峙着，时间一点儿一点儿地流逝，老牛就是不肯离开，运水车怎么也不能前进。性急的司机试图点火驱赶，可老牛仍然一动不动。后来，牛的主人来了，见自家的老牛惹了这么大的麻烦，顿时恼羞成怒。他扬起长鞭，狠狠地抽打着这头瘦骨嶙峋的老牛。牛被打得直叫，但就是不肯让开。它凄厉的叫声，在空旷的沙漠中回荡着，显得分外悲壮。一旁的运水战士看到这种场面忍不住哭了，接着司机也哭了。最后，运水的战士大声说道："就让我违反一次规定吧，我愿意接受处分。"于是他从水车上取出半盆水，放在了这头老牛面前。出人意料的是，老牛并没有喝水，而是对着远方"哞哞"地叫，似乎在呼唤什么。不一会儿，远处跑来一头小牛，见了水立即冲了过来。老牛慈爱地看着小牛贪婪地喝完水，尾巴温柔地摇晃着，并伸出舌头舔舔小牛的眼睛，小牛也舔舔老牛的眼睛。小牛喝完水后，没等主人吆喝，老牛就领着小牛慢慢往回走去。

老牛为了让小牛喝上一点儿水，不惜挡住运水车，任凭怎么鞭打，仍旧不肯离去。因为它爱自己的孩子，所以它宁肯挨打也要给孩子弄一点点水。动物尚且可以做到如此有情有爱，何况我们人呢？

人虽然不能被感情羁绊，但更不能没有感情。因为只有有情有爱，社会才是美好的，生命才会是有意义的、有价值的！

世上本无事，庸人自扰之

人生在世，我们遇到各种各样的困难和挫折，可以毫不夸张地说在人的一生中，困难与我们是如影随形的。然而，面对生活中的困难，我们绝对不能灰心丧气、感到烦心，而是应该乐观面对、积极解决。假如我们一遇到困难和烦心事就板着脸、闷闷不乐的，那么我们的生活就见不到笑脸了。

生活中不是缺少美，而是缺少发现美的眼睛。同样的，生活其实是美好的，烦恼多是自己胡思乱想才产生的。每天愁眉不展的，不仅会让自己没有精神去工作，甚至还会产生疾病。事实证明每天都乐呵呵的人比每天都眉头紧锁的人生病的概率要小很多。因此我们应该保持乐观的心态，不要自寻烦恼，让我们更好地去面对每一天。

有一个年轻人，他总是觉得生活非常无趣，为此他经常感到烦恼，久而久之，这个年轻人的身体也越来越差了，最终得了重病，每天的心情更加烦躁。

有一天，他听说隔壁村子里有一个智者，于是就强忍着病痛跑去向智者倾诉烦恼。年轻人对智者说了很多自己的苦恼，然而智者总是微笑地听着却不答话。等年轻人说完了，智者对他说道："我来给你挠一下痒吧。"年轻人非常不解地问："您不给我解答烦恼，却要给我挠痒，我的烦恼与挠痒有什么关系呢？况且我现在并不痒，根本不需要挠痒啊！"

智者说："有关系，并且关系大着呢，挠完痒你就知道了！"年轻人很无奈，只好掀开衣服，让智者给自己挠痒。然而智者只是随便在年轻人的身上挠了一下，便再也不理他了。年轻人很奇怪，正要询问智者的意思，这时突然觉得自己背上有一个地方痒得难受，于是便对智者说："您再给我挠一下吧，我背上有点痒。"

于是智者又在年轻人的背上挠了一下。可是，年轻人觉得这里刚挠完，那里又痒了起来，便求智者再给自己挠一下。就这样，在年轻人的要求下，智者给年轻人挠了很久的痒。

年轻人临走的时候，智者问他道："你还觉得烦恼吗？"

年轻人突然意识到了这个问题还没有解决，整整一上午都在缠着智者给自己挠痒，居然将所有烦恼的事情都给忘记了。于是，他摇了摇头说："不烦恼了。”智者这才点头笑着说：“其实，烦恼就像挠痒，你本来是不觉得痒的，但是如果你闲来无事，去挠了一下，便痒了起来，并且越挠越痒。烦恼也是一样的道理，本来你不觉得烦恼，只是当你闲来无事的时候，去想了一些令自己烦恼的事，你便开始烦恼了起来，并且越想越烦，最终让你变得异常烦恼。”

年轻人听了智者的话，若有所思。智者接着说：“烦恼最喜欢去找那些闲着没事的人，一个整天忙碌着的人，是没有时间去烦恼的！”

年轻人恍然大悟，然后向智者微笑地点点头，满意地回家了。

烦恼都是自己找的，如果让自己的内心更加宽广一些，让自己看开一些，那么烦恼就不会总是缠着你了。

遇到困难和烦心事就皱眉不语、心情郁闷，这不但不会让事情变好，相反会让自己灰心丧气、没有斗志。因此当遇到烦心事的时候，要乐观一点、看开一些，然后积极地去寻找解决的办法，只有这样才会让你更好地面对人生。

贝利是世界著名的足球明星，他被球迷们亲切地称为“球王”。贝利刚开始的时候还是一个无名小卒，经过不懈地努力，终于让自己成为了一名职业球员。贝利刚刚入选巴西最著名的球队——桑托斯足球队时，曾经因为过度紧张而一夜未眠。他翻来覆去地想着：“那些著名球星们会笑话我吗？他们会因为我是一个无名小卒而欺负我吗？万一出现那样尴尬的情形，我哪还有脸回来见家人和朋友呀？”

他甚至还自暴自弃地想：“即使那些大球星愿意与我踢球，也不过是想用他们绝妙的球技来羞辱我、教训我。如果他们在球场上把我当作戏弄的对象，不停地耍我，我该怎么办？”

贝利整夜都在怀疑和恐惧中辗转反侧。虽然他是同龄人中的佼佼者，但是他还是感到惶惶不安。

最后，贝利终于无可奈何地来到了桑托斯足球队，他那种紧张和恐惧的心情是无法用语言来形容的。

正式练球开始了，贝利吓得几乎快要瘫痪。贝利原本以为刚进球队会首先练习盘球、传球的技术和战术配合，然后再上场比赛，哪知第一次教练就让他上场，还让他踢主力中锋。紧张的贝利竟然半天没回过神来，他的双腿像长在别人身上似的，每当球滚到他身边时，他都好像看见别人在嘲笑他，等着看他的笑话。在这样的情况下，他只好硬逼着自己上场了。然而，当他迈开双腿不顾一切地在场上奔跑起来时，他发觉自己竟然渐渐地不再紧张，并非常清楚自己是跟谁在踢球，甚至连自己的存在也忘记了，他只是在习惯性地接球、盘球和传球。在准备结束训练时，他已经完全忘记了桑托斯球队，而以为自己还是在以前的训练场踢球。

那些使他深感畏惧的足球明星们，看到他在忘我的踢球，并没有一个人去轻视他，相反地，却对他的球技非常惊讶，他们相信这个小伙子假以时日，终会震惊世界的。

经过不断地努力，贝利最终成为了世界上最著名的足球明星。

如果贝利一开始就能够相信自己、专心踢球，而不是无端地猜测和担心，就不会让自己拥有那么多的烦恼了。

人生会有非常多不如意的事情发生，你不可能遇到一件事情就烦恼一次。困难是人生的一部分，只有不断地去战胜困难，才会让我们不停地进步。这个世界有很多的不公平的事情，你或许不如很多人，但是你更应该明白，世界上还有更多的人是不如你的，因此，不要再自寻烦恼了，因为这是完全没有必要的，自寻烦恼不但不能让你更好地解决问题，反而会让你更加灰心，且还会影响你的身体健康。常常保持微笑吧，你会发现快乐其实真的很简单！

勤俭朴素，方得宁静淡泊

“攒钱好比针挑土，败家犹如水推沙”，大致意思是积攒钱财好比用针一点点地挑土，散尽家业就如流水冲走沙子；比喻攒钱很不容易，花钱却很容易。这句老人言告诫人们要珍惜自己得来不易的劳动成果，勤俭节约，千万不要奢侈浪费。

上至国家，下至一个团体或家庭，靠的是一代又一代的艰苦朴素和勤俭节约的精神，才能建立起坚实的基础；而不是靠投机取巧、一夜暴富实现的。历史上有卧薪尝胆的勾践，经过“十年生聚，十年教训”的积累，顽强渡过难关，从而使越国一步一步走向强大，最终打败了吴国，洗去了灭国的奇耻大辱，从而留下一世英名。然而勾践忍辱负重20年积累起来的家业，最终在继承者的手里走向了灭亡。唐代大诗人李白曾赋诗感叹越国的结局：“越王勾践破吴归，战士还家尽锦衣。宫女如花满春殿，只今惟有鹧鸪飞。”勾践用了近20年的时间，使一个亡国的君主能够打败强大的吴国，从而取而代之，这个过程可谓壮烈，这种精神可谓令人敬佩。可惜，好不容易建立起来的家国，竟然毁于一旦，令人惋惜。从这点看，“败家犹如水推沙”是多么的可怕，我们一定要引以为戒。

朱元璋的故乡凤阳，还流传着这样的一段歌谣：“皇帝请客，四菜一汤，萝卜韭菜，着实甜香；小葱豆腐，意义深长，一清二白，贪官心慌。”朱元璋给马皇后庆祝寿诞，只用红萝卜、韭菜，青菜两碗，小葱豆腐汤，宴请众大臣。并且还约法三章：今后不论谁家摆宴席，只许这个标准，谁要是违反这个规定，一定要严惩不贷。这可能只是个故事，但大明江山几百年，这多多少少与朱元璋的勤俭节约的作风有关。

季文子出身于将相世家，是春秋时期鲁国的贵族。他为官数十载，清正廉明。他一生俭朴，从不奢华，并且要求家人也过跟他一样简朴的生活。他穿衣不讲求华丽，只求朴素整洁，除了朝服之外，平时没有几件像样的衣服，每次外出，所乘坐的马车也极其简单，没有什么装饰。

他是如此的节俭，于是有人就劝他说：“你官拜上卿，德高望重，但我听说您的家里人也穿粗衣草履，也不用粮食喂马，只用草料。你自己平时也不注重自己的仪表，这样是不是显得太寒酸了？要是让别国的使节看到你的这身打扮会有损于我们国家的体面，人家会说鲁国的上卿就是这样一个朴素的人啊，那鲁国国力不强盛啊。您为什么不改变一下自己的衣着呢？这对于自己或国家都有好处，何乐而不为呢？”

季文子听了这番言论，淡然一笑，对那人严肃地说：“我也想把家里布置得富丽堂皇，妻妾穿绫罗绸缎。但是你看看我们国家的百姓，他们还生活在困境中，有很多人还吃糠咽菜，穿着破旧不堪的衣服，还有人正在挨饿受冻；想到这些，我们怎能忍心去过奢华的生活，如果平民百姓生活困苦不堪，而我的妻妾却锦衣玉食，马匹用粮食饲养，这哪里还有为官的良心啊？况且，我还听说，评判一个国家是否强盛，只能通过臣民的高洁品行表现出来，并不是以他们拥有多少美艳的妻妾和肥壮的骏马来评定的。”

此后，季文子艰苦朴素的生活，成为大家竞相效仿的榜样。

做人勤俭，是一个人的高风亮节的品性，是人格魅力的体现，是内涵和修养的外露。铺张浪费只是贪图一时之快、一时的享受，这种不计后果的行为，都是虚幻的、暂时的，其实是一种内心的空虚的表现，在一些事上得不到满足，就利用奢侈的行为填补空虚。古人常告诫我们“由俭入奢易，由奢入俭难”。只有勤俭节约，修身养性，不为物质利益所利诱，“不以物喜，不以己悲”，“达则兼济天下，穷则独善其身”，保持一颗纯洁的心，不虚荣，不浮夸，才能淡泊以明志，宁静而致远。

忧惧使人退后，乐观催人奋进

困难在人的一生中无处不在，每个人都会面对这样或者那样的困难。那么，面对困难时你是选择退缩还是选择勇敢面对呢？

每个人都想要获得成功，都想成功达到自己的目标。有的人为了实现目标而努力拼搏着，而有的人却一天到晚地幻想着有一天自己会有好运气从而一举成功。无论人们想通过什么样的方式去获得成功，都要保持自信心。只有那些坚强的人才会成功，那些遇见苦难和不公平就灰心丧气的人不会获得最终的成功的。哀莫大于心死，人不怕困难，就怕没有一颗坚强的心。

话说闯王李自成兵围北京，大明江山岌岌可危，崇祯皇帝虽知大势已去，终不肯束手待毙，亲自披挂铠甲冲上城楼坐镇指挥，并依仗北京城高壕深，坚守不出，以待救援。

一时间，闯王义军屡屡攻城不克，损失惨重，军师宋献策献计道："兵法云，'攻心为上，攻城为下。'倘能设法动摇崇祯坚守孤城的决心，则北京城不攻自破矣。"

闯王点头称道："话虽如此，不知军师有何良策？"

宋献策附在闯王耳边，如此这般说了一通，闯王听了连连点头。

第二天，宋献策乔装扮成一个测字老先生，混入北京城内，在皇宫附近，摆下测字摊，一幅白布招牌迎风摇摆，上书：鬼谷为师，管辂是友。

你道宋献策因何要装扮成测字先生？这也应着兵法："知己知彼，百战不殆。"原来宋献策深知崇祯皇帝素信天命，平常喜欢招些江湖术士进宫相面、卜卦。每日早起，必在乾清宫中虔诚拜天，然后上朝。洛阳失守，崇祯叔父被杀，使崇祯感到"上天弃我，翦灭大明"的"预兆"。宋献策此行，就是要使崇祯承认，这种"预兆"，已经成为无可挽回的事实。

再说崇祯皇帝自闯王兵临城下后，终日寝食不安，只觉得"景

阳钟喑哑，龙凤鼓幽咽”。这日，带上贴心太监王德化，青衣小帽，溜出皇宫，一来想了解一下民心，二来想了解一下真实军情。

看到宋献策测字摊上的招牌，崇祯皇帝停住了步子，心想：“平日召进宫来的江湖术士，怕我治罪，尽说些阿谀奉承之词，什么‘援兵将至，闯贼气数将尽。’今日这测字先生，不明我的身份，想来不致欺我，我何不测上一字。”想着，便与王德化嘀咕两句，朝测字摊边的长条凳坐了下去。

王德化将身凑近宋献策轻声说道：“先生，我家主人想测一字。”

宋献策抬头一看，见王德化年近四十，却脸白无须，且声细如女子，知其为太监，再看看坐在一旁的崇祯，心里已明白八九分，即刻笑脸相迎问道：“不知客官欲测何事？”

王德化赶忙答道：“我家主人欲测国事。”

宋献策闻言，口虽不语，心中暗喜，顺手拿起桌上的毛笔递到王德化面前说：“需测何字，请客官动笔。”

王德化随手朝招牌一指说：“就测那‘管辂是友’的‘友’字吧。”

宋献策把那“友”字端端正正地写好，左手捧着字，右手拈着须，思索片刻道：“客官若问他事，尚可另当另论；若问国事，恐有些不妙。你看‘友’字这一撇，遮去上部，则成‘反’字，倘照字形而解，恐怕是‘反’要出头。”

崇祯一听，面色骤变，王德化更是惊得非同小可，赶忙摇手道：“错了，错了，不是这个‘友’字。”

宋献策听罢，慢条斯理地问道：“客官莫非测的是有无之‘有’字。”

宋献策随即在纸上写下一个“有”字，端详再三，沉吟不语，只是不住摇头。

王德化赶忙催促道：“先生快测，莫要耽搁了我们的工夫。”

宋献策站起来，将身凑近崇祯与王德化，轻声说道：“若是这个‘有’字，恐怕更为不祥。你们看这个‘有’字，上部是‘大’字缺一捺，下部是‘明’字少半边，分明是说，大明江山已去一半。”

那王德化一听，吓得冷汗直冒，连连叫道：“不不不！不是这个‘有’字，不是这个‘有’字！”

说道，抓起桌上的毛笔，可是不等他落笔，崇祯拍案而起，劈手夺过王德化手中的笔，恶狠狠地骂道：“不中用的奴才！”一边骂着，随手在身边的纸上写下一个申酉戌亥的“酉”字，往宋献策面前一推。

那宋献策不慌不忙将字接过来，凝视沉思，时而愁眉紧锁，倒抽冷气；时而急搓双手，连连顿足。急得崇祯坐立不安，不断催促。宋献策却无动于衷，两眼低垂，默不一语。

崇祯着急地问道：“先生因何一言不发？”

宋献策叹了一口气，摇着头说：“此字太恶，在下不便多言。”

崇祯听罢，心里一凉，仍然硬着头皮道：“测字之人，只求实言，先生不必隐讳。”

宋献策见催促得紧，看看“火候”已到，便假装神秘地说道：“此话说与客官，切莫外传，看来大明江山，亡在旦夕，万岁爷获罪于天，无所祷也。你看这‘酉’字，乃居‘尊’字之中，上无头，下缺足，分明暗示，至尊者将无头无足矣。”

崇祯不听则罢，一听此话，只觉得头昏目眩、腿脚发软，若非王德化在一旁搀扶，早已瘫倒在地。两人再也无心去了解民心军情，一路长吁短叹，怏怏回宫。

崇祯皇帝大概是怕闯王真会将他千刀万剐，第二天，便带着王德化，在煤山自缢身死了。

守卫北京城的官军，听说皇帝已死，顷刻树倒猢狲散，北京城不攻自破，闯王义军也就顺利地开进了北京城。常言道：哀莫大于心死。这个所谓的勤政皇帝最终死于他的多疑、他的绝望，临死还在推卸责任于百官，并留下遗言，“不可伤我子民”。可怜他自毁长城，临死作秀，岂不悲乎！

不要因为困难就选择退缩，丧失自己的自信心。红军二万五千里的长征可以说是前无古人后无来者，面对后有追兵，前有险途的困境，中国共产党何曾低头。如果面对困境他们妥协了，放弃了，就不会有中国共产党领导下的中华民族的伟大胜利和复兴了。

乐观起来吧，给自己一个自信的微笑，勇敢面对人生给我们出的难题，不要轻易放弃自己的信念，只有这样才会让我们一次次地战胜困难，进而品尝成功的喜悦。

养生先养德，德高人自寿

养生的方法虽然很多，但唯有修心养德才是养生的总法。因此，才有“养生先养德，德高人自寿”的说法。事实证明，那些德高望重、宽以待人、乐于助人的人，不仅品德高尚，而且身心健康、快乐长寿。

如今，人们都在大力提倡养生，但却往往忽略了养生的前提——修德，要知道“养身必须养德”“大德必得其寿”。因此，从养生的角度看，行善积德乃是养生的根本。对此，孔子曾经提出“德润身”“大德必得其寿”“仁者寿”“修身以道，修道以仁”等观点；还有明代的《寿世保元》也说：“积善有功，常存阴德，可以延年”等，明确地告诉我们行善、快乐与养生之间的关系。因此，优良的品德修养，有益于人的健康长寿。

为什么善良者能长寿呢？曾有一项研究课题叫“社会关系如何影响人的死亡率”。通过这一课题，研究者发现，那些心怀恶意、损人利己、与他人相处不融洽的人，其死亡率比正常人高出1.5~2倍；而那些乐善好施、与他人相处融洽的人，其预期寿命要显著延长。这是因为常常行善、心怀感恩的人，有益于自身免疫系统，而乐于助人可以激发他人的友爱感激之情，这样助人者就可以从中获得内心的温暖，从而大大缓解了日常生活中常有的焦虑。

而那些对他人怀有敌意、视别人处处为敌的人，遇到事情往往一触即发、暴跳如雷，这样就很容易使血压升高，甚至酿成任何药物都难以治愈的高血压，而且其心脏冠状动脉阻塞的程度也大。这是由于那些缺乏道德修养、唯利是图、整天害人者，既要提防别人对自己的报复，又要处处寻思打击别人。这样一来就会令自己终日陷入紧张、愤怒和沮丧的情绪之中，如此大脑就得不到很好的休息，而身体系统功能活动也会相对失调、免疫力下降，以致患病折寿。

正直善良、乐于助人、宁静处世、淡泊名利等良好的行为与心态，能使人的心境保持平静乐观、精神愉快，这样人的机体就会在正常而均衡的状态下运行。而这种良好的心理和精神，便能促进机体分泌更多的有益激素，从而把血液的流量、神经细胞的兴奋调节到最佳状态，增强机体的抗病能力，促进人的健康与长寿。

医学界多年来对长寿老人的研究发现，大凡长寿者，90%左右的老人都是德高望重者。因此，养生一定要在日常生活中修炼好自己的情操：

一、善良的品行

做人要正直，遇事出于公心，平常应淡泊名利，不为世俗势力所动，更不能用敌意、仇恨与他人相处。经常行善积德，无忧无惧、心境平和，使身心常处于一种最佳的状态，如此虽粗茶淡饭亦寿比南山。

二、大公无私

老子主张做人要“少私念，去贪心”，认为“祸莫大于不知足，咎莫大于欲得”。是的，一个人如果在物质享受上怀有很大的贪心，必然会得陇望蜀、损人利己。贪得无厌，就会损公肥私，这样一来就会令自己也终日魂不守舍，然而，一旦心理负担过重就会损害健康。

三、建立良好的人际关系

建立良好的人际关系，是一个人生活的根本所在。生活在社会之中，一定要遵守社会道德规范，尊重他人，有责任感，互谅互助，宽厚待人，如此，才能够妥善地处理人际交往中的各种矛盾与冲突。而和谐的人际关系，是一种天然的镇静剂，有助于消除精神紧张，促进人体各组织器官功能的健全，使人的神经调节达到最佳状态，从而益寿延年。

四、心胸坦荡

一个挖空心思、不择手段的人，必然会做贼心虚，令自己产生紧张、恐惧、焦虑、内疚等心态，这种无形的负担和心理压力，会引起人体器官功能紊乱等一系列生理变化。长此以往，就很容易诱发某些疾病。因此，心胸坦荡，对人对事都能胸襟开阔、光明磊落、无欲无求，使自己的身心处于淡泊宁静的良好状态，才能精神泰然、身体健康。

自古以来，为了长寿，人们几乎采取了各种方法，但往往忽视了精神方面的因素和道德的修养，才导致养生达不到应有的效果。因此，努力实现精神与道德境界的最好体现，是养生者必先修好的课程，一定要切记。

人生最大的满足是付出

我们共同生活在一个星球上，我们需要彼此相亲相爱，需要彼此的温暖，需要彼此的付出。只有一个互帮互助的世界才是充满人情味的世界，只有一个能够付出的世界才会是丰富多彩的世界。

这个世界是需要付出的世界，善良是人类社会必不可少的。人生的意义就在于付出，只要你真诚地对待别人，别人也会真诚地对待你。只要你抱着友善的态度去和他人相处，心里为他人着想，你周围的人也就都愿意为你做很多事，为你付出他们的力量。

有一个小男孩跟着父亲排队买票去看一场马戏。在父子俩的前面是一大家子人，这家人有6个小孩。他们衣着十分朴素，但个个都干净利落。

排队的时候，他们乖乖地跟在父母的身后。他们兴奋地讨论着即将要看到的马戏，他们的父母站在前面，母亲的手挽着父亲的胳膊，一家人显得非常的恩爱。

轮到他们买票了，售票员问那个父亲要买几张票，他扬着头非常快乐地大声说："我们全家人一起来看马戏，我要买6张儿童票2张成人票。""100元。"售票员对那个父亲说道。

"麻烦您再说一遍，要多少钱呢？"

那个父亲又问了一遍。于是售票员再次重复了价格。那个父亲愣在了那里，很显然，他带的钱不够，他把手放在口袋里久久不肯拿出来。旁边的妻子也低下了头，一声不吭，场面一时非常尴尬。

小男孩的父亲看到了这一切，他悄悄把口袋里摸得发热的10元钱给拽了出来，然后把它扔到了地上，接着从容地弯腰捡起了那张钞票，拍拍前面那位父亲的肩膀，说道："对不起，先生，我想这是您掉的钱吧？"那位父亲立刻明白了小男孩父亲的意思。他本来是无法开口向任何人乞求帮助的。那位父亲直视着小男孩的父亲，双手颤抖地握了过来，眼睛里充满了感激之情。他悄悄抬手拭去了眼角的泪水，说道："谢谢您先生，这钞票对我和我的家庭来说实在是太重要了，谢谢你帮助了我们一家人。"

自然的，小男孩和父亲因为没钱看马戏，只能无奈地回家去了。小男孩没有看到期盼已久的马戏，但是他没有感到伤心，因为他的父亲给他上了一堂非常好的课，让他懂得了付出是多么的让人快乐。

付出的结果往往是双赢，即为别人和美好的社会作出了一份贡献，也给自己留下了一份金钱难以买到的心灵慰藉。相反地，如果只想索取而不愿意付出的话，不但别人会慢慢地疏远你，久而久之，就连你自己都会变得冷峻，变得性格孤僻，甚至与这个世界都格格不入。

"只要人人都献出一点爱，世界将变成美好的人间。"让我们像歌里唱的那样，伸出自己奉献的手，去帮助别人，付出自己的热情，换来别人的感激。让我们的心灵得到满足，让我们的灵魂得到升华。人生最大的满足是付出，付出了你才会觉得生命的多彩，付出了你才会懂得生命的意义。所以，把自己的爱心奉献出来吧，付出自己的力量，你会换来别人的感激，这才是生命的真谛。

知足者常乐

知足是灵魂的滋养，知足是幸福的前提。做一个知足的人需要勇气、需要耐性，更需要智慧。每一个懂得知足的人，都可以把平淡生活过得丰富多彩，都可以找到隐藏在细节中的美好与快乐。

也许人类最大的缺点，便是贪心。生活中总有那么一些人喜欢羡慕别人的生活，总爱抱怨对生活的不满。他们忽略了自己所拥有的一切：健康的身体、和睦的家庭、安定的工作、知心的朋友，等等，而这些也许正是别人梦寐以求的。

也许人类最可悲的便是看不见自己生命中的美，让多少欢乐悄然逝去，留下无尽的遗憾。

人，不应该去强求不属于自己的东西。得不到未尝不是一种缺憾美，它会使你永远拥有希望和信心，从而不懈地去追求；而终日停留在哀叹中，只能是浪费生命、虚度光阴，毫无意义。

生活，带给我们很多欢笑与快乐，我们应该感谢生活。我们应该知足，身体是健康的，我们就已经拥有了人生中的第一笔财富；我们同样应该知足，家庭是幸福美满的，这是我们前进的基础和动力；我们应该知足，无论在世界哪一个角落，总有二三知己为伴。

所以，我们不必感叹别人的富裕、嫉妒别人的权势，因为我们的生命中也有很多让别人羡慕的精彩。抛开那些无休止的欲望吧，它只会令人徒增烦恼。只有当你知道自己幸福的时候，你才真正是幸福的人。

曾经有人说过这样一段话：

如果早上醒来，你发现自己还能自由呼吸，你就比在这一周离开人世的100万人更有福气。

如果你从未经历过战争的危险、被囚禁的孤寂、受折磨的痛苦和忍饥挨饿的难受……你已经好过世界上5亿人。

如果你的冰箱里有食物，身上有足够的衣服，有屋栖身，你已经比世界上70%的人更富足。

如果你银行户头有存款，钱包里有现金，你已经身居世界上最富有的8%的人之列。

如果你的双亲仍然在世，并且没有分居或离婚，你已属于稀少的一群。

如果你能抬起头，带着笑容，内心充满感恩的心情，你是真的幸福——因为世界上大部分的人都可以这样做，但是，他们没有。

如果你能握着一个人的手，拥抱他，或者只在他的肩膀上拍一下……你的确有福气——因为你所做的，已经等同于上帝才能做到的。

当你读完这段话时，内心是否也感到一阵巨大的震动呢？你或许是平凡的，但你不一定就不是幸福的。你的财富往往就是这些看似平凡的东西，只要你拥有一颗知足的心，就不会被虚荣蒙上眼睛，你才能够发现这一切，它们都不应当被你忽略。“知足者常乐”，五个字而已，幸福也就是这么简单。

知足就是积极向上地对待人生的得失、心平气和地对待不幸和快乐、做到宠辱不惊。

知足是一种了不起的、不为世俗和名利所动的境界。我们可以积极地进取和探求，但是内心深处，一定要为自己保留一份超脱，做到知足者常乐。

只有知足，才能笑对得失祸福，才能冷静客观地对待现实，正确地认识自己、审视自己，寻找自己生活、事业的最佳“度”。否则，不切实际，一味地沉浸在欲望的漩涡中只会将自己淹没。

如果懂得知足的幸福，你就会在达成自己的一个梦想后停下来。先好好体会这过程中的苦与累、惊与喜，看清楚这过程中曾给过自己关怀的人们，然后以感激的心来报答他们对自己的这一份恩情。在这过程中，你会明白什么才是你真正所需要的，什么是知足的幸福，而不是一些空洞而盲目的追求。

世事本无完美，人生当有不足

完美，也许只是“虚幻”的代名词。世界万物皆不完美，假若你非要背着完美上路，你将最终死于绝望。

有才华，即使其貌不扬又如何呢？重要的是你能发现自己的价值，绽放出自己的光芒。也许你并不富有，但健康的体魄支持着你去奋力拼搏，开创一番事业。

“世界并不完美，人生当有不足。”没有遗憾的过去无法链接人生。对于每个人来讲，不完美是客观存在的，无须怨天尤人。

有一位画家想画出一幅人人都喜欢的画。经过几个月的辛苦工作，他把画好的作品拿到市场上去，在画旁放了一支笔，并附上说明：亲爱的朋友，如果你认为这幅画哪里有欠佳之笔，请在画中标上记号。

晚上，画家取回画时，发现整个画面都涂满了记号——没有一笔一画不被指责。画家心中十分不快，对自己的画技深感失望。他决定换一种方法再去试试，于是他又带着一张同样的画到市场上展出。可这一次，他要求每位

观赏者将其最为欣赏的妙笔都标上记号。结果是，一切被指责过的地方，如今全又换上了赞美的标记。

最后，画家不无感慨地说："我现在终于明白了，无论自己做什么，只要使一部分人满意就足够了。因为，在有些人看来是丑的东西，在另一些人的眼里恰恰是美好的。"

完美是不可能达到的。在你的一生中，你绝对不可能让所有人都满意，绝对不可能达到至善至美的境界。完美往往只会成为人生的负担，阻碍你走向进步。

许多人终身都在寻找一位最完美的伴侣，寻找一份完美的工作，寻找一种完美的生活，然后日子就在这种寻找中如白驹过隙般流走了。完美是一座心中的宝塔，你可以在内心中向往它、塑造它、赞美它，但你切切不可把它当作一种现实存在，这样只会使你陷入无法自拔的矛盾之中。

不要用完美主义来禁锢自己。缺陷和不足是人人都有的，但是作为独立的个体，你要相信，你有许多与众不同的甚至优于别人的地方，你要用自己特有的形象装点这个丰富多彩的世界。

没有一个人是完美无瑕的，其实，只要你把“缺陷、不足”这块堵在心口上的石头放下来，别过分地去关注它，它也就不会成为你的障碍。假如能善于利用你那已无法改变的缺陷、不足，那么，你仍然是一个有价值的人。

不要用完美主义来强求自己。那些追求完美的人，往往都在还没有衡量清楚自己的能力、兴趣之前，便一头栽在一个过于高远的目标里，他们希望获得他人的掌声和赞美，被别人所羡慕，为此，便将自己推向完美的边界，做什么事都要尽善尽美。久而久之，生活便成了负担，工作当然也毫无意义可言。

其实，只要你知道这世界上没有什么会达到“完美”的境地，你就不必设定荒谬的完美标准来为难自己。你只要尽自己最大的努力去干好每件事，就已经是很大的成功了。

这些老人言涉及人生的各个方面，包括命运成败、品行修养、交际处世、家庭生活、职场生存、健康养生等。书中的内容内涵丰富，实用性强，饱含生活智慧，可以为我们的人生指引航向。老人言不仅教我们『取敌之长，补己之短』的处世箴言，『刀不磨要生锈，人不学要落后』的学习之道，还教我们『知足不辱，知止不殆』的人生哲学……如果多听些老人言，那么在面临选择时我们将会知道如何取舍，少走一些弯路；如果多听些老人言，一帆风顺时我们不会洋洋自得，忘记风险；如果多听些老人言，困顿无助时我们不会顾影自怜、一味消沉。『不听老人言，吃亏在眼前。』老人言都是来自于生活的经验，是我们的祖辈吃过亏、受过苦、交过学费后一点点积累下来的。这些经验是思想的火花，是智慧的浓缩，是立身处世的法则，是生活求索的启迪。